JN026010

ゲーム＆
モダンJavaScript
文法で
**2倍楽しい**

# グラフィックスプログラミング入門

リアルタイムに動く画面を描く。プログラマー直伝の基本

杉本 雅広 [著]
Sugimoto Masahiro

技術評論社

**動作確認環境について**
本書の解説およびサンプルファイルは、以下の環境で実装および動作確認を行いました。また、JavaScript は ECMAScript 2015 に準拠した API や言語仕様を前提にしています。

・OS：Windows 10 Home および Pro、macOS 10.14 Mojave
・CPU：Intel Core i7-7700K、Intel Core i7 2.5GHz
・Web ブラウザ：Google Chrome バージョン 78（原稿執筆時点の最新バージョン）

**本書のサポートページのご案内**
本書のサンプルコードや補足情報は、以下から辿れます。
**URL** https://gihyo.jp/book/2020/978-4-297-11085-7/

# はじめに

　本書は、初学者の方々に向けたグラフィックスプログラミングの入門書です。

　現代においては、大人から子どもまで多くの人がスマートフォンやタブレット端末を持っています。その画面に映し出されるのは多種多様な「グラフィックス」(*graphics*) です。画像や映像をはじめ、各種のアプリやゲーム、インターネットなど、日常生活のいたるところにグラフィックスは存在します。

　少し話が逸れますが、筆者自身がはじめてプログラミングに触れたのは、もう20代も後半に差し掛かったころだったと記憶しています。当時、プログラミングの素人だった筆者が生み出したものはと言えば、マウスのクリック操作で遊ぶことができるミニゲームでした。30手前のいい大人が、自らがプログラムしたキャラクターがディスプレイの中で生き生きと動き回ることに感激し、いちいち歓喜しては年甲斐もなくプログラミングに熱中したのを今でも覚えています。

　それから現在に至るまで、世の中はものすごいスピードで変化してきましたが、もし筆者が20年遅く生まれていたとしても、やはりグラフィックスプログラミングに興味を持ったでしょう。筆者にとって、グラフィックスとそれをプログラミングするという行為はそれほど魅力的なものなのです。

　本書では、グラフィックスプログラミングに興味を持っている一人でも多くの方に、グラフィックスプログラミングの魅力を伝えつつ、それに取り組むために必要となる数学の基礎知識や、プログラミングのテクニックを広く習得してもらうことを念頭に置いています。開発環境の準備が比較的手軽なJavaScriptを利用しながらも、グラフィックスプログラミングの基礎はもちろん、本格的な実装にも触れることができるような内容を盛り込みました。

　本書の執筆にあたり、池田泰延さん、鹿野壮さん、紀平拓男さん、比留間和也さんに、レビューや校正等に協力いただきました。ここに、心より感謝の意を表します。

　本書には、叶うなら初心者であった頃の自分自身に伝えたい、そんな知識やテクニックを詰め込んだつもりです。これからグラフィックスプログラミングを学んでみたい、グラフィックスプログラミングって何から手をつけたらいいのかと戸惑っている、そんなみなさんにとって本書が一歩踏み出すきっかけとなってくれたならうれしいかぎりです。

2019年12月

杉本 雅広

# 目次

# 第2章 ［グラフィックスプログラミングで役立つ］ JavaScript/ES2015入門
## 開発環境から文法基礎まで

## 第**3**章
# [基礎]グラフィックスプログラミングと数学
三角関数、線型代数、乱数&補間

<sup>第</sup>**4**<sup>章</sup>
# Canvas2Dから学べる基本
Canvas2Dコンテキストと描画命令

## 第6章
# キャラクターと動きのプログラミング
### ゼロから作るシューティングゲーム❷

第**7**章
# 状態に応じた判定や演出のプログラミング
ゼロから作るシューティングゲーム❸

第**8**章

# ピクセルと色のプログラミング
ピクセルを塗る操作と感覚

# Column

［ゲーム＆モダンJavaScript文法で2倍楽しい］
# グラフィックスプログラミング入門
リアルタイムに動く画面を描く。プログラマー直伝の基本

# 第1章

# ［入門］グラフィックスプログラミング
## 長く役立つ基礎の基礎

　グラフィックス（*graphics*）は、日本語に直訳すると「製図」「製図法」あるいは「計算に基づいて何かしらの図を描くこと、またはそのような方法で描画された図や画像」を表す言葉です。その意味からもわかるとおり、グラフィックスは広い意味を持つ言葉であり、これを扱うプログラミング分野にはさまざまな言語や手法が存在します。

　本章では「グラフィックスプログラミング」という概念について、まずはその大枠を掴みつつ、本書で扱うグラフィックスプログラミングの範囲を明確にしていきます。

## 1.1
## グラフィックスとグラフィックスプログラミングの基本
### CG、2D、3D、画素

　どのような手法を使ったとしても、「グラフィックスを生成するプログラム」を記述することはグラフィックスプログラミングの一環だと言えるでしょう。グラフィックス、グラフィックスプログラミングとは何か、グラフィックスプログラミングを行う目的はどのようなものかについて考えてみましょう。

### コンピューターグラフィックス　　コンピューターによって描き出されたグラフィックス

　人が筆やペンを手に取り、紙などに絵や図を描いたアナログな絵画や図も、広い意味でグラフィックスと呼ばれます。しかしこれは、本書で扱っているグラフィックスとは異なるものです。

本書で扱うのは、一般に「コンピューターグラフィックス」と呼ばれているものです。これは文字どおり、コンピューターによって描き出されたグラフィックスのことで、何かしらの計算、あるいはアルゴリズムに則り、機械的にグラフィックスを生成します。コンピューターグラフィックスは、その英語表記「Computer Graphics」の頭文字を取って「CG」とも呼ばれます[1]。

## 2Dと3D　グラフィックスの生成手順やデータ管理方法が違うだけ

2Dグラフィックスと3Dグラフィックスの違いは、グラフィックスプログラミングの観点では「グラフィックス生成のためのデータをどのように管理／保持しているか」の違いだと言えます（**図1.1**）。

2Dのコンピューターグラフィックスでは、あらゆるすべての情報は2次元の平面上に存在するものとして扱われます。このとき、横方向をX、縦方向をYと表現し、それらの組み合わせによって平面上の座標 (x, y) を表していることが多いでしょう。

一方で3Dのコンピューターグラフィックス（3DCG）の場合は、XとYだけでなく、そこにZという新しい次元を加えて、データが立体的な空間を表すことができるよう (x, y, z) というように座標の表現が拡張されているのが一般的です[2]。

ここで重要なことは、2Dであるか3Dであるかは、あくまでも「グラフィックスを生成する手順やデータの管理方法の違い」でしかない、ということです。すなわち、それは単に手法の違いです。実際に、3Dデータを駆使して描かれたグラフィックスも、それが画面に映し出される段階では2Dの平面的なグラフィックスになっています。グラフィックスが生成されるプロセスがどのようなものであっても、最終的には2Dのグラフィックスという形になるのです。

---

[1] 単に「CG」と言うと、3D (*three-dimensional*、3次元) のCG (3DCG) を連想、あるいは暗黙で3DCGを指す場合も多いようですが、本来のコンピューターグラフィックスには当然ながら2D (2次元) で描かれるものも含まれます。
[2] ここであえて「一般的です」と書いたのは、3Dデータを表すための表現として、たとえば「XYZ」以外の文字や記号を使ってデータを扱っていたとしても、そのデータの構造が立体的な空間を表現できるようになっており、プログラムのなかで一貫性を保っていたとすれば、それは3Dのコンピューターグラフィックスを描くための仕組みであると言えます。

**図1.1**　**2Dと3Dにおけるデータ管理方法の違い**

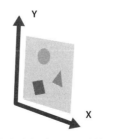
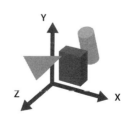

平面的な広がりの中でデータを管理　　立体的な空間の広がりの中でデータを管理

　とは言え、2Dと3Dとを比較した場合、必要となる基礎知識や、管理すべきデータの種類や量なども大きく変わってきます。本書ではおもに2Dでのグラフィックスプログラミングを扱いますが、3Dのグラフィックスを本格的に扱うためには、それに特化した知識や技術の習得が必要となります。一般に、3Dグラフィックスのプログラミングはやや難易度が高いものですが、2Dのグラフィックスプログラミングで得られる知見は3Dのグラフィックスプログラミングにおいても重要な役割を果たすものばかりです。将来的に3Dグラフィックスプログラミングの習得を目指すとしても、本書で扱うようなグラフィックスプログラミングの基本を身につけておくことはきっと役立つでしょう。

　また、2Dのグラフィックスプログラミングにおいても、図形を組み合わせてグラフィックスを描画する手法や、画素の一つ一つに対してアプローチすることでグラフィックスを加工する手法など、さまざまな分類があります。本書では、2Dのグラフィックスプログラミングの手法や実装方法の違いについても、ステップアップしながら幅広く学習することができるよう工夫しています。

## グラフィックスを構成するもの　　出力先は「画素」の集まり

　グラフィックスを生成するためのプログラムを記述するとき、そこには必ず「出力先」があります。それは画像や動画などの「ファイル」であることもあれば、コンピューターに接続したディスプレイやモニターなどの外部デバイスの「画面」であることもあるでしょう。

　これらのいずれにも共通するのは「出力先は画素の集まり」であるということです（**図1.2**）。精細で、まるで本物の写真と見まごうような3DCGであっても、それを最小単位まで分解してみれば、それは色のついた小さなドットの集合です。グラフィックスプログラミングにはさまざまな手法や実現方法がありますが、いずれの場合も最終的には「画素を1つ1つ塗りつぶしていく」というところに行きつきます。

## グラフィックスプログラミングの課題や目的　　画素をどう塗りつぶすか

　ここまで見てきたように、グラフィックスプログラミングにおいては「画素をいかにして塗りつぶすか」ということが最も大きな課題となります。この課題を達成する方法は、どのようなプラットフォーム向けにプログラムを作るかや、どのようなプログラミング言語を用いるのかなどによって変わってきます。

　さらに、グラフィックスを生成する目的もまた、さまざまなケースが考えられます。映像作品やアート作品のような、表現のためのグラフィックスを描きたい場合もあるでしょう。あるいは、何かしらのアルゴリズムを用いて特徴量を可視化し、そこから何か新しい事実を見つけ出そうとするグラフィックスの使い方や、ゲームを楽しむためのグラフィックス、情報を伝えるためのグラフィックスなど、どのような目的のためにグラフィックスプログラミングを行うのかは無数のバリエーションがあるのです。

図1.2　グラフィックスを構成するドット※

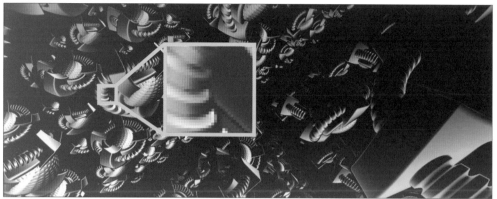

※ 美しいグラフィックスも、小さな画素（ドット）の集合によって描かれている。

　このようにグラフィックスプログラミングとは多様な側面を持つものなので、全体を一度に理解することは容易ではありません。それに、一口に「グラフィックスプログラミング」と言っても、その理解しやすさ／習得の難易度には差があります。最初から習得の難しい分野のグラフィックスプログラミングに取り組むことはお勧めできません。

　幸いなことに、グラフィックスプログラミングは多様な側面を持ちながらも、それらがさまざまな形で連携しあって成り立っています。比較的平易なグラフィックスプログラミングのテクニックや知識であっても、それは確実にハイレベルなグラフィックスプログラミングを行う上で活かされます。足し算や掛け算を知らないまま複雑な数式を解くことができないのと同じように、グラフィックスプログラミングを行う上でも基礎を固めておくことが大切です。

　本書が目指すのは、この「グラフィックスプログラミングを行う上で長く必要になる基礎知識の習得」を手助けすることです。遠回りのように思えても、本書で扱っているようなグラフィックスプログラミングの基本を身につけておくことは将来役に立つでしょう。

# 1.2
## グラフィックスプログラミングの分類
### 活躍の舞台は広い

　グラフィックスプログラミングは、その目的ごとに大まかに分類できます。また、それらの分類に応じて、どのようなプラットフォームやプログラミング言語を選択するべきなのかも変わってきます。

## 情報を伝えるためのグラフィックス

第三者に何かを伝えようとするとき、グラフィックスが役に立つ場面は多くあります。

たとえば広告、タイポグラフィ（*typography*、文字を扱うデザイン領域）のような、メッセージ性の強いグラフィックスは街中で多く見受けられます（**図1.3**）。近年では、これらの広告などのグラフィックスも、巨大なスクリーンやサイネージ（*signage*、電子看板）モニターによってデジタルに表現されることが増えてきました。これらは歴としたコンピューターグラフィックスの一部であり、大抵の場合、WindowsなどのOS（*Operating System*）によって映像が再生されています。

第三者に情報を伝えるためのグラフィックスは、何も広告などのメッセージ性の強いものばかりではありません。たとえば、近年ではインターネットを通じて地図を見ることはもはや当たり前になりました（**図1.4**）。また、天候や災害などの情報を地図とともに表示したり、グルメ情報を地図の上にマッピングしたりといったことも、現代ではすでに生活のなかに当然のように存在するものとなりました。このような情報を正しく伝えるためのグラフィックスも、もちろん何かしらのプログラムによって作られています。グラフィックスというキーワードからは連想しにくいかもしれませんが、地図や気象情報などの可視化もグラフィックスプログラミングの一種です。

## 情報を正しく理解するためのグラフィックス

情報を伝えるということだけでなく、情報を正しく把握し理解するという目的のためにグラフィックスが用いられることもあります。

たとえば、医療現場では患者の体の状態をスキャン（コンピューター断層撮影／*Computed Tomography*、CTなど）した画像／映像を見ながら異常がないかどうかを判断したり、収集したデータ（数値）をよ

**図1.3** **街中にも見受けられるコンピューターグラフィックス**※

※ 街中にも大型ビジョンやデジタルサイネージが数多く見受けられるようになってきている。

りわかりやすくするためにグラフ化して表示するなど、たくさんのコンピューターグラフィックス
が使われています。これらのグラフィックスを生成するための医療システムを開発するプログラミ
ングも、グラフィックスプログラミングだと言えるでしょう。

　また、建築や製造の現場で利用される3D作図システムも、グラフィックスプログラミングによっ
て実現されているものの一つです。とくに建築などの分野においては、単に構造を作図するという
目的だけでなく、強度や耐震性などを診断するという目的でグラフィックスが使われる場合もあり
ます。建材の大きさや重量、強度などを入力し、負荷を掛けることで耐久性をシミュレーションす
るようなシステムも、結果はグラフィカルに表示されます（**図1.5**）。これも、グラフィックスをプ

**図1.4** 　地図による情報の可視化（OpenStreetMap）

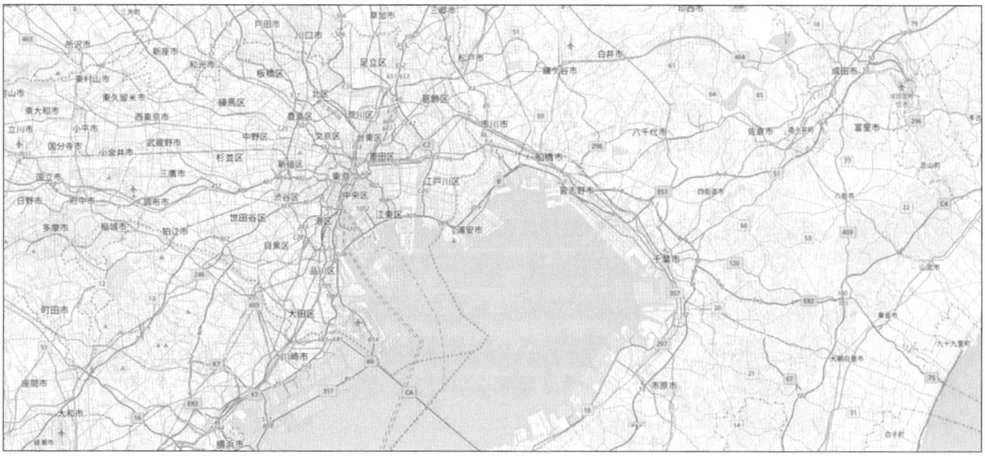

参考**URL** https://www.openstreetmap.org

**図1.5** 　木造住宅の倒壊挙動シミュレーション（wallstatの例）

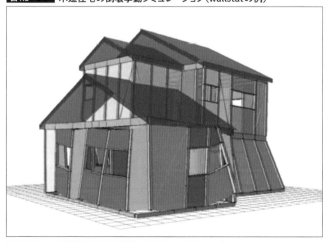

画像提供：一般社団法人耐震性能見える化協会　　**URL** https://www.wallstat.jp

ログラミングによって生成しているわけですから、グラフィックスプログラミングの一種です。

## エンターテイメントとしてのグラフィックス

　グラフィックスが最も華々しく活躍するのが、エンターテイメントの分野でしょう。近年では、おもに映画などに見られる「現実と区別のつかないほどのフォトリアリスティック（*photo realistic*）なCG映像」や、アニメ作品における「セル画調の3DCGを用いた作画」など、コンピューターグラフィックスが映像作品の品質向上に果たす役割は、日に日に大きくなっています。

　一般に、現実の世界で起こる物理現象を、コンピューターを用いてシミュレートしたり解析したりすることには、複雑かつ膨大な計算が必要になります。まるで実写映像とみまごうようなリアルなCG映像を生み出すためには、当然ながら高速に大量の演算を行わなくてはなりません。しかし、ここ数年の間にハードウェアが大きく進化したことで、市販されているゲーム機やパソコンなどの家庭用のコンピューター、またはモバイル端末などでも、その演算能力を活かしたハイエンドなコンピューターグラフィックスを描画できるようになってきました。かつては膨大な時間と資金を掛けて制作された、本格的な映画作品などでしか目にすることのできなかったリアルなCGも、現在ではゲームの分野などを中心に、誰もが気軽に楽しめるコンテンツとして一般化してきています。

　また、コンピューターグラフィックスの品質や描画の高速化だけでなく、最近ではコンピューターグラフィックスをどのように見せるのかについても多くのバリエーションが生まれています。代表的な例を挙げるとプロジェクションマッピング（*projection mapping*）などがわかりやすいでしょう（**図1.6**）。ビルや駅舎などの、実在する建造物に巨大なプロジェクターを利用してグラフィックスを投影するプロジェクションマッピングは、液晶ディスプレイなどの一般的なデバイスを利用したグラフィックスの表現とは異なり、迫力のある壮大なスケールで見る人を圧倒します。

**図1.6** 巨大な建造物にグラフィックスを投影するプロジェクションマッピング

©東京国際プロジェクションマッピングアワード実行委員会、㈱ピクス、㈱イマジカデジタルスケープ

少し進んだ事例としては、近年海外などでよく見られるのがドローン（*drone*）と呼ばれる小型の飛行デバイスを利用した事例があります（**図1.7**）。これまでのグラフィックスの常識から考えれば、このような事例は厳密にはグラフィックスと呼ぶにはやや無理があるかもしれません。しかし、真っ暗な夜空に何百、何千という数のドローンが飛び回り、カラフルなLEDライトでさまざまな模様を描き出すライトショーは、コンピューターとプログラムによって実現されています。このような事例はまさに、これからの時代の新しいコンピューターグラフィックスの一つの形態だと言えるのではないでしょうか。

## アートとしてのグラフィックス

高性能なコンピューターが一般にも手に入りやすくなったことで、それらを利用して生み出される「デジタルアート」の世界も、より身近なものになってきています。

時代を遡れば大昔は紙もペンもありませんでしたが、文明が進み紙やペンが一般化すると、大人でも子供でも、誰もが手軽に文字を書いたり絵を描いたりできるようになりました。それと同じように、現代ではコンピューターはもはや生活に欠かせない当たり前のツールの一つになり、アートや表現の世界にもコンピューターやデジタル製品を活用した作品が多く見られるようになっています。

デジタルアートの分野は、ジャンルに細かな分類が生まれるほど多様です。近年、とくに人気が高まっているのが「ジェネラティブデザイン」「ジェネラティブアート」（*generative design/art*）と呼ばれる分野です。ジェネラティブデザインの考え方では「デザインを人間が思考」するのではなく、何らかのアルゴリズムに則り「コンピューターが生み出す多様なデザイン/ビジュアル」のなかから最適な結果を人間が選択するというプロセスを取ります。人が関与するのはおもにアルゴリズムの調整や与えるパラメーターの調整で、実際にグラフィックスを生み出すのはコンピューターの仕事になります（**図1.8**）。

たとえば、一般的なA3サイズの紙を用意して「その紙全体を1cm四方の四角形で隙間なく埋めてください」と言われても、人間がそれを行うには長い時間が掛かります。A3サイズの紙だと大きさは

**図1.7**　**2018機のシューティング・スタードローンが夜空にグラフィックスを描く**

画像提供：インテル　**URL** https://www.intel.co.jp

297mm×420mmとなり、1cm四方の四角形で埋めていくとすると約1,260（＝30×42）個もの四角形を描かなければなりません。しかし、コンピューターにとっては、1,260個の四角形を描くことなど朝飯前です。しかも、そのできあがった結果が気に入らなければ「四角形の大きさのパラメーターを1cmではなく0.5cmにする」といったことも簡単に行えますし、当然、そのパラメーター変更後の結果もすぐさま確認できます。人間が手で四角形を描いていたとしたら、そう簡単にはいきません。

　ジェネラティブデザインやジェネラティブアートの世界では、デザイナーやアーティストは一種のグラフィックスプログラミングを行うことになります。どのようなアルゴリズムで、どのようなパラメーターを使ってコンピューターにグラフィックスを描かせるのか、プログラムを調整することによって表現の形が変化するのです。

## 1.3
## グラフィックスプログラミングと技術
### 原則、プログラミング言語、API

　これまで見てきたように、グラフィックスプログラミングにはさまざまな目的や用途があります。何を実現したいのかによって、どのような技術、どのようなプログラミング言語を用いるべきなのかもまた様々です。ここからはグラフィックスプログラミングに関わる技術的な側面について、もう少し踏み込んでみましょう。

**図1.8　アルゴリズムから生まれるジェネラティブアート**

## グラフィックスプログラミングの原則

　グラフィックスプログラミングにおいては、何かしらの方法で画素を塗りつぶし、その明暗や、色の違いによりグラフィックスを表現します。極論を言えば、画素に何かしらの情報を出力できる環境さえあれば、グラフィックスプログラミングを行うことは不可能ではありません。

　かつては、現在のようにカラフルなボタンやウィンドウなどを備えた GUI（*Graphical User Interface*）が存在せず、真っ黒な画面に白い文字だけが表示される CUI（*Character User Interface*）が主流であった時代がありました。そのようなやや古い時代のインターフェースであっても、その出力する文字の種類や空白／改行等を工夫することで、何か意味のある形やシルエットを画面に出力することは可能だったのです。極端な例ですが、これもやはり、グラフィックスをプログラムによって描いているという意味では、グラフィックスプログラミングであると言えるでしょう。

　現代においてはコンピューターの演算速度が飛躍的に向上したことに加え、ディスプレイもどんどん高精細化しています。そのような環境の変化に適応するように、グラフィックスを生み出すための「手段」であるプログラミングについても、その選択肢は広がり続けています。

## グラフィックスプログラミングと、プログラミング言語&ツール　手軽にグラフィックスを生成する選択肢

　現在では、グラフィックスプログラミングの実現にはさまざまなアプローチがあり、必ずしも、画素の一つ一つまでを漏れなくプログラムで制御しなければならないというわけではありません。

　これは「グラフィックスの生成を手助けするような機能」を活用しながら、グラフィックスプログラミングをより手軽に行える「ツール／開発環境やプログラミング言語」が存在するためです。

■‥‥‥‥**Processingでできること**

　Processing は、比較的簡単な命令の組み合わせのみでグラフィックスを描くことができるように工夫された統合開発環境です。関連プログラムをインストールするだけで、プログラミングの作業も、その結果を確認することも、Processing のみで完結できるようになっています。

　Processing で制作したグラフィックスは、それ自体が商業製品として（たとえばゲームや映画などのエンターテイメントの分野で）大々的に扱われることはあまり多くありませんが、グラフィックスプログラミング初学者向けの開発環境としてよく知られています。日本語で書かれた資料やインターネット上の情報が多く存在するほか、コンピューターサイエンスなどの分野では大学の授業などで用いられることもあります。

　Processing には **line** や **rect** といった「図形を描画できる機能」（**図1.9**）があるため、開発者は「図形を描くためにどのピクセル（*pixel*）を塗りつぶさなくてはならないのか」といった、ピクセルレベルでの制御については意識する必要がありません。また、色を変えたり、図形の大きさや範囲を変えたりすることも、引数として与えるパラメーターを変更するだけで簡単に行えるようになっています。

**図1.9** 線や図形を描く命令の組み合わせでグラフィックスを描く

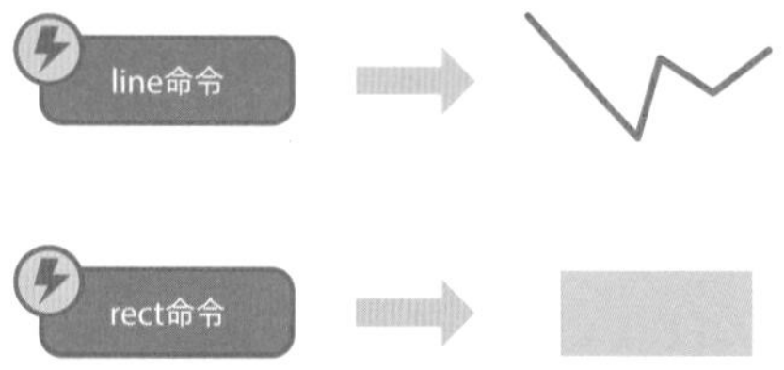

line命令 →

各ピクセルを「どのように塗りつぶすか」ではなく、
より単純な「形を表す命令の実行」だけで、
さまざまな図形や形状、色などを表現できる

rect命令 →

■⋯⋯⋯ ゲームエンジンから学び始める

　さらに、そこから発展して、コードの記述をほとんど行うことなくボタンやスライダーなどを操作するだけで、グラフィックスを生成するプロセスをある程度制御できるような開発環境やツールもあります。代表的なところではゲームエンジン（*game engine*）[*3]がこれにあたります。

　一般にゲームエンジンと呼ばれている一連のツール群では、グラフィカルなユーザーインターフェースを操作することで、オブジェクト（*object*）を配置したり、そのオブジェクトの質感を変更したり、オブジェクトの移動する軌道を調整したりと、直接プログラムを記述することなく実装を行えます。もちろん、条件に応じて状態が変化するような複雑な制御が必要となる場合には、独自にプログラムを記述し、より細かな制御が行えるようにもなっており、拡張性にも優れています。これらの特徴から、ゲームエンジンを活用した開発では、プログラミング言語のみを用いて同様の実装を作ることに比べると、より直感的に無駄な手間を省きながらアプリケーションを構築できます。

■⋯⋯⋯ ツールと基礎/原理の学習

　こういったゲームエンジンのようなツールを用いる場合であっても、「そのツールの使い方を覚える必要がある」という点で、プログラミングを勉強するのと同じように、ツールを使いこなすための学習の時間は必要になります。

　また、ゲームエンジンが元々多くの便利な機能を備えていることが、逆に初学者の理解を妨げる要因になってしまうこともあります。これはグラフィックスプログラミングの基本原理や、そこで必要となる数学/物理などの理解が仮になかったとしても、ゲームエンジンの力を借りることで結果的にグラフィックスプログラミングが実現できてしまうからです。

　たとえば、空中に放り出されたボールが、落下し、地面にぶつかりバウンドし、転がりながら徐々に静止していく、といった物理現象を再現したい場面があったとします。このとき、これをプログラミングによって再現するためには物理や数学の知識が欠かせませんし、それをコードに落とし込んでいく技術も必要となります。一方で、ゲームエンジンを利用しているのであれば、物理現象を

---

**＊3** よく採用されているゲームエンジンには、Unity Technologies が提供している Unity（ユニティ）や、Epic Games が提供している Unreal Engine（アンリアルエンジン）などがあります。

再現するために必要となるのは、多くの場合いくつかの設定項目を入力するなどの簡単な作業だけです。難しい物理や数学の知識がなくても、簡単に複雑な挙動を実現することができてしまいます。しかし、誤解のないように付け加えると、これは必ずしも悪いことではありません。まずゲームエンジンを利用しながらグラフィックスプログラミングの感覚を掴んでおき、詳細な仕組みや原理については後から勉強するというのは良いアプローチだと言えます。

　ここで大切なことは、グラフィックスプログラミング全般を通じて必要となる「数学や物理の基礎」や、ピクセルレベルで色を制御するような「グラフィックスプログラミングの基礎 / 原理」は、ゲームエンジンなどを利用した開発においても「いつか必要になる時が来る」ということです。これは逆に言えば、本書で扱うようなグラフィックスプログラミングの基礎を学んでおくことは、どのようなグラフィックスプログラミングを行う上でも無駄になることはないということでもあるのです。

## グラフィックスAPI　DirectX、OpenGL、OpenGL ES

　ProcessingやゲームエンジンのようにA、比較的手軽にグラフィックスプログラミングに取り組める環境がある一方、より本質的で、低レイヤーにまで手を伸ばすことができるグラフィックスプログラミングの環境には、どのようなものがあるのでしょうか。

　代表的な例としては、おもに Windows 環境で開発を行える **DirectX** があります。DirectX は Windows に標準で搭載されているマルチメディア API です[*4]。DirectX を用いると「グラフィックスを生成することに特化したハードウェア」である **GPU**（*Graphics Processing Unit*）を利用して、高速に演算処理やグラフィックスの描画を行えます。なお、DirectX はグラフィックスの描画だけでなく、オーディオの制御や、コントローラーデバイスからの入力制御など、おもにゲームの開発をターゲットにした幅広い機能を持っています。グラフィックス API ではなくマルチメディア API と呼ばれるのは、このような豊富な機能全体をまとめて DirectX と呼ぶためです。macOS や Linux、モバイル OS などの Windows 以外のプラットフォームの場合は、DirectX は利用できません。

　そこで登場するのが **OpenGL** です。OpenGL は世界標準の規格として、Khronos Group という非営利団体によって仕様が管理されています。OpenGL の場合もやはり、GPU を活用して高速な処理を実現でき、こちらは DirectX とは異なりグラフィックス関連機能だけを提供します。

　DirectX（のグラフィックス機能）と OpenGL は似たような概念を多く持つグラフィックス API ですが、DirectX が「Windows や Xbox といった Microsoft 社の製品」に対して最適化され、比較的早いサイクルでバージョンアップや機能追加が行われるものであるのに対し、OpenGL は世界標準としてより多くのハードウェア上で動作することを念頭に仕様策定が行われます。そのような背景から、OpenGL はその仕様の策定にやや時間を要する傾向があり、より先鋭化した最新の技術は DirectX にまず搭載されることが多くなっています。また OpenGL には、モバイル端末などのやや非力なコン

---

[*4]　たとえば、DirectX の 3D を扱う機能に対しては「Direct3D」のような固有の名称が与えられており、これらの各機能すべてを含む、API の総称が DirectX です。

ピューター上でも動作するように機能を削ぎ落としたOpenGL ES（*OpenGL for Embedded Systems*）のようなサブセットAPIも存在します。iOSやAndroidに代表されるモバイル端末向けのOSでは、OpenGL ESが広く利用されています。

■·················[まとめ]DirectXとOpenGLの特徴

DirectXとOpenGLを比較し、その特徴を整理すると以下のようになります（**図1.10**）。

- **DirectXのメリット**
  - Windowsに標準で搭載されており追加インストールなどが不要
  - Windowsにおいてはウィンドウやインターフェース等の描画にも使われる縁の下の力持ち的存在
  - 最新鋭の機能がいち早く導入され、進化のスピードが速い
  - グラフィックス関連機能だけでなく、ゲームの開発に必要な機能を多数備えている
- **DirectXのデメリット**
  - WindowsやXboxなどの製品でしか利用できない
  - プログラムをマルチプラットフォームに対応させるのが難しい
  - 機能が豊富であるために、すべてを把握し使いこなすのは簡単ではない

- **OpenGLのメリット**
  - Windowsを含む、複数のプラットフォームに対応する
  - モバイル端末のような比較的非力なハードウェア上でも動作する
  - DirectXに比べると、シンプルな仕様になっている
- **OpenGLのデメリット**
  - マルチプラットフォームに対応するため、進化が遅い
  - グラフィックス機能だけを提供するため、オーディオなどは別途実装が必要
  - 機能がシンプルであるがゆえに、複雑なことをしたい場合は自力で実装が必要になることも

図1.10　　DirectXやOpenGLとプラットフォーム

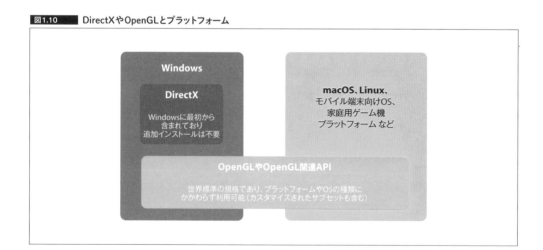

## グラフィックスAPIを利用するアプリケーション

　グラフィックスプログラミングに取り組むにあたり、DirectXやOpenGLは必ずしも必須ということはありません。むしろ近年では、本格的なゲーム開発や、業務アプリケーションのプロダクト開発でない限りは、DirectXやOpenGLなどのAPIを直接利用したプログラムを記述する場面は多くありません。これはDirectXやOpenGLを利用して作られているサードパーティー製のアプリケーション（たとえば、前述のUnityやUnreal Engine）を用いたり、同様のライブラリやフレームワーク（代表的なものではopenFrameworks＊5など）を用いる場合が多くなっているためです。このような開発を補助するツールやライブラリを利用することで、専門性の高い知識がなくてもプログラミングが行いやすい状況になっています。

＊5　openFrameworksはC++で利用可能なツールキット（フレームワーク）です。 **URL** https://openframeworks.cc

**Column**

### Metal、Vulkan　AppleとKhronos Groupのその他のグラフィックスAPI

　少し特殊なグラフィックスAPIの例としては、Appleの製品で動作するグラフィックスAPIである**Metal**（メタル）があります。

　MetalはAppleが自社製品に最適化したグラフィックスAPIで、WindowsにおけるDirectXと同じように「自社製品向けだからこそ実現できる最適化」が行われており、OpenGLと比較すると高速に動作するようになっています。また、Metalは比較的最近になって登場したAPIであるため、最新のアーキテクチャを取り入れつつ、実装のしやすさやCPUの負荷低減なども考慮されています。

　また、マルチプラットフォームに対応しさまざまな環境で動作するOpenGLは、そのオープンな規格であるというAPIの性格上、異なるバージョン間で互換性を長年にわたって維持し続けてきました。これは「新しいバージョンのOpenGLが登場しても、過去のバージョンのOpenGL実装はそのまま問題なく動作する」ということを意味しており、一見すると、とても利便性の高い性質のようにも思えます。しかし、実際には、互換性を維持しなければならないという都合があるために、APIに対して大胆な改善/改修を加えることが難しく、時代遅れな実装が長く利用され続けているという問題がありました。日進月歩で変化していく時代の流れに、OpenGLだけが取り残されてしまっていたのです。

　この問題に対する解決策として、OpenGLを管理するKhronos Groupによって近年仕様策定が進められていた次世代グラフィックスAPIが**Vulkan**（ヴァルカン）です。

　Vulkanは、近年のGPUが備える最新の機能を活用できるよう、OpenGLと比較して「より低レイヤーな領域」まで細かく制御できるよう設計されています。これにより、OpenGLでは実現することができなかった高度な最適化や、より柔軟な実装を行うことが可能となりました。ただし、より低レイヤーな領域にまで踏み込む必要があるため、Vulkanを用いた開発ではOpenGLを利用した開発よりも総じて難易度が高くなります。このような背景から、Vulkanを用いた開発はグラフィックスプログラミングの初学者にはやや敷居が高いと言えるでしょう。

また、ユーザーや開発者の目線でDirectXやOpenGLを意識することがなくても、実際には利用しているアプリケーションの内部でこれらのグラフィックスAPIが使われているということもあります。たとえば、Windows環境ではウィンドウを最小化する操作を行うと、ウィンドウが半透明になったり、タスクバーに格納されるかのように素早く動くアニメーションが発生します。これらのウィンドウを制御する仕組みにも、内部的にはDirectXが利用されています。また、Webブラウザは「グラフィックスを描画するためのツール」というわけではありませんが、HTMLページを表示するためにこれらのグラフィックスAPIを内部的に利用しています。

## Webとグラフィックス　JavaScriptと動的なグラフィックス生成機能

　Webブラウザは、インターネットを通じて配信されている文字列の情報を整形したり、画像を読み込んだりすることにより、Webサイトを構築して描画（レンダリング、*rendering*）します。Webブラウザは「画像を表示する機能」を持っているため、インターネットを介して「すでに完成された状態のグラフィックス」を配信でき、多くのイラストや写真、ポスターやバナー（*banner*）などがインターネット上には溢れています。

　また、一般的によく利用されるWebブラウザの多くは**JavaScript**と呼ばれるプログラム言語を実行できます。JavaScriptはWebページの読み込みと同時にWebブラウザによって解釈されます。JavaScriptが動作することによって、リアルタイムにユーザーの操作などに反応しながら状態変化する「動的なWebページ」を作ることができます（**図1.11**）。近年では、ほとんどのWebページでJavaScriptが利用されており、昨今のWebに欠かせない重要な技術の一つとなっています。

　Webブラウザ上でグラフィックスプログラミングを行う際にも、もちろんJavaScriptを利用するのが一般的な最適解だと言えます。すでに完成した状態の画像やイラストを画面にそのまま配置するだけに留まらず、プログラミング言語であるJavaScriptを利用することによって、ユーザーがWeb

図1.11　**JavaScriptによる動的なデータの読み込みと更新の例**

一部のWebサービスでは、ユーザーのスクロール操作などを検出し
JavaScriptが実行されることで、次々と新しいデータが表示される

ページを開いたその瞬間に、動的にグラフィックスを生成して表示することができます。

このような動的なグラフィックス生成の機能があれば、たとえば「ユーザーごとに異なるユニークな数値情報をグラフにして表示する」といったことも可能になります（**図1.12**）。あらかじめ画像として保存しておくことが難しいようなリアルタイム性の高いデータであっても、その場で動的にグラフィックスを描けるのであれば、グラフ化してWebブラウザ上に表示することで、よりわかりやすくデータを可視化できるのです。また、動的にグラフィックスを描画できるということは、Webブラウザ上でペイントアプリケーションを動作させたり、画像をフォトレタッチする機能を提供したり、さらに発展してゲームや映像表現を行うことさえも、WebブラウザとJavaScriptだけで実現できるということになります。

上記のようなグラフィックスに関連したJavaScriptの実装を行う際には、それらの機能をあらかじめ実装しているライブラリを用いることもできます。たとえば、前述したProcessingと同様の機能をJavaScriptから利用できるようにしたp5.js[*6]や、3Dグラフィックスの描画にも対応したthree.js[*7]などが存在します。

かつては、静止画のデータをそのまま表示するだけであったWebのグラフィックスは、現代においては必ずしも静的なものばかりではありません。JavaScriptとWebブラウザの持つ機能を活用することで、ユーザーの操作や時間の経過などに応じ、動的に変化するグラフィックスを提供できるのです。

## JavaScriptとWebブラウザによる効率的な学習の実現

前述のProcessingと同じように、JavaScriptには記述したプログラムによって画像や図形などを

---

＊6 **URL** https://p5js.org
＊7 **URL** https://threejs.org

**図1.12** ユーザーやWebページの状態に応じて内容が変化

ユーザーごとに異なる、ユニークな情報をリアルタイムに可視化

描画することができる一連の機能群が存在します。また、JavaScriptがWebブラウザ上で動作している場合は、「Webページに表示されるあらゆるHTMLで定義されたパーツ」や「Webブラウザが元々備えている機能」を利用したプログラミングを行えます。これはJavaScriptが持つ非常に強力なメリットだと言えます。

　たとえばC/C++などのネイティブな言語の場合は、画像を扱いたければ、まず画像ファイルを開いてメモリー上に展開するためのより基礎的なプログラムから準備しなければなりません。その点、JavaScriptの場合は、Webブラウザが画像を読み込む機能をすでに持っているため、画像の読み込み処理はWebブラウザ側に任せてしまうことで比較的簡単に画像データを扱えます。

　Webブラウザは急激に進化しているため、現在では画像だけではなく、音声データ、動画データ、カメラやマイクなどからのリアルタイムの入力データなど、多彩な情報を扱えるようになっています。JavaScriptはこれらのWebブラウザの持つ機能をそのまま利用できるので、コンテンツやプログラム作成そのものに、より集中しやすい開発環境であると言えるでしょう。

## JavaScriptのメリットを活かす　本書の構成と解説の流れ

　本書では、JavaScriptの持つ「敷居の低さ」と、Webブラウザ上で動作するJavaScriptの「多機能さ」を利用しつつ、グラフィックスプログラミングに取り組んでいきます。以降の各章の概要を簡単にまとめます。

　第2章では、本書でプログラミング言語として採用しているJavaScriptの基本を学びます。すでにJavaScriptの扱いについて十分に習熟している場合は、本章は飛ばしてもかまいません。逆に、あまりプログラミング自体の経験がない場合や、JavaScriptの実装にやや不安がある場合は、第2章でJavaScriptの基本的な原理/原則を確認しておきましょう。

　第3章は、グラフィックスプログラミングを行う上で役立つ数学の基本をまとめた章になっています。グラフィックスプログラミングの文脈で「数学」と言われると、専門的で高度な、難しいものをイメージしてしまう場合が多いかもしれません。しかし本当に基本的な、グラフィックスプログラミングの基礎となる数学の知識は、決して途方もなく難しいというものではありません。本書では、できる限り多くの図解による解説を取り入れつつ、数学に苦手意識がある場合でも理解しやすくなるように工夫していますので、まずは肩の力を抜いて取り組んでみましょう。

　第4章では前述のProcessingと同じように、各種の「図形などを描く描画命令」を組み合わせてグラフィックスプログラミングを行えるJavaScriptのAPIを解説します。このJavaScriptのAPIは**Canvas API**と呼ばれるもので、線分や矩形、曲線、円などを描画する機能を持っているほか、画像を読み込んで描画したり、グラデーションを生成したりと、さまざまなグラフィックス系実装をJavaScriptを使って行えます。

　そして、第4章で学習したCanvas APIと第3章で学習した数学の基礎を組み合わせて、より実践的なグラフィックスプログラミングに取り組んでいくことになるのが、第5章から第7章にかけての各章です。ここではWebブラウザ上で動作するシューティングゲームの作成に挑戦します。ゲー

ムの開発には、さまざまなグラフィックスプログラミングのノウハウが詰め込まれています。シンプルでコンパクトなゲームプログラムの作成を行いながら、自然に「グラフィックスプログラミング全般で必要となる」数学の知識やプログラミングの基本原理を学ぶことができるゲーム開発は、グラフィックスプログラミングを学ぶことに適したテーマです。本書では、その実装内容ごとに章立てを行っており、少しずつステップアップしながらグラフィックスプログラミングのスキルを磨いていきます。

第8章は、よりグラフィックスプログラミングの本質に近づくために、ピクセルレベルでグラフィックスを制御する画像処理プログラミングに取り組みます。「ピクセル（画素）を塗る」というグラフィックスプログラミングの基本原理を理解することで、将来のさらなるスキルアップのための基礎を身につけられます。

# 1.4 本章のまとめ

本章では「グラフィックスプログラミング」というキーワードについて、その概要と関連技術について説明してきました。グラフィックスプログラミングという言葉には、本章で見てきたようなさまざまな概念や、関連する技術、プログラミング言語、開発環境などが関係してきます。多様なグラフィックスプログラミングの構成要素を、一度に理解/把握することは難しいですし、そうすることに大きな意味はありません。

ここで重要なことは、これだけ多様な側面を持つグラフィックスプログラミングも、それぞれの技術がどこかで必ず関係性を持っているということ。そして、どのようなグラフィックスプログラミングのジャンルに取り組む場合でも、本書で扱っているようなグラフィックスプログラミングの基礎を習得していることが、大きなアドバンテージになるということです。

楽しんで理解できるところから始めて「少しずつでも確実にレベルアップしていくこと」が、最終的には最大の効果を生み出すはずです。自分自身のペースで知識を積み上げていきましょう。

# 第2章

## [グラフィックスプログラミングで役立つ]
# JavaScript/ES2015入門

### 開発環境から文法基礎まで

本章では、グラフィックスプログラミングに取り組むための、開発環境の準備を行っていきます。また、実際に開発を行う段階で必要となる動作確認／デバッグ方法や、開発に用いるプログラミング言語であるJavaScriptの基本的な機能や構文についても扱います。

## 2.1
## 本書における開発言語と開発環境
### JavaScript、Chrome、Windows&macOS

本書では、開発言語としてJavaScriptを採用しています。本節では、グラフィックスプログラミングを行う上でも役立つJavaScriptの基礎知識や、JavaScriptの開発を行うために必要な環境構築の方法を確認します。

### サンプルの実行環境　Google Chrome

本書では、JavaScriptを利用した開発を行うため、すべてのサンプルはWebブラウザを利用して実行結果を確認できます。Webブラウザにはさまざまな種類がありますが、本書では開発したプログラムを実行する環境としてGoogle Chrome（Chrome）*1を推奨します。開発者向けの機能（後述）が豊富であることや、Webブラウザで最も多くのシェアを得ていることがその理由です。

---

＊1　**URL** https://www.google.co.jp/chrome/

## 開発環境とテキストエディタ

　本書では、開発環境のOSにはWindowsとmacOSの利用を想定しています。

　また、本書のサンプルに含まれるファイルは、いずれも一般的なアプリケーションで確認できます。たとえば、HTMLファイル（`*.html`）やJavaScriptファイル（`*.js`）などは、テキストエディタで編集が行えます[*2]。

　基本的に、どのテキストエディタを使って編集を行ってもかまいません。もし使い慣れたテキストエディタがとくにないということであれば、サンプルの編集にはMicrosoftが提供しているVisual Studio Code（VS Code）[*3]を推奨します。VS CodeではJavaScriptを含むプロジェクトの作成や編集に特化した、さまざまな機能を利用できます。VS Codeのおもな特徴は、以下のとおりです。

- **クロスプラットフォーム**
- **軽快な動作**
- **多くのプログラミング言語に対応（シンタックスハイライト[*4]）**
- **入力を補助するインテリセンス機能**
- **デバッグ作業を補助する機能**
- **ターミナル（端末エミュレーター）を内蔵**
- **バージョン管理システムのGit[*5]に標準で対応**
- **タスク機能による自動化が可能**
- **プラグインで機能をさらに拡張可能**

## Webとアプリケーション

　JavaScriptを用いると、WebブラウザでWebサイトを閲覧する際に、そのWebページ上で実行されるプログラムを記述できます。JavaScriptのプログラムが動作することによって、ユーザーの操作に応じて振る舞いを変化させたり、表示する内容を切り替えたりといったように、対話性のある動的なWebページを構築することができるようになります。

　代表的な例としては、Google Mapsなどの地図サービスが挙げられます。地図に関連したWebサービスでは、GPS（*Global Positioning System*）などから取得したユーザーの物理的な位置、あるいは検索キーワードなどを元にして、最初に表示される「地点」が決まります。また、地図を拡大縮小したり、スライドするように上下左右に動かしたりすると、それに連動して地名や建造物の情報がリアルタイムに切り替わります（**図2.1**）。このような仕組みは、JavaScriptがユーザーの操作や、

---

[*2] 画像ファイルは一般的な画像ビューア等で表示や編集が行えます。
[*3] URL https://code.visualstudio.com
[*4] syntax highlighting。ソースコードを構文に応じて色付けする機能のこと。
[*5] URL https://git-scm.com

JavaScriptが動作している環境の状態を検出し、それに応じてデータを送受信することではじめて実現できます。

■·············**クライアントサイドとサーバーサイド**

通常、Webブラウザはインターネットを通じて配信されているWebサイトの情報を受け取り、それらを整形した上でディスプレイに映し出します。このように、何かしらの情報を受け取り、ユーザーがそれらを閲覧したり、操作したりするためのインターフェースを提供するアプリケーションのことを、一般に「クライアントアプリケーション」と呼びます。JavaScriptは「Webブラウザというクライアントアプリケーション上で動作する」ことからもわかるとおり、**クライアントサイド**（*client-side*）の開発を行うことができるプログラミング言語だと言えます。

一方で、クライアントが受け取ることになる情報を、配信する側となるアプリケーションは「サーバーアプリケーション」と呼ばれます。近年では、JavaScriptを利用して**サーバーサイド**（*server-side*）のプログラムも記述できるようになりました。クライアントとサーバーの双方を一つの言語で同時に開発できるJavaScriptは、広く普及しています。

## JavaScriptとECMAScript

JavaScriptの原型となるスクリプト言語が誕生したのは1995年のことです。当時、Webブラウザとして高い人気を誇っていたNetscape Navigatorに、LiveScriptというスクリプト言語が搭載されます。これが後に名称変更され、最初のJavaScriptの実装となります。

この最初のJavaScriptがNetscape Navigatorに搭載されて以降、その利便性からJavaScriptはさ

| 図2.1 | パーソナライズされたデータの表示 |

JavaScriptが動的に情報をやりとりしてくれることにより、
パーソナライズされた情報がリアルタイムに利用される

まざまなWebブラウザに搭載されはじめます。ただし当時は、JavaScriptを解釈し動作させる「JavaScriptのエンジン部分」を、ブラウザベンダー各社がそれぞれ独自に開発してWebブラウザに搭載していました。そのような理由から、Webブラウザの種類によってJavaScriptの動作に違いが出ることも多かったのです。

現在では、JavaScriptの動作や振る舞いはWebブラウザの種類などとは無関係に、世界標準としてその仕様が定められています。このJavaScriptの世界標準の仕様は、標準化作業を行ったEcma International[6]という標準化団体にちなみ「ECMAScript」と呼ばれており、現在もバージョンアップが続けられています。

2019年現在、ECMAScriptは1年間のサイクルで新しいバージョンがリリースされる方針となっています。これは、日々変化するJavaScriptを取り巻く情勢や需要の変化に、常に素早く対応していくことを目的としたものです。年次リリースの方式がはじめて取り入れられたのは2015年のことで、その年にリリースされたECMAScriptのバージョンを一般にECMAScript 2015（ES2015）と呼びます[7]。

[6] URL http://ecma-international.org
[7] ES2015以前の最新バージョンがES5.1であったことから、ES2015は「ES6」と呼ばれていた時期があります。ES6という記述をどこかで見かけた際は、ES2015と同じECMAScriptのバージョンを指していると考えて差し支えありません。

**Column**

## ECMAScript規格とWebブラウザの実装の関係

ECMAScriptは世界標準の規格ですが、その仕様を元に動作するWebブラウザは民間のブラウザベンダーによってそれぞれ個別に開発されています[a]。したがって、ECMAScriptの仕様が新しくなったからといって、それが即座にWebブラウザに反映されるとは限りません。新しい仕様に沿った実装については、Webブラウザの開発を行っている各ベンダーごとに個別に対応が進められることになるため、その実装される時期は必然的にバラバラになります。また、同じ名前のAPIであっても動作が異なる場合があったり、一見同じように振る舞っていても内部的なアルゴリズムが異なっている場合もあります。

JavaScriptを利用して作られたアプリケーションを、利用することが想定されるユーザーの環境に応じて、さまざまなWebブラウザで実行可能な状態でリリースを行うためには、単体のWebブラウザだけでなく複数の環境で正しく動作するかどうかを確認することが重要になります。一般に、このようなWebブラウザごとの互換性を考慮した実装は、多くの工数を必要とする難しい課題になる場合が多く、Webの開発者の悩みのタネとなっています。第三者の利用が想定されるようなアプリケーションの開発を行う場合は、「WebブラウザごとにJavaScriptの動作が異なる場合がある」ということを念頭に置いて開発を行うことが好ましいと言えます[b]。

[a] Chromeを例に取ると、ChromeはGoogleによって開発が行われているWebブラウザであり、ECMAScriptの仕様策定を行っているEcma InternationalとGoogleとは当然ながら別の組織です。
[b] 非公開の個人的なプロダクトで開発を行う場合や、学習/勉強のためのプログラミングの範囲であれば、実行環境は限られますので大きな問題にはならないでしょう。

## JavaScriptの進化と、グラフィックスプログラミング

　いまこの瞬間も、JavaScriptは日々進化し続けています。たとえば現在では、多くのWebブラウザでJavaScriptを使ってWebカメラやマイクへのアクセスが行えます。これらの機能を活用すれば、「WebブラウザとJavaScriptのみ」を用いてビデオ通話システムを構築することも不可能ではありません。その他にも、JavaScriptでオンラインショッピングの決済を行えるようになったり、VR（*Virtual Reality*、バーチャルリアリティ）のコンテンツをブラウザだけで描画できるようになったりと、JavaScriptがカバーする範囲は現在進行系で広がり続けています（**図2.2**）。

　そして、JavaScriptが実行される際の「実行速度」についても日夜改善が行われています。数年前まではJavaScriptは実行速度が遅く、複雑な処理を行うことには向いていないと言われていましたが、現在はかなり複雑なアプリケーションがJavaScriptによって動作していることも珍しくありません。

　こうしてJavaScriptが進化を続けてきたことで、それまではネイティブなプログラミング言語でなければできなかった処理の多くが、WebブラウザとJavaScriptによって扱えるようになってきています。本書のメインテーマであるグラフィックスプログラミングも、近年JavaScriptで扱うことができるようになったものの一つだと言えます。

　グラフィックスプログラミングは、実行速度の問題や、扱えるAPIの種類の問題から、長らくネイティブアプリケーションでなければ開発することが難しい分野でした。しかし今では、JavaScriptが高速化され、本書で扱っているようなグラフィックスAPIを利用することも可能となり、グラフィックスプログラミングをJavaScriptで行うための舞台はすでに整っていると言って良いでしょう。そして、JavaScriptは「Webブラウザのみで実行できる」という手軽さを持っています。Webページをリロード（再読み込み）するだけで簡単に実行結果を確認できるというJavaScriptの手軽さは、他のプラットフォームには見られない大きなメリットだと言えます。

**図2.2**　JavaScriptで扱える技術領域の広がり

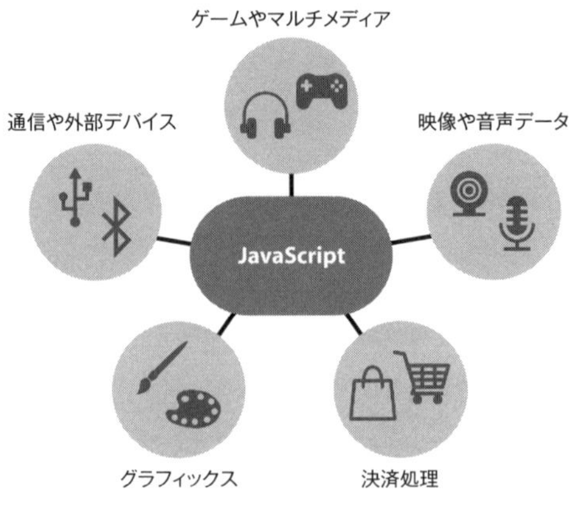

ゲームやマルチメディア
映像や音声データ
通信や外部デバイス
**JavaScript**
グラフィックス
決済処理

　グラフィックスプログラミングでは、画面に描画される結果を何度も確認しながら調整するという作業が往々にして発生します。そういったグラフィックスプログラミングの特性を考えても、トライ＆エラーの行いやすいJavaScriptは、グラフィックスプログラミングと相性が良いと言えるのです。

　本書には、オンラインで閲覧できるHTMLとJavaScriptを利用したオンラインサンプルが用意されています。これらのサンプルは自由に改変、修正が行えます。また、サンプルをベースに、独自に改修したプログラムを公開することにも制限はありません。
　本節では、サンプルファイルの実行方法やデバッグ方法などを確認しておきましょう[*8]。

## サンプルの構成と実行方法

　本書のサンプルは、zipファイルをダウンロードして解凍するだけでそのまま利用できます。解凍後に展開されるファイル群は**図2.3**のような構成になっています。
　サンプルはテーマごとにフォルダに分けて格納されています。第4章〜第7章のサンプルは、各フォルダ内のHTMLをダブルクリックするか、ブラウザウィンドウにHTMLをドラッグ＆ドロップすることで実行できます。**図2.4**はシューティングゲームのサンプル実行時の様子です。なお、第8章以降のサンプルでは、ローカルサーバー（後述）を起動してサンプルファイルを実行する必要があります。これについては第8章で後述します。

## Chromeの開発者ツールの基本　　JavaScriptのデバッグ準備

　本書で推奨環境としているWebブラウザChromeには、「開発者ツール」と呼ばれるJavaScriptでの開発に役立つ機能を持ったツールが標準で搭載されています。ここでは基本的な使い方を解説します。
　開発者ツールを表示するには、ブラウザウィンドウが表示されアクティブになっている状態でWindowsなら Ctrl + Shift + I を、macOS環境なら command + option + I を入力します。既定の状態では、開発者ツールはブラウザウィンドウ内に格納された状態で表示されます（**図2.5**）。
　また、開発者ツールの右上にあるアイコンからメニューを表示し［Dock side］と書かれた場所に

--------

　＊8　本書のサンプルコードや補足情報についてはp.iiを参照。

あるボタンを押すことで、どのように開発者ツールを表示するかを変更でき（**図2.6**）、開発者ツールを別ウィンドウとして切り離しフロート化して表示することもできます（**図2.7**）＊9。

---

＊9　開発者ツールには、ここで紹介したような表示方法の変更以外にも、さまざまな機能が搭載されています。これらの多様な機能群はChromeのバージョンアップに伴って、新しく機能が追加されたり、一部変更が加えられたりすることもあります。バージョンアップによりときには外観が大きく変更されることもありますが、本書で解説するような基本的な使い方はほとんど変わらないでしょう。

**図2.3** ━━━ サンプルデータを展開した際のファイル構成

```
sample
├canvas2d   Canvas2Dのサンプル群
├pixel   画像処理のサンプル群
└stg   シューティングゲームのサンプル群
    ├001   サンプルは連番形式になっている
    │  ├css
    │  │  └style.css
    │  ├image
    │  │  └画像ファイル
    │  ├script
    │  │  ├canvas2d.js
    │  │  └script.js
    │  └index.html
    │
    ├002
    │  ├css
    │  │  └style.css
    │  ├image
    │  │  └画像ファイル
    │  ├script
    │  │  ├canvas2d.js
    │  │  └script.js
    │  └index.html
    :   以下略
```

**図2.4** ━━━ サンプルのシューティングゲーム実行例

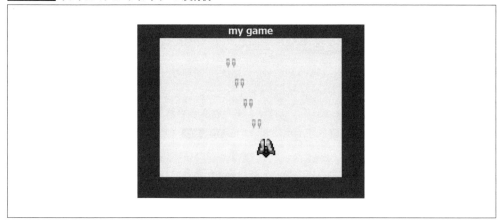

**図2.5** 開発者ツールを表示した状態

**図2.6** 開発者ツールの表示方法を変更するボタン

**図2.7** フロート化し別ウィンドウで表示した開発者ツール

## 開発者ツールのパネル&JavaScriptのデバッグ

　開発者ツールには「パネル」と呼ばれるいくつかの機能がタブ構造で並べられています。**図2.8**の画面のうち、上部に並んで表示されているのが各種パネル類（**表2.1**）です。グラフィックスプログラミングにおいても、これらのパネルを活用することでデバッグ作業がスムーズに行えるようになります。また、パネルによっては画像などのリソースが読み込まれていく様子を観察したりすることもできます。以下で、よく利用するパネルをいくつか紹介します。

■⋯⋯⋯⋯ **Element**パネル　HTMLドキュメントの構造を確認

　Elementパネルでは、HTMLドキュメントの構造を見ることができます。Elementパネル上でマウスカーソルを動かすと、カーソルが重なっている位置にあるオブジェクトがハイライトされ、設定されているスタイルなどを確認できます（**図2.9**）。

**図2.8**　　各機能ごとに分類されているパネル

**表2.1**　　各種パネルと機能の概要

| パネル名 | 機能の概要 |
| --- | --- |
| Elements | HTMLドキュメントの構造を確認/編集 |
| Console | 開発者ツールのコンソール |
| Sources | 読み込んだファイルや実行されているJavaScriptなどの詳細 |
| Network | ネットワークや読み込み処理に関する詳細 |
| Performance | Webページのパフォーマンスや関数の呼び出しの詳細 |
| Memory | Webページのメモリー使用量などの詳細 |
| Application | Webページが利用しているストレージやデータの詳細 |
| Security | 通信の状態やセキュリティ警告などの情報 |
| Audits | Webページの改善に関するヒントなど |

本書ではHTMLドキュメントの構造を確認する場面はあまり登場しませんが、ボタンやチェックボックスなどのユーザーインターフェースを配置したり、あるいはCSSを使ってWebページ上に装飾を行う際などに役立つでしょう。

■⋯⋯⋯ **Sourcesパネル** JavaScriptプログラムの実行制御をデバッグに活用

Sourcesパネルでは、Webページが読み込んでいるJavaScriptやCSS（スタイルシート）、画像ファイルなどの情報を細かく確認できます。このSourcesパネルでは、JavaScriptの実行を制御することも可能で、JavaScriptのプログラムをデバッグする際に役立ちます。

たとえば、JavaScriptの実行を一時的に停止する**ブレークポイント**（*breakpoint*）を設定するには**図2.10**に示したように、該当するJavaScriptファイルの行番号部分をクリックします。

**図2.9** Elementパネルで要素をハイライト

開発者ツールの画面内で、選択またはカーソルが重なっているオブジェクトはブラウザウィンドウ内でハイライトされ、余白などの設定されているスタイルを確認できる

**図2.10** Sourcesパネルで設定できるブレークポイント

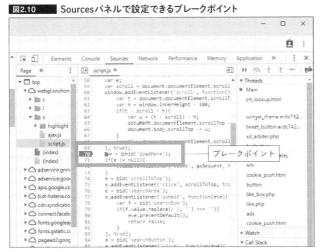

ブレークポイントを使ってJavaScriptの実行が一時的に停止された状態になると、開発者ツール内で変数の中身を確認したり、関数の呼び出し順序を意味するコールスタック（*call stack*）の確認などが行えます（**図2.11**）。

これらの機能を活用すると、記述したスクリプトが意図したとおりに実行されているのかどうか確認するのに役立ちます。たとえば第4章では、Canvas APIを利用した図形や線分の描画を行いますが、正しく座標やスタイルが設定されているのかを確認する際はブレークポイントの機能が便利です。

まずは、中身を確認したい変数が記載されている任意の行に、ブレークポイントを設定します。その後、WebページをリロードするとJavaScriptが最初から再度実行され、ブレークポイントで処理が中断されます。

ブレークポイントによって実行が停止された状態から、再度JavaScriptの実行を再開させることもできます。キーボードでショートカットを入力することで、どのように実行を再開させるのかを細かく制御できます。途中で呼び出される関数の内部までじっくりと追いかけたい場合は、ステップイン（*step in*）でJavaScriptを実行することで、次々と関数の内部に移動しながら実行結果を確認できます。各操作に対応したショートカットキーは**表2.2**のようになります。

**図2.11** 　コールスタックやデータの参照

コールスタック（Threadsと書かれたエリア）を確認すれば、関数呼び出しがどのような順序で行われているのかを確認できる

ブレークポイントでJavaScriptの実行が一時停止している状態で、変数名にカーソルを合わせた際、その詳細がポップアップするように表示され、中身を確認できる

**表2.2** 　Sourcesパネルで利用できるショートカットキー

| ショートカットキー | 動作 | 詳細 |
|---|---|---|
| `F8` | 再開 | そのままJavaScriptの実行を再開する |
| `F10` | ステップオーバー | JavaScriptの実行を1行ずつ進め、関数呼び出しの際に関数を即座に実行する |
| `F11` | ステップイン | JavaScriptの実行を1行ずつ進め、関数呼び出しの際に関数内部にステップを移動する |

■·············· **Console パネル**　JavaScriptのインラインコードの実行結果を確認できる

　Console パネルには、JavaScriptをインラインで実行できるコンソールが表示されます。また、コンソールは Element パネルや Sources パネルを開いている場合でも、 **Esc** キーを押下することで同じウィンドウ内に共存させる（ドッキングする）ことができます（**図2.12**）。

　この Console パネル上では、JavaScriptのインラインコードを実行して結果を確認できます。また、JavaScriptのソースコード上で**console.log(出力内容);**とすることで、コンソール上に結果を出力し、値を確認できます（**図2.13**）。

　デバッグ作業を行っている最中は、ブレークポイントを設定して中身を確認する場合が多いです。しかし、たとえば実行された瞬間の時刻を後から確認したい場合など、値をコンソールに出力しておけばそれを振り返ってデバッグに役立てることもできます。

**図2.12**　　**ドッキング表示されているコンソール**

もしコンソールが表示されていなくても、開発者ツールがアクティブな状態で **Esc** キーを押すと表示させることができる

**図2.13**　　**コンソールへの出力例**

コンソールへプログラムから出力された文字列

オブジェクトや配列はその構造がまるごと出力され、▶マークをクリックすることで展開できる

## コメントとJSDoc　サンプルに含まれるコメントの読み方

プログラミングにおいて、コメントは重要な役割を果たします。自分が書いたコードであっても、少し時間が経ってからそれを見返してみると、意味がわかりにくくなってしまっていることはよくあります。コードの量に対してコメントがあまりにも多過ぎる場合には、逆にコードが読みにくくなってしまうこともありますが、本書のサンプルではわかりやすさを重視してできる限り一つ一つの処理に個別にコメントを記載しています。

また、関数やメソッドの定義では、コメントを使って「期待するデータの型や内容」など、より詳しい情報を示すようにしています。たとえば、**リスト2.1**のようになります。

このような、期待するデータ型などを併せて記載するコメントの記述方法は**JSDoc**と呼ばれています。**@**（アットマーク）に続けてキーワードを記載することで、引数の型や、メソッドの役割などを明確にし、後々自分自身がそれを振り返った際にも意味がわかりやすくなります。JSDocでは、アットマークを付加したキーワードを「タグ」と呼び、変数や関数が、どのような役割を持っているのかをタグを利用して記載します。タグには多くの種類がありますが、本書では**表2.3**に示したタグをおもに利用しています。

**リスト2.1**　JSDoc方式のコメント

```
/**
 * 矩形を描画する
 * @param {number} x - 塗りつぶす矩形の左上角のX座標
 * @param {number} y - 塗りつぶす矩形の左上角のY座標
 * @param {number} width - 塗りつぶす矩形の横幅
 * @param {number} height - 塗りつぶす矩形の高さ
 * @param {string} [color] - 矩形を塗りつぶす際の色
 */
function drawRect(x, y, width, height, color){
    // 色が指定されている場合はスタイルを設定する
    if(color != null){
        ctx.fillStyle = color;
    }
    ctx.fillRect(x, y, width, height);
}
```

**表2.3**　本書で利用しているJSDocタグの一例

| タグ | 書き方 | 意味 |
|---|---|---|
| @type | @type { データ型 } | 変数やプロパティのデータ型 |
| @param | @param { データ型 } 引数名 - コメント | 関数などの引数のデータ型 |
| @param | @param { データ型 } [ 引数名 ] - コメント | 省略できる引数 |
| @param | @param { データ型 } [ 引数名 = 初期値 ] - コメント | 初期値が設定されている引数 |
| @return | @return { データ型 } | 関数などの戻り値のデータ型 |
| @constructor | @constructor | コンストラクタであることを示す |

# 2.3
# [グラフィックスプログラミングのための]JavaScript/ES2015の基本
## 基本操作、変数、関数、オブジェクト、演算子

　ここでは、JavaScriptの基本構文や理解しておきたい概念について見ていきます。JavaScriptの仕様としてはES2015で追加された機能までを含む、本書で利用する機会の多い概念を中心に解説します。

## アラートやコンソールの活用

　JavaScriptでは、ブラウザウィンドウ上にアラートダイアログを表示できます。アラートはユーザーに何かを提示したい場合のメッセージの表示などに利用できます。たとえば、少し時間の掛かる処理が完了したタイミングでアラートを表示すれば、処理が終わったことをユーザーに明示的に示せます（**リスト2.2**）。

**リスト2.2**　アラートを表示するalert関数

```
// アラートを表示
alert(' ユーザーへのメッセージなど ');
```

　また、開発者ツールのコンソール（Consoleパネル）にデータを出力することもできます（**リスト2.3**）。ユーザーの目に直接触れさせる必要はないが、開発の都合でログやデータを出力したい場合などによく利用されます。

**リスト2.3**　コンソールへの出力を行うconsole.logメソッド

```
// 開発者ツールのコンソールへ出力
console.log(' 出力するデータ ');
```

## 変数　変数名、キーワード、基本的な規約

　JavaScriptでは、他の多くのプログラミング言語と同様に**変数**（データを一時的に確保しておけるデータの入れ物）を利用できます。

　変数には任意の名前を付けることができ、その名前は、基本的に実装者が自由に定義できます。ただし、JavaScriptの仕様上で予約されているキーワード（予約語）と同じ名前にすることはできません。予約語には、**if**や**for**といった制御構文に使われるキーワードなどが含まれます。代表的な予約語は次のとおりです。

**代表的な予約語**

| break | default | extends | import | return | TRUE | case | delete | FALSE | in |
|---|---|---|---|---|---|---|---|---|---|
| static | try | catch | do | finally | instanceof | | super | typeof | const |
| else | for | let | switch | var | continue | enum | function | new | this |
| void | debugger | export | if | null | throw | while | with | | |

変数の名前ではアルファベットの大文字と小文字が区別されるため、**variable**と**Variable**は別々の変数とみなされます。また、変数名の先頭の文字（1文字め）はアルファベットなどの文字か、**_**（アンダースコア）または**$**（ドル記号）で始まる必要があります。数値は変数名に含められますが、先頭の文字として使えませんので注意しましょう。

**正しい変数名の例**　**不正な変数名の例**
```
myVariable      2variable
_variable       %variable
```

変数は「名前を与えられた、データを格納するための入れ物」です。データを変数に格納することを代入と呼び、以下で示したように **=**（イコール）を用いて代入を記述します。

```
myVariable = 何かしらのデータ ;  // 変数にデータを代入する
```

ここでは**myVariable**という名前の独自の変数を定義して、そこにデータを代入しています。こうして変数にデータを代入しておくと、後でそのデータが必要になったとき、それを取り出して再利用できます。

プログラミングでは、コードを記述する際にはアルファベットや記号、数値などを用います。以下の❶のようにコードのなかに唐突に数値や記号が表れると、人はそれが何を意味しているのか理解しにくくなります。そこで、変数という「任意の名前が付けられる仕組み」を用いて、❷のようにコードを見ればそこに込められた意味や意図が伝わるコードを記述できるようになると良いでしょう。

```
640;  // ❶唐突に数値が現れてもその意味や意図がわからない
canvasSize = 640;  // ❷変数によってデータの意味や意図を表現できる
```

## 変数宣言キーワードとスコープ

しかし、変数を使ってわかりやすい名前を付けていても、先ほどの❷のコードには実は問題があります。それは、変数を定義する際に利用すべき**変数宣言のキーワード**を利用していないことです。先ほどの例を変数宣言のキーワードを用いて書き直すと、以下のようになります。

```
var canvasSize = 640;  // 変数宣言のキーワードvarを利用
```

ここで登場した**var**が変数宣言のためのキーワードです。JavaScriptには、変数宣言のキーワード

として**var**のほかに**let**と**const**があります。

　変数宣言のキーワードを利用しなくても、JavaScriptでエラーが発生することはありません。しかし、変数宣言には必ず変数宣言のキーワードを利用するべきです。その理由は、変数がどのように定義されたかによって「変数が有効とみなされる範囲」が変化するからです。この**変数の有効範囲**のことを**スコープ**（*scope*）と呼びます。スコープはJavaScriptによる開発を行う上で大きな意味を持つ重要な概念です。

■⋯⋯⋯⋯ローカルスコープ、グローバルスコープ

　スコープには、大きく分けると「ローカルスコープ」と「グローバルスコープ」があります（**図2.14**）。
　**ローカルスコープ**は、ある閉じられた空間のなかだけで有効になることを意味するスコープで、後述する「関数」の内部など、特定の範囲に限定された変数であることを意味します。一方、**グローバルスコープ**は関数の内外を問わず、JavaScriptが動作する環境全体にわたって有効となるスコープです。

　グローバルスコープは広い範囲で使い回すことができるので、一見すると便利なようにも思えます。しかし、変数のスコープは「できる限り狭い範囲に限定するよう心がける」ことが重要です。これは、広いスコープを持つ変数は、本来意図していないところで誤って利用されてしまったり、勝手に中身を上書きされてしまったりと、不具合やバグの原因になることが多いためです。以下で、このような変数の「スコープの違い」を意識しながら、変数宣言キーワードが持つ特性の違いを正しく押さえておきましょう。

■⋯⋯⋯⋯var　スコープは関数内部限定

　**var**は、ES2015が登場する前から存在する変数宣言キーワードです。スコープは後述する「関数」の内部に限定されます。スコープが関数内部で閉じられるため、関数内部で**var**を用いて宣言した変数は関数の外側では利用できません。

**図2.14**　ローカルスコープとグローバルスコープの違い

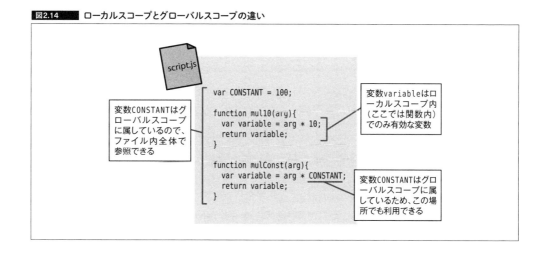

　JavaScriptが実行された際のエラー表示は、開発者ツールのコンソールに、そのエラーの内容とともに表示されます。**リスト2.4**が実行されると「**Uncaught ReferenceError: canvasSize is not defined**」というエラーメッセージが表示されます。これは「**canvasSize**は宣言されていない」という参照エラーを表しています。**var**で宣言された変数のスコープは関数の内部に限定されるため、そのスコープの外側からは**canvasSize**の存在を検出することはできません。したがって、**canvasSize**はそもそも宣言されていない変数としてみなされ、参照エラーが発生するのです。

**リスト2.4**　varで宣言した変数のスコープを検証する例

```
// Canvas要素を生成する
var canvas = document.createElement('canvas');

// 関数を定義
function setSize(){
    // 変数をvarで宣言する
    var canvasSize;
    // 関数内部では問題なく変数を利用できる
    canvasSize = 640;
    canvas.width = canvasSize;
}

// 関数を実行
setSize();

// 関数外で変数を利用するとエラーが発生する
console.log(canvasSize);
```

■⋯⋯⋯⋯⋯let　スコープは関数内部とブロック内部

　**let**は、ES2015から追加された変数宣言キーワードです。**var**と同様に、関数によってスコープが切られることに加え、**if**や**for**など、ブロック構造を持つ構文内部で変数が宣言された場合、その「ブロック」の内部にスコープが限定されます。

　**リスト2.5**では**if**構文を使っています。このような**{ }**で囲まれた部分を「ブロック」と呼び、**let**で宣言された変数は、そのブロック内部にスコープが限定されるという点が**var**で宣言された変数とは異なります。

■⋯⋯⋯⋯⋯const　スコープは関数内部とブロック内部。再代入が行えない

　**const**で宣言された変数は、基本的には**let**と同じスコープを持ちます。つまり関数だけでなく、ブロック構造によってもスコープが切られます。**let**と**const**はスコープの考え方は同じです。

　しかし、**const**で宣言した変数は「再代入が行えない」という点で**let**で宣言した変数とは異なります（**リスト2.6**）。

　**const**による変数宣言では、宣言と同時に代入処理を行います（**リスト2.7**）。**var**や**let**による変数宣言では宣言だけを行っておき、その場で代入をしなくても問題はありません。**const**による変数宣言は、再代入が禁止される上、宣言と同時に必ず何かしらのデータを代入しなければなりませ

ん。すなわち、**const**で宣言された変数は「データが代入されたときの状態そのままであり続ける」
ことが常に保証されます。

**リスト2.5** **let で宣言した変数のスコープを検証する例**

```
// Canvas要素を生成する
let canvas = document.createElement('canvas');

// canvasに幅と高さを設定する関数
function setSize(){
    let canvasWidth;
    canvasWidth = 640;

    // canvasWidthはスコープ内なのでエラーは起こらない
    canvas.width = canvasWidth;

    if(canvasWidth > 500){
        // 変数をletで宣言する
        let canvasHeight;
        canvasHeight = 320;
    }

    // ブロック外で利用するとエラーが発生する
    canvas.height = canvasHeight;
}

// 関数を実行する
setSize();
```

ifブロック

関数ブロック

**リスト2.6** **const で宣言した変数への代入は一度きりであることを検証する例**

```
function setSize(){
    // 変数をconstで宣言する
    const width = 640;

    // 2回め以降の代入（再代入）を行うとエラーが発生する
    width = 320;
}

// 関数を実行する
setSize();
```

**リスト2.7** **const では宣言と代入を同時に行う**

```
// varは宣言と代入を分けても良い
var width;
width = 640;

// letは宣言と代入を分けても良い
let height;
height = 320;

// constでは宣言と代入を必ず同時に行う
const scale = 100;
```

**Column**

## 変数宣言キーワードの取捨選択

　一般に、JavaScriptでは変数を宣言する際は極力 const を用いるべきとされています。これは先述のとおり、const で宣言された変数は再代入を行えず、中身が一意の状態であることが保証されるからです。

　JavaScript に限りませんが、プログラミングにおいて変数は極力そのスコープが狭くなるように心がけることが大切です。そうすることで、意図しない変数の上書きによる不具合の可能性を低くできるだけでなく、シンプルで見通しの良いコードを記述できるようになります。そのような観点から、やや広いスコープを持つ var よりも、let や const を使うべきです。少し違った言い方をすると「var を使わなければできないこと」は存在しないため、わざわざスコープの広い var を使う理由がない、とも言えます。

　本書では、サンプルコードの記述にはおもに let を用いています。一方 const は、本書では「定数（値が普遍である変数）を宣言する」という明確な意図がある場合においてのみ利用しています。また、const で変数を宣言する際は、その変数の名前はすべて大文字で記述するようにしています。こうすることで、大文字アルファベットのみで構成される名前の変数は、定数として宣言されているのだということが見た目にもわかりやすくなるためです。このような「定数を大文字のアルファベットのみを用いて表現する」という手法は、グラフィックスプログラミングの世界でしばしば用いられます。

## JavaScriptのデータ型

　JavaScriptでは、さまざまな種類のデータを扱えます。これらのデータは、その特性に応じていくつかに区別され、これを「**データ型**」と呼びます。たとえば数値を扱うためのデータ型や、文字列を扱うためのデータ型などがあり**表2.4**のように分類されます。

**表2.4　JavaScriptで利用できるデータ型**

| データ型（読み方） | 型（タイプ） | 概要 |
|---|---|---|
| **Boolean**（ブーリアン） | プリミティブ | 真偽値。true、false のいずれか |
| **Number**（ナンバー） | プリミティブ | 数値型。整数、浮動小数点の数値、Infinity、NaN など |
| **String**（ストリング） | プリミティブ | 文字列型。文字や文字列 |
| **Null**（ヌル） | プリミティブ | 何もない、あるいは無効であるなど状態を表す |
| **Undefined**（アンディファインド） | プリミティブ | 未初期化で実体がない、未定義の状態を表す |
| **Symbol**（シンボル） | プリミティブ | ES2015から追加されたユニークかつ不変の値 |
| **Object**（オブジェクト） | オブジェクト | オブジェクト型。プリミティブ型ではないものすべて |

## 変数の動的型付け　JavaScriptでは変数自身は型を持たない

　JavaScriptでは、変数自身は型を持ちません。ですから変数には、あらゆるデータ型の値が格納できます。**リスト2.8**のように変数自身が型を持たず、さまざまなデータ型を代入することが可能な言語を**動的型付け**の言語と呼びます。JavaScriptは動的型付けの言語です。

**リスト2.8** JavaScriptでは変数は固有の型を持たないことを示す例

```
// 変数を宣言し文字列を代入
let anyData = '文字列';

// 同じ変数に数値を再代入してもエラーにはならない
anyData = 999;
```

### ■……… 動的型付けの言語で気をつけたいこと

　動的型付けの言語は、変数にあらゆる値を格納できます。これはC言語などの変数自身が型を持つ静的型付けの言語と比較すると、ルールが比較的緩く厳格ではないため「敷居が低く簡単である」と言われることがあります。しかし実際には、変数がどのようなデータ型の値であっても受け入れてしまうため、それだけコード上の秩序が乱れやすく、思わぬ不具合を起こしやすいという側面もあります。

　静的型付けの言語であれば、整数型として宣言した変数には、浮動小数点の値や文字列を格納することはできずエラーが発生します。一方で動的型付けの言語では、同様の処理ではエラーが起こることはなくそのまま処理が実行されてしまい、意図しないエラーや不具合が発生する可能性があるのです。JavaScriptを記述する上ではそのことに十分に留意し、たとえば「変数を使い回すことはしない」「意味や意図がわかりやすい変数名を用いる」など、不具合が起こらないような対策を行っておきましょう。

---

**Column**

## null、undefined、Symbol

　JavaScriptには**null**と**undefined**というよく似た概念があります。これらはいずれも無効な値を意味するニュアンスで使われることが多いため紛らわしいですが、両者には明確な違いがあります。

　**null**は、JavaScriptにおいては「何もないことを表す値」です。少し別の言い方をすると「何もないということを明示するために使われる値」であるとも言えます。これはつまり、何かしらの処理を行った際に「処理が正しく完了しなかったことを明確にしたい」場合に、明示的に**null**が使われるということです。

　一方の**undefined**は、宣言されただけで初期化されていない変数の中身や、後述する関数において、引数に何も指定されなかった場合にその中身を参照すると現れます。**undefined**とは一切操作が加えられておらず、いかなる状態も与えられていないということを表す値であり、あえて変数に**undefined**を代入することは原則としてありません。変数や処理の結果が無効なものであることを明示したいのであれば**null**を利用するべきだからです。

　また、ES2015で追加された**Symbol**は、やや難しい概念です。簡単に概要だけ解説すると、**Symbol**は絶対にユニークで不変な値であるため、過去に書かれた既存のJavaScriptの実装において、いかなる名前が使われていたとしても**Symbol**がそれと重複してしまうことはありません。これにより互換性を確保しつつ、確実に新しい機能を実装できます。**Symbol**の詳細については割愛しますが、JavaScriptの上級者以外、ほとんど使う必要性はありません。

## 関数 名前付きの関数の定義と呼び出し、関数の戻り値

JavaScriptでは**関数**を利用できます。関数は以下に示すように**function**キーワードと**( )**を利用して定義します。

```
// 関数を定義する
function myFunction(){
    // ここに関数の処理を記述する
}
```

関数は「何かしらの処理を一つにまとめたもの」と言えます。変数が、漠然としたデータに名前を与える機構であったのと同じように、関数は一つの意味のある処理を切り出し、それに名前を付けたものであると考えることができます。関数には、変数と同様に任意の名前を付けられるため、その挙動や意図がわかりやすい名前を付けることが好ましいと言えます。

また、関数は「引数」と呼ばれる外部からの入力を受けることができます。引数は**function**キーワードに続く**( )**のなかに記述します。引数は、その関数の内部だけに限定されたスコープを持ち、**var**によって宣言された変数と同じように振る舞います。ここでもやはり変数の命名と同様、引数に対してわかりやすい名前を付けるように心がけましょう。引数を持つ関数の定義は、たとえば**リスト2.9**のようにします。複数の引数を持つ場合は**,**（カンマ）で区切ります。

**リスト2.9** 引数を持つ関数定義

```
// 引数を1つ持つ関数の定義
function myFunction(arg){
    // ここに関数の処理を記述する
}

// 複数の引数を持つ関数の定義
function myFunction(arg1, arg2, arg3){
    // ここに関数の処理を記述する
}
```

関数は、定義された段階では、まだそこに記述された処理が実行されることはありません。関数が外部から呼び出された際にはじめて、関数内部に記述された処理が実行されます。

関数を呼び出す際は、**リスト2.10**に示すように関数名に続けて**( )**のように括弧を記述し、もし引数を関数に与える場合には**( )**の間に、引数として与えるデータを記述します。

関数は処理を行った結果を、呼び出し元に返却することもできます。このような処理は結果を返却するという動作から「結果を返す」「戻り値を返す」のように呼ばれます。関数から返される結果を「戻り値」と呼び、**リスト2.11**で示すように関数内で**return**キーワードを用いることで戻り値を定義できます。

**リスト2.10** 関数の呼び出しと引数を指定する

```
// 引数を1つ持つ関数の定義
function myFunction(arg){
    // ここに関数の処理を記述する
}

// 定義した関数の呼び出し（引数argにとくに何も指定しない呼び出し）
myFunction();

// 定義した関数の呼び出し（引数argに100という値を与えた呼び出し）
myFunction(100);
```

**リスト2.11** returnを利用した関数の戻り値

```
function myFunction(arg){
    // 引数を介して受け取った値を2倍して、戻り値として返す
    return arg * 2;
}

// 戻り値を受け取る場合の関数呼び出し（変数valueには、関数myFunctionの実行結果が代入される）
let value = myFunction(100);
console.log(value);  // ➡200
```

## 関数式　文と式

　JavaScriptでは**文**と**式**によってコードが構成されており、両者は明確に区別されています。

　JavaScriptにおける**文**とは、処理の一区切り、あるいは処理のひとかたまりを表しています。文と文は、**;**（セミコロン）によって区切られます。

　また、前項で登場した名前付きの関数を定義する方法は「関数に名前をつけて定義するという一つの処理」であり、これも**関数宣言文**と呼ばれる「文」です。文は**リスト2.12**のように、内部にさらに文を内包する場合もあります。

**リスト2.12** JavaScriptにおける「文」の定義（関数宣言文の例）

```
// 各行はいずれも1つの文
let myVariable = 100;
console.log(myVariable);

// 文の内部に文がさらに含まれる場合もある
function myFunction(){
    // 以下の1行も、1つの文
    console.log(' ログ出力 ');
}
```

　文のうち、関数宣言文のようにブロック構造を持つ文は、最後が**}**で終わる場合には文末の**;**（セミコロン）を省略できることになっています。これは後述する**if**文や**for**文といった「制御構文」と呼ばれる文などについても同様です。

一方でJavaScriptにおける**式**とは、何かしらの値が「評価され、生成されるもの」と考えることができます。つまりわかりやすく言うと、「式」は値を生成でき、変数への代入が行えるものを言います。文は、処理のひとかたまりを記述したものであるため、変数へ代入するような書き方はできません。これは**リスト2.13**の例を見るとわかりやすいでしょう。

**リスト2.13** JavaScriptにおける文と式の違い

```
// JavaScriptでは処理のひとかたまりを文と呼ぶ
let variable1 = 100;  // 文

// セミコロンを用いることで文を区切ることができる
let variable2;     // 文1
variable2 = 1000;  // 文2

// 式は変数へ代入できる
let variable3;
 variable3 = 1000 ;
                └式┘
    └───文─────┘

// 文を変数に代入することはできない (SyntaxErrorが発生)
let variable4 = let variable5;
```

■⋯⋯⋯⋯ **関数式による関数の定義と呼び出し**

このような文と式の違いを理解した上で、関数を式として記述する方法を見てみます。**リスト2.14**にあるように、関数は関数宣言文によって定義するだけではなく**関数式**として定義することもできます。関数式は「式」であるため、変数への代入が行えます。

**リスト2.14** 関数式を用いて変数に関数を代入する

```
// 関数宣言文
function BUN(){
    console.log('関数宣言文');
}

// 関数式
let SHIKI = function(){
    console.log('関数式');
};
```

■⋯⋯⋯⋯ **無名関数**

**リスト2.15**は、関数式による関数の定義とその呼び出しの例です。JavaScriptではリスト2.15のように、関数式を記述する際、関数そのものが名前を持っていないことがあります。これを**無名関数**と呼びます。関数式として記述する場合、その関数が仮に名前を持っていたとしても、関数の呼び出しは関数式が代入された変数の名前によって行われます。

**リスト2.15** 関数式の呼び出し

```
// 関数式自身は名前を持っていない
let SHIKI = function(){
    console.log('関数式の呼び出し！');
};

// 関数式は代入した変数名で呼び出す
SHIKI(); // ➡'関数式の呼び出し！'
```

■⋯⋯⋯⋯⋯アロー関数

　さらにES2015で新しい関数定義の方法が追加されました。これを**アロー関数**と呼びます。アロー関数はその名のとおり、記号が矢印のような形となる **=>** で定義でき、関数式として扱われます。関数式の一種であるため、これも変数への代入に利用できます。**リスト2.16**では、実際に **=>** を利用してアロー関数を定義しています。代入のための **=**（イコール）と、アロー関数定義のための **=**（イコール）の違いに注意しましょう。

---

**Column**

## 関数の引数と既定値

　関数は、外部から呼び出されてはじめて実行されます。これはつまり、その関数が呼び出される段階がどのようなタイミングであるかは未知であり、またどのような引数が与えられるかについても、あくまでも呼び出す側に主導権があるということを意味します。

　JavaScriptでは、引数が定義されている関数を呼び出す際、その呼び出しを行った側から引数が一切与えられなかった場合は、引数の中身は**undefined**、つまり未定義の状態となります。

　このことから、関数を記述する際は、「関数の内部で引数を参照したとき」に、中身が**undefined**である可能性を常に意識しなくてはなりません。また、あらかじめ引数に期待するデータが明確である場合は、その既定値をあらかじめ決めておくこともできます。以下に示すように、関数がどのように呼び出された場合でも問題が起こらないよう、十分に気を配ることが大切です。

**引数に規定値を設定**

```
// 仮に引数が与えられなくても問題ないように関数を定義
// ここでは引数argが既定値として0という数値を持っている
// 引数が指定された場合は、その値が使われる
function myFunction(arg = 0){
    // 引数として数値以外のものが指定された場合を考慮する
    // ※後述するif文を利用
    // ※typeofはデータ型を文字列で返す
    if(typeof arg === 'number'){
        // argが数値である
        return arg * 2;
    }else{
        // argが数値ではない
        return null;
    }
}
```

**リスト2.16** アロー関数を利用した関数式

```
// アロー関数
let arrow = () => {
    console.log('アロー関数');
};

// 引数を受け取るアロー関数の定義
let arrowSub = (x, y) => {
    return x + y;
};

// 変数に代入したアロー関数の呼び出し
console.log(arrowSub(10, 20));   // ➡30
```

■‥‥‥‥‥ **関数式と関数の引数**

　無名関数やアロー関数といった「関数式」は式であるため、ほかの式と同様に「関数の引数」に渡すこともできます。そして、JavaScriptではそのような「引数に関数を渡す」という記述がよく出てきます。

　「引数に関数を渡す」という用法の代表的な例に**コールバック関数**があります。コールバックは英語では「callback」と表記しますが、その語感からも想像できるように「何かしらの処理が終わった後に、事後的に呼ばれる（そこではじめて制御が戻る）関数」のことを言います。

　**リスト2.17**は「引数にコールバック関数を受け取る」関数と、実際に「引数に関数式を与えている」記述の例です。**setCanvasSize**という名前の関数は、第2引数にコールバック関数を受け取ります。

**リスト2.17** 関数の引数に別の関数式を与える

```
/**
 * 引数に関数を受け取る関数の宣言文
 * @param {number} size - 第1引数に数値でサイズを受け取る
 * @param {function} callback - 第2引数にコールバック関数を受け取る
 */
function setCanvasSize(size, callback){
    canvas.width = size;     // 引数を元にサイズを設定
    canvas.height = size;    // 引数を元にサイズを設定
    callback(size);          // 引数で受けた関数を呼び出す
}

// 関数を引数に受け取る関数を呼び出す
setCanvasSize(500, (size) => {
    console.log(size);  // ➡500
});
```

　実際に**setCanvasSize**が実行されると、まず**canvas.width**や**canvas.height**に対する設定が先行して行われ、設定が完了した後でコールバック関数が呼び出されます。

Column

## 非同期処理とコールバック関数

JavaScriptでは、引数にコールバック関数を受ける形が頻出します。このような形が用いられる最大の理由は、JavaScriptが非同期的に動いていることが大きく関係しています。

これにはまず「同期処理と非同期処理」の違いを理解する必要があるでしょう。同期処理とは、記述された処理が記述された順序で、順番に実行されていくものと考えることができます。反対に、非同期処理とは、記述された処理が記述された順序で実行されるとは限らないものと言えます。

たとえばJavaScriptを使ってサーバーとの通信を行った場合、通信の結果がサーバーから返却されてくるのは、数秒後かもしれないし、数分後、数時間後かもしれません。もし、通信の結果を待つ間ずっとJavaScriptの処理が待機のために止まってしまったとしたら、プログラムに不都合や不具合が出てくることは容易に想像できます。

そのような状態を避けるため、JavaScriptでは「状態が変化したことを検出したら処理を実行する」という仕組みが用いられます。このような、何かしらの状態変化のことを「イベント」と呼び、イベントに応じて処理が実行されることから、そのような実装手法を「イベント駆動型のプログラミング」と呼ぶこともあります。JavaScriptはまさに、イベント駆動型のプログラミング言語だと言えるでしょう。

イベント駆動型のプログラムを記述する場合、その「イベントが発生したとき」になってはじめて処理を行う必要性が生まれます。JavaScriptでは、関数に設けられた引数を介して「イベントが発生したときに行うべき処理」を関数式で事前に渡しておき、いざイベントが発生したときには、その関数式が実行されるという仕組みを用いることが多くなっています。このような引数に与える関数のことを「コールバック関数」と呼びます。コールバック関数はJavaScriptに欠かせない関数式の利用方法の一つだと言えるでしょう。

Column

## JavaScriptと「自動セミコロン挿入」機能

JavaScriptでは、文の最後が**}**で終わる場合、**;**（セミコロン）を省略できると本編で説明しました。しかし実際には、JavaScriptでは文の末尾に「**;**」を付け忘れた場合でも、文法エラーが起こらないケースが多くあり、実際に長くJavaScriptに携わっていると、そのようなケースに（それが記述し忘れなど、実装者が意図したものでなくても）遭遇することがあります。

ECMAScriptには「Automatic Semicolon Insertion」という仕様が定義されています。これは文字どおり、自動的に**;**（セミコロン）を挿入する機能です。JavaScriptはECMAScriptに準拠した仕様であるため、この「自動セミコロン挿入」の機能が働きます。自動セミコロン挿入の仕様はやや複雑でわかりにくいものですが、ここでは簡単に概要を説明します。自動セミコロン挿入は、❶～❸に示す3つの例とルールのいずれかに該当する場合に発生します。

**❶構文上許されていない箇所で改行や}が存在する**

```
// ①構文上許されていない箇所での改行
let a
console.log(a)
```

```
// ①' ①は以下のように自動セミコロン挿入が行われる
let a;
console.log(a);

// ②構文上許されていない箇所での}
(x) => {return x}

// ②' ②は以下のように自動セミコロン挿入が行われる
(x) => {return x;}
```

**❷ トークンの入力の末尾に到達しても正しい構文として解釈できない**
```
a = b + c
return a

// 上記は以下のように自動セミコロン挿入が行われる
a = b + c;
return a;
```

**❸ 特定のキーワード（returnなど）の前後で改行されている**
```
return
{a: 'b'}

// 上記は以下のように自動セミコロン挿入が行われる
return;
{a: 'b'};
```

　このように、JavaScriptでは自動セミコロン挿入の機能により、実際にはセミコロンを記述しなくても多くの場合エラーが起こることはありません。しかし本書では、セミコロンは基本的に省略せず、文末にはセミコロンを記述するスタイルで統一しています。

　一般には長い間、セミコロンは「原則として省略するべきではない」という考え方が大多数を占めていました。これは、セミコロンが意図しない箇所で勝手に挿入されることによって、バグの温床になる可能性が考えられるためです。しかし近年では、コードの読みやすさなどの理由から、意図的にセミコロンを省略するようなスタイルで書かれているJavaScriptのライブラリなども存在します。

　セミコロンを省略するか否かについては、双方にメリットとデメリットがあります。たとえば「セミコロンを省略せず漏れなく記述するスタイル」の場合、確かに意図しないバグを生みにくくなっているかもしれませんが、その分、入力する際のタイプ数が増えてしまいますし、「元々セミコロンを文末に置かないプログラミング言語」の経験者にとっては煩わしく感じられるかもしれません。一方で「セミコロンを省略するスタイル」の場合、そのこと自体がエラーを誘発することは実際のところ稀であり、どのようなケースで「自動セミコロン挿入の機能によってバグが発生し得るのか」を正しく理解してさえいれば、むしろ意図しない動作が起こらないように十分に気を配ることができるとも言えます。

　このようなセミコロンの省略の是非に関連した議論は世界中で長い間続けられており、現在も決着はついていません。これから先も決着がつくことはないかもしれません。ここで大切なことは「自分が書きやすく読みやすい方法を選択する」ことであり、ECMAScriptの「柔軟な仕様を正しく理解」し、その柔軟さを「メリットと捉えて最大限活用」することです。既成の考え方にとらわれることなく、自分に合ったスタイルを模索してみるのが良いでしょう。

## オブジェクト型　JavaScriptではプリミティブなデータ以外、すべてがオブジェクト型

　JavaScriptには、真偽値や数値といったプリミティブなデータ型のほかにも、「オブジェクト型」
と呼ばれるデータ型が存在します。**オブジェクト型**とは、**true**や**false**といった真偽値、**0**などの数
値、文字列といった「プリミティブな一意の値」を持つのではなく、プロパティやメソッドなどのい
くつかの機能やパラメーターを備えたデータ構造のことを言います。

　JavaScriptでは、プリミティブなデータ以外のものはそのすべてがオブジェクト型です。算術関
数を扱うための**Math**オブジェクトや、日付と時刻を扱うための**Date**オブジェクトなど、その種類は
多岐にわたります。

## 配列　データをまとめて格納できる。（グラフィックス）プログラミングで頻出のオブジェクト

　そのなかでも頻繁に利用され、グラフィックスプログラミングにも欠かせないオブジェクトとし
て**配列**があります。配列は、数値や文字列といったプリミティブ型に属するデータをまとめて格納
できる特殊なオブジェクトです。グラフィックスプログラミングにおいても、描画するオブジェク
トをまとめて管理する用途など、さまざまな場面で登場します。配列は次の方法で生成できます。

- **Array オブジェクトのインスタンスを new を用いて生成**
- **「配列リテラル」と呼ばれる記号を用いることで生成**

　**リスト2.18**で示した記述例は、いずれも同じように動作します。

**リスト2.18**　配列を生成する2つの記述方法

```
// 配列のインスタンスを生成する
let myArray = new Array();

// 配列リテラルを使って配列を生成する
let myArray = [];
```

　ただし、配列の定義と同時に「配列に値を格納しようとする」場合は、**リスト2.19**で示すように両
者の動作に違いが生まれます。**new**演算子を用いた**Array**インスタンスを生成する方法では、与えた
引数の個数に応じて挙動が変わってしまいます。1つしか引数が与えられなかった場合は、それが
配列の要素の数（配列の長さ）の指定であるとみなされます。一方 **[ ]**（ブラケット）の記号で記述する
配列リテラルによる配列の定義では与えられたデータの個数にかかわらず、常に配列の中身にデー
タがそのまま格納されるという統　された振る舞いになります。

　一般に、引数の個数によって挙動が変化する**new**演算子を用いた**Array**インスタンスの生成より
も、配列リテラルを用いた配列の生成のほうが好ましいとされます。これはいずれの方法を用いて
も実際に生成される配列オブジェクト自体に差がないこと、また、配列リテラルによる生成のほう
がよりシンプルな振る舞いをすることがその理由です。

**リスト2.19** 配列の定義と同時に値を設定する場合の挙動の違い

```
// 未定義の値のみで構成される長さ5の配列が生成される
let myArray = new Array(5);
console.log(myArray);  // ➡[undefined, undefined, undefined, undefined, undefined]

// 5と10のデータを格納した長さ2の配列が生成される
let myArray = new Array(5, 10);
console.log(myArray);  // ➡[5, 10]

// 5が格納された長さ1の配列が生成される
let myArray = [5];
console.log(myArray);  // ➡[5]

// 5と10のデータを格納した長さ2の配列が生成される
let myArray = [5, 10];
console.log(myArray);  // ➡[5, 10]
```

■‥‥‥‥‥ **配列の要素へのアクセス** インデックスを指定

　これまで見てきたように、配列は複数の要素をまとめて格納できます。いったん配列に格納したデータにアクセスする際は、その変数名に続けて **[ ]** でアクセスしたい要素のインデックスを指定します。**リスト2.20**に示したとおり、インデックスは**0**から始まることに注意しましょう。

**リスト2.20** インデックスを指定した配列の要素へのアクセス

```
// 配列を生成する
let myArray = ['AAA', 'BBB', 'CCC'];

// 配列の最初の要素がコンソールに表示される
console.log(myArray[0]);  // ➡'AAA'
```

　JavaScriptでは、配列を生成する際に必ずしもその配列の長さを指定する必要はありません。また、絶対に0番めのインデックスからデータを格納しなければならないということもありません。これは他の言語の配列と比較すると柔軟な動作ですが、誤った実装を行うと配列内に未定義の要素ができてしまうこともあるため注意が必要です。

　**リスト2.21**では、配列を生成した後、唐突に0番めのインデックスとは異なるインデックスにアクセスしています。これはエラーにはなりませんが、初期化されていないインデックスの要素は中身が**undefined**となります。このようなコードは思わぬ不具合を生むことがありますので、極力避けるようにするべきです。

**リスト2.21** 配列の未定義の要素にアクセスしている例

```
let myArray = [];

// 0以外のインデックスへのデータの代入
myArray[5] = 'DDD';

// 初期化されていないインデックスは未定義となる
console.log(myArray[0]);  // ➡undefined
```

## オブジェクト　多種多様なオブジェクトで成り立つJavaScript

　配列は「**Array**オブジェクト」というオブジェクトの一種です。またJavaScriptでは、関数さえも
「**Function**オブジェクト」と呼ばれるオブジェクトの一種であり、多種多様なオブジェクトが存在す
ることでJavaScriptが成り立っているとも言えます。この「オブジェクト」と呼ばれるデータ構造は、
JavaScriptに最初から備わっているビルトインのオブジェクトだけではありません。配列やその他
のデータと同じように、開発者自身がオブジェクトを定義して利用できます。

### ■オブジェクトの構造

　オブジェクトは、そのオブジェクトを構成する要素の名前と値とが対になった構造をしています。
この**要素の名前**を**キー**（*key*）と呼び、その**要素と対になる値**を**バリュー**（*value*）と呼びます。以下に示
すように**{ }**を利用してオブジェクトを定義し、キーとバリューを**:**（コロン）で連結します。

```
let myObject = {key: 'value'};  // オブジェクトを生成する
```

### ■オブジェクトの要素へのアクセス

　配列の要素にアクセスする際は、常に整数のインデックスを用いました。しかし、オブジェクト
の場合はインデックスとなる数値ではなく、要素の名前であるキーを使って各要素にアクセスしま
す。**リスト2.22**は、複数のキーとバリューのセットを持つオブジェクトを**,**（カンマ）を利用して定
義した後、任意のデータへとアクセスする例を示しています。

**リスト2.22**　キーを指定してオブジェクトの要素にアクセスする

```
// オブジェクトを生成する（改行するのは読みやすさのため）
let canvasParameter = {
    width: 320,
    height: 240
};

// オブジェクトの要素にドット記法でアクセスする
console.log(canvasParameter.width);  // ➡320

// オブジェクトの要素にブラケット記法でアクセスする
console.log(canvasParameter['height']);  // ➡240
```

　リスト2.22では、オブジェクトの各要素にアクセスする方法として2種類の記法が使われていま
す。**ドット記法**とは、**.**（ドット）に続けて直接キー名を記述する方法です。**ブラケット記法**では**[ ]**
のなかに文字列でキー名を指定します。

　いずれの方法でオブジェクトの要素にアクセスしても、結果は変わりません。一般に、ドット記
法のほうが記述する際のキーボードのタイプ数も少なく直感的であることから、好んで使われる場
合が多いようです。複数のアクセス方法が混在するとコードがわかりにくいものになりますので、
最低限、どちらかに統一して利用するようにするべきでしょう。

**Column**

## プロパティとメソッド

JavaScriptでは、オブジェクト型のデータは「プロパティ」と「メソッド」を持つことができます。たとえば、JavaScriptにおける配列は「**Array**オブジェクト」というオブジェクト型のデータであり、仕様で定められた多くのプロパティとメソッドをあらかじめ備えています。

**プロパティ**は、オブジェクトが持つ変数です。通常の変数と同じように、さまざまなデータ型の値をプロパティとしてオブジェクト自身に設定できます。**メソッド**は、オブジェクトの持つ関数だと言えます。プロパティが単に何かしらの値であるのに対して、メソッドはあくまでも関数です。通常の関数と同じように、何かしらの処理を実行し、必要に応じて戻り値を返すこともできます。

JavaScriptの配列は、インスタンス生成の方法でも配列リテラルで生成した場合でも、いずれも同様に**Array**オブジェクトのインスタンス（実体）になります。**Array**オブジェクトに定義されているさまざまなプロパティやメソッドは、すべての配列が等しくそれを利用できます。これらのプロパティやメソッドは数が多いので、本書では実際にそのプロパティやメソッドを利用する段階で詳細な解説を加えるように構成しています。

**Column**

## ビルトインオブジェクトとプロトタイプチェーン

JavaScriptでは、開発者自身が独自のオブジェクトを定義できますが、あらかじめJavaScriptに備わっているオブジェクトとして、たくさんのビルトインオブジェクトがあります。本文でも取り上げていますが、たとえば**Array**などのほか、**Math**や**Date**などのビルトイオブジェクトがあります。

ビルトインオブジェクトは、あらかじめプロパティやメソッドを持っています。このような、オブジェクトにあらかじめ備わっているプロパティやメソッドを**プロトタイプ**（後述）と呼び、JavaScriptはそのプロトタイプをさかのぼるように次々と参照して処理を行うプロトタイプチェーン（後述）という仕組みによって動作しています。

プロトタイプチェーンの仕組みを利用することで、オブジェクトに定義されたメソッドやプロパティは、そのオブジェクトから生成されたインスタンスすべてに等しく同じように備わっている状態になります。JavaScriptを深く理解する上でプロトタイプチェーンの仕組みは極めて重要なものですが、理解することが若干難しい概念でもあります。第5章で、実際にプロトタイプチェーンを活用したコードを記述しますので、プロトタイプチェーンの詳細については後ほど例とともに解説します。

## 制御構文　条件や繰り返し。ロジックを記述する

　開発を行っていると、ある条件に一致する場合だけ処理を行う、複数回処理を繰り返すなど、ロジックを記述する必要が出てきます。このような動作を行うためには**制御構文**を利用します。ここでは、本書のサンプルコードで利用するものを中心に、基本的な制御構文を解説します。

■‥‥‥‥**if文**　ある条件に一致した場合&しなかった場合、処理へ進む

　**if**文を利用すると、特定の条件に一致した場合のみ処理を行うことができます。**リスト2.23**で示したように、**if(条件式)** のように**if**に続けて**( )** を記述し、**( )** の間に条件となる式を記述します。**条件式**は、単純なものとしては真偽値（**true**または**false**）のほか、不等号なども用いられます。

**リスト2.23**　if文を利用した条件分岐の例

```
let width = 640;

// if文では条件に合致する場合のみブロック内の処理が実行される
if(width > 0){
    // widthが0より大きい場合の処理
}
```

　条件に一致した場合以外に、条件に一致しなかった場合の処理を同時に記述することもできます。また、第一の条件に合致しなかった場合に対応する、第二、第三の条件を複数指定することもできます。これらは**リスト2.24**のように**else**や**else if**で実現できます。

**リスト2.24**　elseやelse ifを利用した複雑な条件分岐の例

```
let width = 320;

if(width > 0){
    // widthが0より大きい場合の処理
}else{
    // widthが0以下だった場合の処理
}

if(width > 1000){
    // widthが1000より大きい場合の処理
}else if(width > 500){
    // widthが500より大きく1000以下である場合の処理
}else{
    // いずれにも合致しなかった場合の処理
}
```

　**if**文で分岐を行った際に、さらにそのブロックの内部で**if**文を使うこともできます。このような階層構造を持った**if**文では、見やすさを考慮して**if**文を記述するたびにインデントを一段深くします。

　**if**文のなかに別の**if**文を記述するなど制御構文が重なった状態を**ネスト**（*nest*）と呼び、何重にもネストされたコードはネストが深過ぎるとされ、好まれない傾向があります。これは、何重にもネストするコードは多くの場合、工夫次第でネストしないコードに書き換えることが可能だからです。

■············ **for文**　カウンター変数を用いて繰り返し処理を行う

　同じ処理を繰り返し行いたい場合は**for**文を利用します。プログラミングにおいては、繰り返し処理は「ループ」と呼ばれることもあります。

　**for**文も**for**に続けて**( )**を記述し、ブロック構造を作ります。**if**文とは異なり**( )**の間には繰り返し処理のルールを記述します。これは**リスト2.25**のとおり、**for(** 初期化式 **;** 条件式 **;** 更新式 **)** のように3つの式で構成されます。各式は**;**（セミコロン）で区切って記述します[*10]。

**リスト2.25**　for文を利用した繰り返し処理

```
// 繰り返し処理を行う
for(let i = 0; i < 10; i = i + 1){
    console.log('ループ回数：' + i);
}
// 「ループ回数：0」～「ループ回数：9」までが出力される
```

.......................................................

[*10] ここではわかりやすさを重視して「初期化式」のように「○○式」と書いていますが、セミコロンが書かれていることからもわかるとおり、これらは正確には式ではなく「文」です。

---

**Column**

### JavaScriptの真偽値判定

　JavaScriptでは、真偽値の一つである**true**以外にも、条件式として評価されると**true**としてみなされる値がいくつかあります。これらは「**truthy**な値」と呼ばれます。

```
truthyな値の例
if(true)       // 真偽値のtrue
if('文字列')    // 空文字ではない文字や文字列すべて
if(100)        // 0以外の数値（ここでの例は100）
if(-100)       // 負の数値（ここでの例は-100）
if(9.999)      // 小数点以下を含む数値（ここでの例は9.999）
if({})         // オブジェクト
if([])         // 配列
```

　反対に、条件式として評価された際に**false**になるものは「**falsy**な値」と呼ばれます。

```
falsyな値の例
if(false)      // 真偽値のfalse
if('')         // 空文字
if("")         // 空文字
if(0)          // 数値の0
if(null)       // Null（ヌル）
if(undefined)  // 未定義の値
if(NaN)        // NaN（数値ではないことを示す値）
```

　JavaScriptは、さまざまなものを真偽値に変換して条件式を評価します。意図しない結果を生まないようにするためにも、何が**truthy**で何が**falsy**なのか、ある程度把握しておくことが大切です。また、そもそも条件式を曖昧にしないように、評価がわかりやすい条件式を記述するように心がけましょう。

**初期化式**は、ループを行う基準となる変数を文字どおり初期化するための式です。多くの場合、**0**で変数を初期化することが多いですが、**0**以外の数値を指定した初期化式でも問題ありません。

**条件式**は、ループを継続するかどうかの条件を表す式です。条件式に指定されている式が**truthy**、つまり真として判定される状態である限り、繰り返し処理が継続されます。

最後に**更新式**です。**for**分のブロック構造の中身が一度実行されるたびに、更新式が実行されます。**リスト2.26**の例では**i = i + 1**という更新式が指定されていますので、ループが一度実行されるたびに、変数**i**の中身が毎回1ずつ増えていくことになります。

**リスト2.26**　インクリメント演算子を用いたfor文の例（2つのfor文はいずれも同じように動作する）

```
// 丁寧な更新式の記述
for(let i = 0; i < 10; i = i + 1){
    console.log('ループ回数：' + i);
}
// インクリメント演算子を用いた更新式の記述
for(let i = 0; i < 10; ++i){
    console.log('ループ回数：' + i);
}
```

このときの**i**のような変数はループのたびに数値が一定量ずつ増減することから、よく「カウンター変数」と呼ばれます。また、カウンター変数を単純に**+1**するだけの更新式は、リスト2.26で示したようにJavaScriptの持つ「インクリメント演算子」（後述）を用いて**++i**や**i++**と書かれることが多いです。演算子については後述しますが、サンプルコードのなかでは**for**文の更新式にインクリメント演算子が使われていることが多いので、このような書き方があることを覚えておきましょう。

また、**for**文も**if**文と同様にネストした構造を作ることができます。**リスト2.27**にあるような**for**文のなかに**for**文を含んだ多重ループ構造を定義することもできます。

**リスト2.27**　for文を組み合わせネストさせた多重ループの例

```
// 多重ループ構造
for(let i = 0; i < 10; ++i){
    for(let j = 0; j < 10; ++j){
        console.log(i + '：' + j);
    }
}
// 「0：0」〜「9：9」まで合計100回のループ処理が行われる
```

**for**文の繰り返し処理を実行している間に、その繰り返し処理を中止してループ処理から抜けることもできます。ループ処理の中断には、**リスト2.28**で示したように**break**文を利用します。

**リスト2.28**　繰り返し処理を中断するbreak文の例

```
for(let i = 0; i < 10; ++i){
    if(i >= 5){
        // 変数iが5以上になったらループを抜ける
        break;
    }
}
```

■⋯⋯⋯⋯ while文　柔軟な継続条件で繰り返し処理を行う

while文は、for文と同じように繰り返し実行されるループ処理を記述できる構文です。for文は常に、カウンター変数を用いて繰り返しの継続条件を指定しますが、while文はより柔軟に継続条件を指定できます。

具体的には、**リスト2.29**に示すように**while**に続けて( )とブロック構造を記述し、( )の間に条件式を記述します。条件式が評価された結果**true**とみなされる場合は、ループ処理がそのまま継続されます。

**リスト2.29**　while文による繰り返し処理の例

```
let i = 100;   // 変数に初期値100を代入

// 条件式がtruthyである限りループが継続する
while(i > 0){
    console.log('変数iの値は...' + i);
    // 変数の値を更新
    i = i - 10;
}
```

**for**文の場合とは異なり、利用する変数の初期化式や、ループするたびに実行される更新式は**while**にはありません。あくまでも、継続するかどうかの条件式だけが指定される形となるため、**for**文とは異なり意図的にループが終了するようにコードを記述する必要があります。リスト2.29のように自然とループ処理が終了するように実装するほか、**break**文を使ってループを終了させることもできます。

---

### Column

### 無限ループ

**for**文をはじめとするループを行える構文では、条件式や更新式の指定次第では、そのループが永遠に終了しない状態になってしまう場合があります。このような状態を「無限ループ」と呼び、万一意図しない無限ループを実行してしまった場合、JavaScriptがCPUリソースを使い果たしてしまいWebブラウザが制御不能になってしまうことがあります。繰り返し処理を記述する際は、無限ループに陥らないように気をつけて処理を記述しましょう。

時と場合によっては、意図的に無限ループを用いることもないわけではありません。それはたとえば、条件がどのタイミングで満たされるかが未知となるような、ユーザーの操作や、何かしらの処理の終了を待たなくてはならない場合です。しかし実際には、そのような処理で**for**文を無限ループにして待機するようなことは通常行いません。なぜなら、大抵の場合は無限ループを用いなくても、同様のことが実現できる別のアプローチがあるからです（たとえばコールバック関数を用いるなど）。

本編で取り上げている**while**文も繰り返し処理を記述するための構文ですが、無限ループに陥りやすい特性があります。これらのループ処理を用いる場合は、無限ループにならないように注意しましょう。

■⋯⋯⋯⋯ **switch文**　特定の条件に応じた分岐処理

　**switch**文は、**if**文のように特定の条件に合致する場合のみ処理を行うなどの分岐処理を記述できます。**if**文では**if**に続く**( )**内の条件式に応じ、どのブロック構造の処理を行うかが変化しました。

　一方で**switch**文は**( )**のなかに記述した条件式と**case**節[*11]に記述された条件式が一致する場合だけ、対象となる処理が実行されます。**case**節には**:**（コロン）を続けて記述し、コロン以降に実行したい処理を記述します。たとえば**リスト2.30**のような処理が実行されると、結果は「ウェブジーエル」となります。**switch**に続く条件式と**case**節の条件式が評価され、さらにそれを比較した結果が**true**となる場合だけ処理が実行されます。

**リスト2.30**　switch文を利用した条件分岐の例

```
let apiName = ['OpenGL', 'WebGL', 'DirectX'];  // 文字列を格納した配列

// 条件式に'WebGL'を指定
switch(apiName[1]){
    case 'OpenGL':
        console.log('オープンジーエル');
        break;
    case 'WebGL':
        console.log('ウェブジーエル');
        break;
    case 'DirectX':
        console.log('ダイレクトエックス');
        break;
}
```

　**switch**文では、**case**節に続く処理の部分が**if**文や**for**文のようにブロック構造にはなっていません。ブロック構造で処理が区切られているわけではないので、対象の処理が終了となる場合は、明示的に**break**文を使って**switch**文を終了させなくてはなりません。

　また**switch**文では、いずれの**case**節の条件にも合致しなかった場合の処理として、任意で**default**節を用いることができます。**リスト2.31**では、先に設定されている条件式のいずれにも合致しないため、**default**節の処理が実行されます。

**リスト2.31**　いずれの条件にも合致しなかった場合のためのdefault節の例

```
let width = 1280;

switch(width){
    case 320:
        console.log('幅は320');
        break;
    case 640:
        console.log('幅は640');
        break;
    default:
        console.log('幅は320でも640でもない');
        break;
}
```

＊11 「節」は、一つの文（ここでは**switch**文）のなかで固有の意味を持つキーワードです。

## 演算子　算術、代入、比較、論理、条件

　JavaScriptにはたくさんの**演算子**があります。演算子とは、わかりやすいものでは四則演算に利用する+や-などがあり、これらは「よく利用される処理を記号化したもの」と考えることができます。ここではグラフィックスプログラミングで用いることの多い、代表的な演算子を中心に解説します。

### ■⋯⋯⋯**算術演算子**　四則演算、剰余

　算術演算子はその名のとおり、さまざまな計算を行うための演算子です。四則演算を行う演算子のほか、除算の余りを求める剰余演算子もあります。おもな算術演算子と計算を行ったとき、どのような結果が得られるのかは**リスト2.32**を参考にしてください。

**リスト2.32**　算術演算子の記述例と結果

```
let num;

// 加算演算子
num = 1 + 1;
console.log(num);  // ➡2

// 減算演算子
num = 1 - 1;
console.log(num);  // ➡0

// 乗算演算子
num = 2 * 2;
console.log(num);  // ➡4

// 除算演算子
num = 2 / 2;
console.log(num);  // ➡1

// 剰余演算子（割った余りを得る）
num = 5 % 2;
console.log(num);  // ➡1
```

### ■⋯⋯⋯**インクリメント演算子、デクリメント演算子**　接頭辞と接尾辞に注意

　インクリメント（*increment*、増加）は、数値を1加算するという処理を言います。反対に1減算する処理のことをデクリメント（*decrement*、減少）と言います。

　インクリメント演算子とデクリメント演算子には接頭辞と接尾辞のそれぞれがあり、対象の前に演算子を付けるものが「接頭辞」、後ろに付けるものが「接尾辞」です。両者の違いは評価が行われる順序にあり、接頭辞はまず先にインクリメント、デクリメントを行ってから評価結果を返します。これに対し接尾辞の場合は、まず評価結果が返された後で、インクリメントやデクリメントが行われます。言葉で書くと紛らわしいですが、**リスト2.33**にあるように、使い方によっては挙動が変化しますので注意しましょう。

**リスト2.33** インクリメント演算子の記述例と結果

```
let num;

num = 0;  // 変数に0を代入
// 接頭辞の場合（評価前に加算されている）
console.log(++num); // ➡1
console.log(num);    // ➡1

num = 0;  // 変数に0を代入
// 接尾辞の場合（評価後に加算されている）
console.log(num++); // ➡0
console.log(num);    // ➡1
```

■⋯⋯⋯**代入演算子** 変数に値を代入

代入演算子は、変数に値を代入するときに使われます。単なる代入を行うもの以外にも、**リスト2.34**にあるような、算術演算子と同様の計算を行った上で代入処理が行われるものがあります。

**リスト2.34** 代入演算子の記述例と結果

```
let num;
console.log(num); // ➡undefined

num = 0;
console.log(num);  // ➡0

num += 10;       // num = num + 10
console.log(num);  // ➡10

num -= 5;        // num = num - 5
console.log(num);  // ➡5

num *= 5;        // num = num * 5
console.log(num);  // ➡25

num /= 5;        // num = num / 5
console.log(num);  // ➡5

num %= 2;        // num = num % 2
console.log(num);  // ➡1
```

■⋯⋯⋯**比較演算子** 原則として厳密比較を使用

比較演算子は、比較した結果を真偽値として得ることのできる演算子です。JavaScriptでは、=（イコール）を利用した比較演算子には、抽象比較と厳密比較があります。

**抽象比較**とは==と!=を用いて値を比較することを言います。**厳密比較**は、===と!==を用いて値を比較することです。これらは一見すると違いがわかりにくいのですが、その挙動は大きく異なります。

**リスト2.35**に、まずは抽象比較を行う比較演算子の例を示します。ここではまず、2つの数値を対象にした比較を行ってみます。値が同じであることを示す==と、値が異なることを示す!=では、それぞれ真逆の結果が得られることに注目します。

リスト2.35 　抽象比較の記述例と結果

```
// 数値と数値が「同じ値であるか」を抽象比較
console.log(0 == 0);   // ➡true
console.log(0 == 1);   // ➡false
console.log(0 == 0.5); // ➡false

// 数値と数値が「異なる値であるか」を抽象比較
console.log(0 != 0);   // ➡false
console.log(0 != 1);   // ➡true
console.log(0 != 0.5); // ➡true
```

　次に、同様に抽象比較の演算子を用いて、異なるデータ型同士で比較を行った結果を見てみます。抽象比較演算子では、異なるデータ型同士で比較が行われた場合、まず両者を同じデータ型に変換した後に比較が行われます。これはつまり「データやそのデータ型が異なる場合でも同じ値と評価されることがある」ということを意味します。具体例として**リスト2.36**のような結果が得られます。

リスト2.36 　異なるデータ型での抽象比較の記述例と結果

```
// さまざまな異なるデータ型同士の抽象比較
console.log(1 == '1');    // ➡true ❶
console.log(1 == true);   // ➡true ❷
console.log('' == false); // ➡true ❸
console.log('0' == false); // ➡true ❹

console.log([] == 1);     // ➡false ❺
console.log([] == true);  // ➡false ❻
console.log([] == {});    // ➡false ❼
console.log({} == {});    // ➡false ❽
```

　この結果から、**truthy**と判定されるプリミティブな値同士は比較結果が**true**になることがわかります（❶～❹）。また、配列などのオブジェクトは、それぞれの「メモリー内での参照先が同じ場合」にはじめて同じ値であるとみなされます。**{ } == { }**のように記述している場合、一見、比較対象がいずれもオブジェクトリテラルで記述されているため比較結果が**true**になるようにも思えますが、それぞれが個別にメモリーを割り当てられることになるため、結果は**false**となります（❺～❽）。
　一方、以下のように記述すると変数の参照先が同じとなるため、比較結果は**true**となります。

配列などのオブジェクトの比較結果

```
let arrayA = [];
let arrayB = arrayA;
console.log(arrayA == arrayB); // ➡true
```

　これらの結果を見ると、異なるデータ型同士で比較した結果が直感的ではなく、紛らわしいものであることがわかります。このことから、JavaScriptでは一般に抽象比較（**==**や**!=**）は使うべきではないとされています。
　このような背景を踏まえ、JavaScriptでは比較演算子は**原則として厳密比較**を用います。厳密比較の場合、データ型が暗黙のうちに変換されることはなく、**リスト2.37**にあるように異なるデータ型同士の比較は常に**false**になります。

**リスト2.37** 厳密比較の記述例と結果

```
// 同じデータ型同士の厳密比較
console.log(1 === 1);              // ⇒true
console.log('string' === 'string'); // ⇒true

// さまざまな異なるデータ型同士の厳密比較
console.log(1 === '1');          // ⇒false
console.log(1 === true);         // ⇒false
console.log('true' === true);    // ⇒false
console.log('' === false);       // ⇒false
console.log([] === 1);           // ⇒false
console.log([] === true);        // ⇒false
console.log([] === {});          // ⇒false
console.log({} === {});          // ⇒false
```

また比較演算子には、不等号を用いて値の大小を比較するものもあります。不等号と=（イコール）の組み合わせによって「以上、以下」あるいは「未満、超える」の意味合いが変わります。**リスト2.38**にあるように、**=と組み合わさるときは常に=が右側に配置される**ことに注意します。

**リスト2.38** 不等号を用いた記述例と結果

```
console.log(1 > 0);   // ⇒true
console.log(1 > 1);   // ⇒false
console.log(1 < 0);   // ⇒false
console.log(1 < 1);   // ⇒false

console.log(1 >= 0);  // ⇒true
console.log(1 >= 1);  // ⇒true
console.log(1 <= 0);  // ⇒false
console.log(1 <= 1);  // ⇒true
```

■⋯⋯⋯⋯**論理演算子** &&(AND)、||(OR)
　論理演算子は、複数の条件を組み合わせる場合などに使われます。その性質から比較演算子とともに使われることが多く、「ともに**truthy**である」という状態を表すANDと、「いずれかが**truthy**である」という状態を表すORの2種類があります。**リスト2.39**に示したように、ANDには**&&**が、ORには**||**が使われます。

**リスト2.39** 論理演算子の記述例と結果

```
console.log(true && true);   // ⇒true
console.log(true && false);  // ⇒false
console.log(false && false); // ⇒false

console.log(true || true);   // ⇒true
console.log(true || false);  // ⇒true
console.log(false || false); // ⇒false
```

■┈┈┈┈ **条件演算子**　条件に合わせて異なる値を用いたい場合

　条件演算子は、やや特殊な演算子です。条件演算子はその名前からも連想できるとおり、「条件に合わせて異なる値を用いたい場合」に利用します。以下のように利用します。

**結果** = **条件** ? **式1** : **式2** ;　// 条件演算子の例

　**?**（クエスチョンマーク）と **:**（コロン）の両者をセットにして「条件演算子」と呼びます。上記 **条件** の部分には、**if**文などと同様に結果が真偽値となる条件式を指定します。条件に合致した場合、つまり **条件** が **truthy** と判断できる場合には **式1** が、**falsy** と判断できる場合には **式2** の結果が返されます。

# 2.4
# 本章のまとめ

　本章では、JavaScriptで開発を行うための準備や、JavaScriptの概要について解説しました。
　JavaScriptを学習する際、インターネット等で調べ物を行うと古い情報が検索結果として現れる場合があります。JavaScriptは近年急激に進化しているため、ほんの数年前に書かれたJavaScriptに関する記事や解説でも、すでにそれが古い仕様になってしまっているということもあります。
　一つの基準として、ECMAScriptの2015年版、つまりES2015以降の仕様に沿って書かれたものであるかどうかを気にするようにしましょう。JavaScriptの仕様が「過去の仕様にフォールバックされる」ということは基本的にありません。ただし、一度提案された仕様が最終的には不採用となったり、一度は正式な仕様として採用されたものの時を経て非推奨になったりする例もあります。できる限り、新しいJavaScriptの構文や仕様に慣れ親しむようにすることが、JavaScriptを長く使い続けていく上で一つのポイントになります。

# 条件演算子とif文

　条件演算子は、しばしば**if**文の代わりに用いられます。実際、その挙動は**if**文とほとんど同じです。しかし、条件演算子は可読性（読みやすさやわかりやすさ）を損なう恐れがあるという考え方もあり、条件演算子を利用すべきかどうかは多くの場合（熟練したプログラマ同士であっても）意見が分かれます。

　本書では、条件演算子を積極的に利用することはしていません。これは、あくまでもわかりやすさを重視するという意図によるものです。しかし、条件演算子では実現できるが、**if**文では実現できないこともなかにはあります。これは、ややわかりにくいので以下の例を見ながら考えてみましょう。

```
let v;

if( 何かの条件 ){
    v = 'truthy';
}else{
    v = 'falsy';
}
```

　ここでは、何かの条件に応じて、変数に代入される値が変化しています。しかしここで、もし変数**v**を、**let**ではなく**const**で宣言したい場合は、どうなるでしょうか。

　**const**で変数を宣言している場合、その変数への代入は一度しか行えません。また、**const**で宣言された変数は、その宣言と同時に「必ず何かしらの値が設定されるべき」であり、何も代入せずに**const v;**のような書き方をすることはできず、以下で示したようにエラーが発生します。

```
const v;   // constは初期化時の代入が必須なのでエラーが発生！

if( 何かの条件 ){
    v = 'truthy';
}else{
    v = 'falsy';
}
```

　このようなケースでは、条件演算子を用いることで正しく変数を初期化できます。実際にどのように条件演算子を記述すれば良いのかは以下を参考にすると良いでしょう。

```
const v = 何かの条件 ? 'truthy' : 'falsy';
```

　ここで示したように、**if**文とはあくまでも「文」であり、式として用いることはできません。一方で条件演算子は文字どおり演算子なので、式に条件を組み合わせて利用することが可能になります。条件演算子を一方的に「読みにくくなるから使ってはならない」と一蹴してしまうのではなく、両者の違いを正しく把握して状況に応じて使い分けたり、コードを読み解く際に注意して見る目を養っていきましょう。

第 **3** 章

[基礎]
# グラフィックスプログラミングと数学
三角関数、線型代数、乱数&補間

　プログラミングには、数学が関係する場面が頻繁に登場します。データを集計したり、それを元に計算したりといった処理は、コンピューターとそれを制御するプログラムの最も得意とする作業の一つと言って良いでしょう。グラフィックスプログラミングにおいても、数学は大きな役割を果たします。

　本章では、グラフィックスプログラミングに取り組むにあたり、ぜひとも押さえておきたい数学の基礎を確認します。

## 3.1
## 角度と三角関数
ラジアン、sin（サイン）、cos（コサイン）

　グラフィックスプログラミングにおいて、重要な数学の一つに三角関数があります。本書の解説でも三角関数や角度を扱う数学はさまざまな場面で必要となるため、本節でしっかりと基本を押さえておきましょう。

### ラジアン　弧度

　一般に、人が日常のなかで角度を表現する場合「○度」というように度数を使って表現します。これは**度数法**と呼ばれる角度を表現する方法のうちの一つです。度数法は角度の状態をイメージしやすく、直感的でわかりやすいという特徴があります。

　一方、プログラミングの世界では、角度を扱う際に度数法ではなく**弧度法**を用いることがほとんどです。弧度法は、単純に角度を表現するという点についてのみ考えると、やや直感的ではない面もあります。しかしコンピューターが計算を行う上では、計算量を節約できるなどメリットもあり、多くのプログラミング言語では度数法ではなく弧度法で計算を行うのが一般的です。

### ■ 角度の表現　度数法と弧度法

　度数法と弧度法の、最もわかりやすい違いは角度をどのように表現するかです（**図3.1**）。度数法では**度数**を使って角度を表現します。円の一周を360度と定義し、その度数の大小によって角度を表します。一方の弧度法では**ラジアン**（*radian*）と呼ばれる尺度で角度を表現します。ラジアンとは「円周の長さを基準とした角度の表現」です。弧度法では、度数法の360度は「円周率（$\pi$）×2」（＝約6.28）となります。

　弧度法の「円の一周（度数法の360度）を円周率の2倍とする」という角度の表現は、半径が1となる円を元に考えるとイメージしやすいでしょう。円の円周を求める公式は「半径×円周率×2」です。仮に半径が1だとすると、「1×円周率×2」となり、ラジアンとはそのまま半径1の円の、その外周を表しているものであることがわかります。

　度数法における角度とは、円の一周を360個に分割し、それを「度」という単位で表したものだと言えます。一方で弧度法における角度とは、半径が1の円の外周の、その長さを用いて表現されるものだと言えます。度数法と弧度法、それぞれの角度の表現方法の違いを押さえておきましょう。

### ■ プログラミングと角度　ラジアンで考える

　プログラミングにおいては角度はラジアンで考えるのが基本であることから、実際に角度に関連する計算を行う際に、度数法の度数からラジアンへと変換する方法を知っておくと役に立ちます。たとえば第4章ではCanvas APIを利用して円弧の描画を行いますが、ここでも弧を描く際の角度の指定にラジアンが必要になります。

**図3.1**　**度数法と弧度法による角度表現**

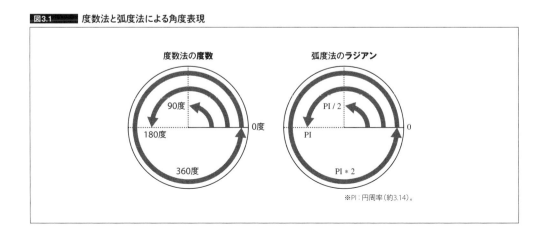

度数法での360度が、弧度法では円周率（π）の2倍になります。このことから、**リスト3.1**に示した計算を行うことで度数法の度数からラジアンを算出できます。度数法の度数を360で割り、それに円周率の2倍を掛けています。JavaScriptでは円周率は`Math.PI`で得られます。

**リスト3.1** 度数法の度数からラジアンを算出する例

```
let degrees = 45;  // 度数（ここでは45度）

let radian = degToRad(degrees);  // ラジアン

// 度数からラジアンへの変換（引数から度数を受け取り、360で割り、2πを掛ける）
function degToRad(degrees){
    return (degrees / 360) * (Math.PI * 2);
}
```

リスト3.1で定義されている**degToRad**関数は、もう少し最適化できます。度数法を360で割っている部分と、円周率を2倍している部分を整理すると**リスト3.2**のようになり、本書でもたびたび登場することになりますのでこの形はぜひ覚えておきましょう。

**リスト3.2** 度数法からラジアンへの変換を行う関数

```
function degToRad(degrees){
    return degrees * Math.PI / 180;
}
```

---

**Column**

## ラジアンの捉え方

本編ではラジアンを「半径1の円の外周の長さ」と考えると解説しましたが、ラジアンには違う捉え方もあります。たとえば、ラジアンは「円の半径に等しい長さの弧を**1ラジアン**としたもの」とも言えます。半径1の円の一周は約6.28ラジアンですので、言い方こそ違いますが、意味は同じです。

**図3.a**は1ラジアンを図解したものですが、これをさらに1ラジアン、2ラジアン、3ラジアン……と繰り返していくと、円の外周をちょうど一周するところで約6.28ラジアンとなるのです。

**図3.a** 1ラジアン

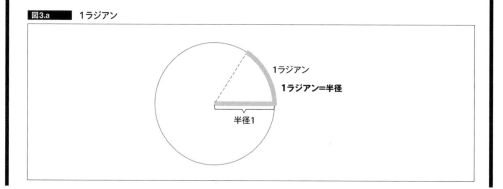

## グラフィックスプログラミングのための sin、cos　　ラジアン、半径1の円とともに

（サイン コサイン）

　ラジアンがどのようなものであるかが理解できると、グラフィックスプログラミングで頻繁に登場する sin（以下、サイン。正弦）や cos（以下、コサイン。余弦）の意味もわかりやすくなります。サインやコサインは、数学の文脈では**三角比**（直角三角形の二辺の長さの比）というキーワードとともに語られることが多いですが、ここではよりグラフィックスプログラミングの文脈で重要なポイントに注目して説明します。

　そもそも、サインもコサインも「何かしらの角度を元にして」その値が決まります。そして JavaScript でサインやコサインを求める場合は、角度は常にラジアンで表現します。**リスト3.3** に示すように、まず度数からラジアンを求め、それを引数に `Math.sin` や `Math.cos` を呼び出すことでその値を知ることができます。

**リスト3.3**　**サインとコサインを算出する**

```
// ラジアン
let rad = 45 * Math.PI / 180;

// サイン、コサイン
let s = Math.sin(rad);
let c = Math.cos(rad);
```

　ここで求まるサインやコサインは、円に内接する三角形を思い描きながら考えると、その意味がわかりやすくなります。たとえば**リスト3.4**のように、度数法の30度を元にサインやコサインを求めた場合を考えてみます。

**リスト3.4**　**度数法の30度に対応したサインとコサインの算出を行う**

```
let rad = 30 * Math.PI / 180;

console.log(Math.sin(rad)); // ➡0.49999999999999994
console.log(Math.cos(rad)); // ➡0.8660254037844387
```

　サインは約0.5、コサインは約0.87となりました。この値が意味するところは、結果の数値だけを見ても理解しにくいかもしれません。しかし、これを**図3.2**のように半径1の円に内接する三角形と組み合わせて見てみると、サインやコサインが何を表しているのかがわかりやすいのではないでしょうか。

　サインの場合もコサインの場合も「半径1の円」を基準に考えることがポイントです。そして、任意の角度の方向にまっすぐにラインを伸ばしていき、そのラインが円の外周と交差する地点をPとしたとき、このPの座標XYは、X要素をコサインで、Y要素はサインで求めることができます。このとき、角度は**図3.3**にあるように右方向の水平線を度数法の0度として考えます。

　三角関数においてサインやコサインが「三角比」として語られるのは、半径をrで表すとき、サインはrに対する縦方向の比であり、コサインはrに対する横方向の比だからです。

　このことから、サインやコサインの値は、常に-1〜1の範囲に収まることがわかります。これは先述のとおり、サインやコサインは「半径1の円」を基準に考えるからです。つまり、半径が1ではない円の場合は、その半径の値をそのままサインやコサインの値に乗算することで**図3.4**に示すように縦方向と横方向の長さを計算できます。

　このように、サインが縦方向の比、コサインが横方向の比であるということが理解できると、グラフィックスプログラミングのどのような場面でそれが役に立つのでしょうか。たとえば、任意の座標Aから、任意の角度θの方向にオブジェクトをrだけ移動させたBの座標を知りたい、というような場合を考えてみます。これを図解すると**図3.5**のようになります。

　これをJavaScriptで記述すると、たとえば**リスト3.5**のようになります。サインやコサインは、あくまでも「ある角度に対する縦横の比」なので、移動量rをそれぞれに乗算することで、任意の角度の方向への移動後の座標を求めることができます。これをループしながら繰り返し計算してやれば、斜めに移動するオブジェクトを描くようなプログラムが記述できます。

　このようなサインとコサインを利用した任意の角度方向へと移動する処理は、第6章で「シューティングゲームにおけるショットを、任意の角度に向かって発射する処理」でも使います。

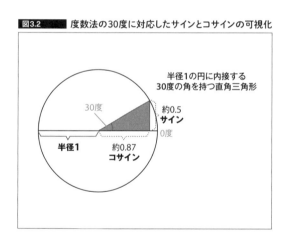

**図3.2**　度数法の30度に対応したサインとコサインの可視化

半径1の円に内接する
30度の角を持つ直角三角形

30度

約0.5
**サイン**

0度

**半径1**　約0.87
**コサイン**

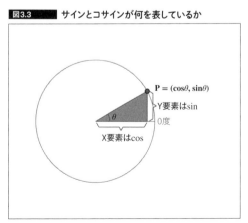

**図3.3**　サインとコサインが何を表しているか

$P = (\cos\theta, \sin\theta)$

Y要素はsin

0度

θ

X要素はcos

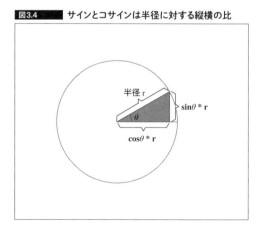

**図3.4**　サインとコサインは半径に対する縦横の比

半径r

$\sin\theta * r$

θ

$\cos\theta * r$

**図3.5** 任意の方向に任意の距離移動した座標

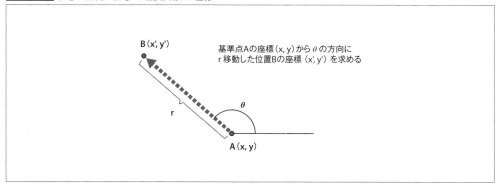

```
// 任意の座標A（ここでは仮に原点とする）
let A = [0.0, 0.0];

// 任意の角度θのラジアン
let radian = degToRad(theta);

// サインとコサインを求める
let s = Math.sin(radian);
let c = Math.cos(radian);

// 移動量rを使って移動後の座標Bを求める
let B = [
    A[0] + c * r,
    A[1] + s * r
];
```

**リスト3.5** 任意の方向に任意の距離移動した座標を求める

---

**Column**

## グラフィックスプログラミングで大活躍(!?)の三角関数

　グラフィックスプログラミングでは、オブジェクトが特定の方向に移動するようなシーンをはじめ、さまざまな場面で角度が関連した処理が登場します。

　たとえば、時計の文字盤のように円形にオブジェクトを並べたいとき、ユーザーのマウス操作に反発してオブジェクトが弾き飛ばされるような処理をしたいときなど、動きに関する処理ではとくに角度や三角関数が関係する場面が多くあります。

　また、サインやコサインはその性質上、絶対に-1〜1の範囲内の値しか返さないため、反復運動を表現するのに使われたりすることもあります。少し説明しておくと、度数法で言う角度が0度の場合、サインは「縦方向の比」なので値は0です。そして90度のときに最大の1となり、180度で0に、270度で-1になります。この値が上下する様子を、たとえばそのまま「画面上の明るさの指標」としてプログラムに反映させると、シーンがピカピカと明滅するような演出を行えることがわかります。一見すると三角関数とは関係のなさそうな明滅などの処理においても、三角関数が役に立つことがあるのです。

# 3.2
# ベクトルと行列
## 点から始める線型代数

数学の分野の一つに「線型代数学」と呼ばれる分野があります。線型代数学もグラフィックスプログラミングとの関わりが深く、その基本を理解しておくとさまざまな場面で役に立ちます。線型代数学には「ベクトル」や「行列」などの概念が登場します。

## ベクトルとスカラー 量と向き

ベクトル（*vector*）や行列（*matrix*）を扱う線型代数学の分野では、「大きい、小さい」「多い、少ない」といったように何かしらの「量」を表すことができる概念を**スカラー**（*scalar*）あるいは**実数**と呼びます。本書でこれまで取り上げてきたような多くの「数や値」は、それ単体で量の大小を表すために使われていました。つまり、それらすべては線型代数学の世界ではスカラーとみなすことができます。単体の値を「スカラー」と独特な名称で呼ぶことで、線型代数学に登場する概念であるベクトルとの対比がわかりやすくなっています。ベクトルとスカラーの違いを復習しておきましょう。

スカラーは単体の値であり、たとえば「時速○km」や「高度○m」というように、それのみで量や値の大小を表現できます。本書でこれまでに登場してきたあらゆる数値、たとえばラジアンや度数法の度数といった値たちも、これらはすべてスカラーであったと言えます。

一方で、**ベクトル**には量という概念のほかに「向き」の概念が新たに加わります。単に値の大小だけではなく向きに関する情報も持っているのが、スカラーにはないベクトルの特性です。ベクトルを考える場合、そのベクトルが持つ向きを表現するために「複数の数値を組み合わせて」表現します。

たとえば**図3.6**のように、2次元の平面上にAとBという2つの点がある場合を考えてみます。このとき、点Aと点Bの間の距離は、単体の値で表現できます。これは**スカラー**です。図3.6で言えば、2つの点の間の距離dはスカラーで表せます。

このとき、点Aから点Bへと向かう**方角**（向き）を表現しようとすると、これは単体の数値で表すことはできず、横方向と縦方向の移動量を組み合わせて**(x，y)**のように、括弧で複数の値をひとまとめにして表現します。これが**ベクトル**です。

2次元の平面上であればXとYの2つを組み合わせることでベクトルが表現できます。3次元空間上なら、XYZの3つを組み合わせてベクトルが表現で

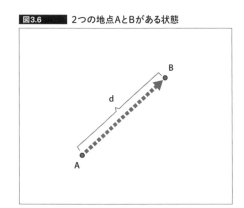

図3.6 2つの地点AとBがある状態

きます。ベクトルは図解する場合、始点と終点という2つの座標を矢印で結んで表現し、その矢印の長さを見ることでスカラーと同じように量や大きさを表現できます。すなわち、ベクトルは**向き**と**大きさ**（長さ）を同時に表現できるのです。

## 原点とベクトルの始点と終点　点を結ぶ

　2次元平面や3次元空間には、座標を構成する数値がすべて0となる「原点」と呼ばれる概念が登場します。原点はベクトルを考える際、重要な役割を果たします。

　ベクトルには始点と終点があります。これは点Aと点Bのような2つの点を結ぶことでベクトルを表現できることからもわかります。ベクトルの始点や終点の位置には、制限はありません。**図3.7**❶に示したように、始点となる座標に対応する終点がわかればベクトルを表現できます。

**図3.7**　始点と終点からベクトルを定義する

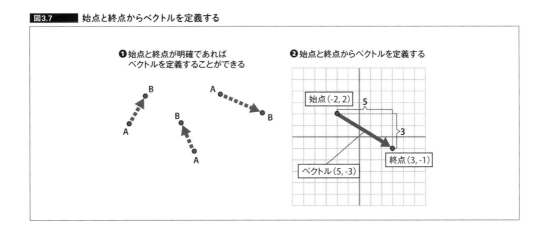

　ベクトルは「終点－始点」という計算を行うことによって、数値の組み合わせ**(x, y)**として表現できます。図3.7❷を例に取ると、始点の点Aは**(-2, 2)**、終点の点Bは**(3, -1)**と表現できます。これを結ぶベクトルVは「終点－始点」という計算方法に則って求めると**リスト3.6**のようになります。

**リスト3.6**　始点と終点からベクトルを定義する

```
let A = [-2, 2]; // 始点

let B = [3, -1]; // 終点

// 2点間を結ぶベクトル
let V = [
    B[0] - A[0],
    B[1] - A[1]
];

console.log(V); // ➡[5, -3]
```

　このような、任意の2点間からベクトルを定義する方法は、第7章で登場する「キャラクターAからキャラクターBを狙うような攻撃を行う」といった処理の記述に役立ちます。キャラクターAとキャラクターBの相対的な位置関係をベクトルで表すことで、そのベクトルの向きに応じたプログラムを記述することが可能になります。

　また、ベクトルはここで解説したように任意の点と点を結ぶことで表現することができますが、しばしば「暗黙で原点を始点とする形」で表現されます。たとえば、あるベクトルを (a, b) と表記するとき、**図3.8**に示すように、これは暗黙で始点を原点とみなしたベクトルの表現です。

　このように、ベクトルを数値の組み合わせで表現する場合、とくに言及がない場合には暗黙でその始点が原点 (0, 0) となっていることに注意します。先にも触れたとおり、「終点－始点」というように2つの点の差分からベクトルは定義できますが、始点が原点である場合、終点の座標がそのままベクトルの表現と同じとなるため都合が良いのです。

## ベクトルの向き　単位化、単位ベクトル、(再び)半径1の円

　ベクトルが向きを表すことができるということについて、もう少し踏み込んで考えてみましょう。ベクトルは前述のとおり向きだけでなく、大きさ（長さ）を表現できます。たとえば**図3.9**に示した2つのベクトルは大きさは異なりますが、向きは同じです。このとき、2つのベクトルが同じ向きであることは、人はそれを見て何となく想像できます。しかし、これが同じ向きのベクトルであると数学的に確かめるには、どうしたら良いのでしょうか。

　ベクトルが表す向きは、ベクトルの長さが異なる場合であっても、ベクトルを「単位化」することで確認できます。単位化とは「ベクトルの大きさを1に揃える」ことを言います。ベクトルは向きのほかに大きさを同時に持つことができるため、「向きに関する計算を行う場合」や「向きだけを比較し

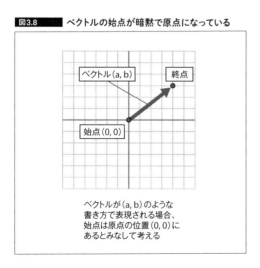

**図3.8**　ベクトルの始点が暗黙で原点になっている

ベクトルが (a, b) のような
書き方で表現される場合、
始点は原点の位置 (0, 0) に
あるとみなして考える

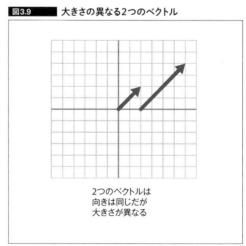

**図3.9**　大きさの異なる2つのベクトル

2つのベクトルは
向きは同じだが
大きさが異なる

たい場合」は、その大きさを1に一律で揃えてしまうことにより、ベクトルの大きさに依存せず、純粋に向きだけを考えられるようになります。

　ベクトルを単位化するには、**リスト3.7**に示すように、まずベクトルの大きさを求めます。ベクトルの大きさを求めるには、ベクトルを構成する各要素ごとに乗算した後合算し、平方根を取ります。平方根は「√」の記号で表されるルートのことで、JavaScriptでは **Math.sqrt** を使って求めることができます。

**リスト3.7**　ベクトルの大きさを算出する方法と単位化

```
// ベクトルVを定義
let V = [5, -3];

// ベクトルの大きさ（長さ）
let L = Math.sqrt(V[0] * V[0] + V[1] * V[1]);

// ベクトルの単位化
V[0] /= L;
V[1] /= L;

console.log(V); // ➡[0.8574929257125441, -0.5144957554275265]
```

　ベクトルの大きさが求まったら、その大きさでベクトルを構成する要素を除算すると、ベクトルの大きさがちょうど1の、単位化されたベクトルとなります。また、このような大きさが1となったベクトルのことを**単位ベクトル**（*unit vector*）と呼びます。

　リスト3.7の単位化されたベクトルの各要素は、その値が-1〜1の範囲に必ず収まります。単位化されたベクトルは大きさがちょうど「1」になっているので、ベクトルが水平あるいは垂直な場合でも **(1, 0)** や **(0, 1)** となり、-1〜1の範囲外となる数値が出てくることはありません。

---

**Column**

### 座標とベクトル　配列[x, y]は座標なのか、ベクトルなのか

　数学の概念をプログラミングで表す場合、とくに座標とベクトルは、その外見が同じになります。ある点の座標Aは配列を用いて **[x, y]** で表現できますが、あるベクトルVも同じように配列を用いて **[x, y]** の形で表現できます。

　ベクトルや座標が登場するプログラムを考えるとき、数値の組み合わせが「座標」を表しているものなのか「ベクトル」を表しているものなのか、見極めることは意外と重要です。座標は、単にXやYなどの数値を組み合わせ、位置を表現するものです。一方でベクトルは、同じように **[x, y]** のような形で表記されていても、それは位置ではなく、暗黙で原点を始点とするベクトルとして表現されているものです。座標を考えるときは頭のなかで「点」をイメージするのがわかりやすく、また、ベクトルを考えるときは原点から伸びる「矢印」を思い浮かべながら考えるのが良いでしょう。

　本書ではこれらを正しく区別できるように、数値の組み合わせの形 **[x, y]** や **(x, y)** が登場する場面では、それが座標なのかベクトルなのかを明記するようにしています。

　また、このような大きさが1のベクトルは**図3.10**に示すように、その先端（終点）が必ず「半径1の円」の外周に重なります。

　この「半径1の円」は、角度と三角関数のところでもたびたび登場しました。ここで重要なことは、同じ角度を元にしたサインやコサインで得られる値を、組み合わせてベクトルとして表現すると、それは常に単位ベクトルになるということです。このことが理解できると、任意のベクトルが定義できるとき、そのベクトルが向いている角度（ラジアン）を、計算によって求めることができるようになります。

　三角関数には、サインの値からラジアンを求める**アークサイン**（*arcsin*／逆正弦、`Math.asin`）や、コサインの値からラジアンを求める**アークコサイン**（*arccos*／逆余弦、`Math.acos`）があります。任意のベクトルVが定義できるとき、それを単位化してから要素をアークサインやアークコサインに与えると、ベクトルが成す角度が得られます。**図3.11**に示した任意の角度θは、原点から伸びるベクトルVを構成するXY要素がわかれば計算で求められます。サインやコサインの性質を思い出しながら、θが計算できる仕組みを考えてみましょう。

**図3.10**　　半径1の円と単位化されたベクトルの関係

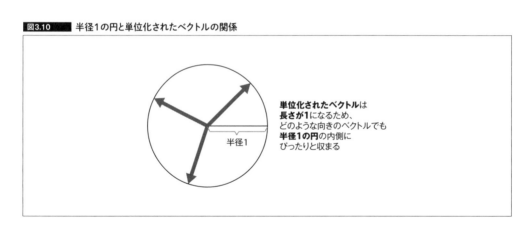

**単位化されたベクトル**は
**長さが1**になるため、
どのような向きのベクトルでも
**半径1の円**の内側に
ぴったりと収まる

半径1

**図3.11**　　任意の角度（θ）とサインとの関係

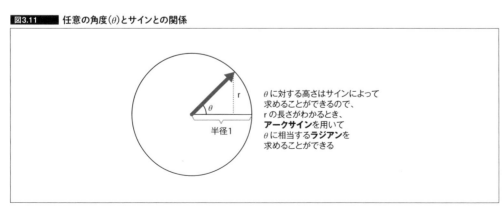

θに対する高さはサインによって
求めることができるので、
rの長さがわかるとき、
**アークサイン**を用いて
θに相当する**ラジアン**を
求めることができる

半径1

Column

## 単位化、正規化、規格化、標準化　単位化と同様の意味で使われる言葉?

　ベクトルの大きさを1に揃えることを単位化と言いますが、別のキーワードが同じような意味を表すために使われることがあります。たとえば「正規化」「規格化」「標準化」といった言葉がこれに該当します。これらのキーワードがベクトルとともに使われている場合は、単位化と同様の意味（ベクトルの大きさを1とすること）を表しているものと考えれば良いでしょう。

　ただし、注意しなければならないこともあります。これら単位化や正規化といったキーワードは、実はベクトルを扱う文脈だけでなく、確率や統計、データベースといった異なる数学の分野においても広く使われています。この場合、これらのキーワードがベクトルの大きさを1とするという、本書で紹介したような意味で使われているとは限りません。数学に関する調べ物を行う際など、どのような文脈で単位化や正規化といった言葉が使われているのかについて意識しておきましょう。

## ベクトルと演算　加算、減算

　ベクトルは、スカラーの値と同じように加算と減算が行えます。ベクトル同士の加算や減算は、単にベクトルを構成するXやYなどの要素ごとに、それぞれを加算、減算します。これをコードで示すと**リスト3.8**のようになります。

**リスト3.8**　ベクトルの加算や減算を行う

```
let V = [5, -3];
let W = [-2, 6];

// ベクトルの加算 (V+W)
let A = [
    V[0] + W[0],
    V[1] + W[1]
];
console.log(A);  // ➡[3, 3]

// ベクトルの減算 (V-W)
let S = [
    V[0] - W[0],
    V[1] - W[1]
];
console.log(S);  // ➡[7, -9]
```

　ベクトルの加算や減算では、その計算結果として「同じ次元のベクトル」が得られるということがポイントになります。図解して考える場合は、2つのベクトルをつなぎ合わせたように表し、最終的にベクトルの先端が指し示す座標へと伸びる新たなベクトルが定義されます。リスト3.8のコードをそのまま図解すると**図3.12**のようになります。

　図3.12❶のベクトルVとベクトルWを加算することで得られるのがベクトルAです（図3.12❷）。減算の結果は、ベクトルSとなります（図3.12❸）。ベクトルVに対して「ベクトルWを足す」場合は、ベ

図3.12　2つのベクトルを加算、減算する

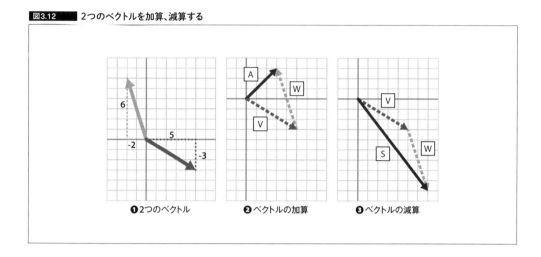

❶2つのベクトル　　❷ベクトルの加算　　❸ベクトルの減算

クトルVの終点にベクトルWの始点が連結されたような形になります。反対にベクトルVに対して「ベクトルWを引く」という場合、ベクトルWの向きが反転したような形になります。図解して矢印の向きや形を捉えるだけでなく、リスト3.8のコードで示した計算方法も参照しながら考えてみましょう。

## ベクトルのスカラー倍

　ベクトルがスカラーと同じように加算、減算できるのならば、ベクトルの乗算や除算、つまり掛け算や割り算はどのように実現するのでしょうか。実はベクトルには、スカラーの場合の乗算や除算に相当する、掛け算や割り算の計算方法はありません。

　しかし、「スカラー倍」と呼ばれるベクトルをスケール（拡大縮小）する方法があります。スカラー倍とは、スカラーの意味から連想できるとおり、ベクトルとスカラーの値を掛け合わせる計算方法です。たとえばベクトルVが定義できるとき、そのベクトルを2倍したり、3で割ったりといったように、定数倍する計算のことを「スカラー倍」と呼びます。これは単に、**リスト3.9**に示すようにベクトルを構成する各要素に対して、何らかの値（スカラー）を掛けることで実現します。

リスト3.9　ベクトルをスカラー倍する

```
let V = [5, -3];  // ベクトル

let scalar = 2.0;  // スケールするためのスカラーの定義

// ベクトルVをスカラー倍する
let W = [
    V[0] * scalar,
    V[1] * scalar
];
console.log(W);  // ➡[10, -6]
```

## ベクトルの内積、外積

　ベクトルには厳密な意味での「スカラー同士の乗算、除算」のような計算方法はありませんが、ベクトル同士で行う計算に「内積」と「外積」があります。ベクトルの内積や外積はグラフィックスプログラミングにおいても重要な役割を果たしますが、ややわかりにくい部分もありますので具体例とともにその使い方を学んでいきましょう。本書では、第7章で実際に内積や外積を利用したプログラムを記述する場面がありますが、まずは内積や外積が「どのような計算を行うことを指しているのか」というところから見ていきます。

■‥‥‥‥‥**内積**　内積はベクトルAとベクトルBの成す角$\theta$に対するcos

　ベクトルの内積は、2次元ベクトル **(x, y)** の場合も3次元ベクトル **(x, y, z)** の場合も、あるいはそれ以上の次元のベクトルになった場合でも、同じ手順で求めることができます。ただし、次元の異なるベクトル同士で内積を計算することはできません。

　内積の計算では、ベクトルの各要素同士を掛け合わせた後、そのすべてを合算します。たとえば2次元ベクトルであれば**リスト3.10**のように記述できます。ここではわかりやすさを重視して乗算を括弧で囲んでいますが、括弧を外しても結果は同じです。

**リスト3.10**　ベクトルの内積を計算する関数

```
// ベクトルの内積
function dot(v0, v1){
    return (v0[0] * v1[0]) + (v0[1] * v1[1]);
}
```

---

**Column**

### ベクトルのスカラー倍で速度が変わる

　`Math.sin`で得られるサインや、`Math.cos`で得られるコサインは、常に半径が1の円を基準にした値を返します。そしてそれらをベクトルに見立てると、ある角度の方向へと移動するための、縦横の移動量の比を得ることができます。

　グラフィックスプログラミングでは、特定の方角に向かって移動するオブジェクトを表現する場面が多くあります。すべてのオブジェクトが同じ速度で移動する場合であれば、サインやコサインの値をある程度はそのまま使うこともできますが、大抵の場合、オブジェクトは素早く移動するものやゆっくり移動するものなど、移動速度をさまざまに設定したい場合が多いでしょう。

　このようなとき、ベクトルのスカラー倍の考え方が役に立ちます。つまり、同じサインやコサインの値を用いる場合(同じ方向へと移動する場合)であっても、素早く移動するオブジェクトはより大きなスカラーを乗算し、ゆっくりと移動するオブジェクトには小さなスカラーを乗算すれば良いのです。

　ベクトルの内積では、どのような次元のベクトル同士で内積を求めても、その結果は必ずスカラーになります。これは、リスト3.10の**dot**関数の中身をよく観察すればわかるでしょう[*1]。

　このような計算が、グラフィックスプログラミングにどのように役立つのかは、計算方法だけを見てもわかりにくいかもしれません。ベクトルの内積はさまざまな場面で有用になる計算方法ですが、ここでは例として「ベクトル同士の成す角」を求めるためにベクトルの内積を利用してみます。

　たとえば**図3.13❶**に示したような2つのベクトルがある場合を考えます。これらのベクトルの始点が原点になるように平行移動させ、2つのベクトルが図3.13❷のように定義できるとき、この2つのベクトル同士が作る角度$\theta$は、いったいいくつになるでしょうか。

　ベクトルの内積で角度に関する計算を行う際は、対象となるベクトルを単位化し、長さを1にしてから内積を計算します。単位化されたベクトル同士の内積の結果は、内積の性質上「$\cos\theta$」に等しくなることから、アークコサインを用いることで、ベクトル同士が成す角度$\theta$を計算できます（**図3.14**）。

........................................................................
　＊1　内積は数式ではV・Wのように・（ドット）を使って表現します。

**図3.13**　2つのベクトルの始点を原点に移動

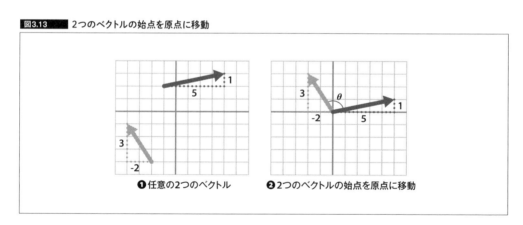

❶任意の2つのベクトル　　❷2つのベクトルの始点を原点に移動

**図3.14**　単位化した2つのベクトルとベクトル同士の成す角

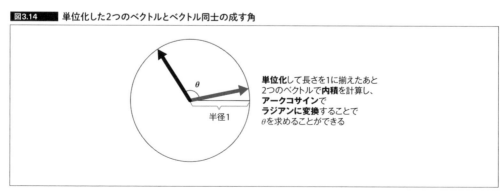

単位化して長さを1に揃えたあと
2つのベクトルで**内積**を計算し、
**アークコサイン**で
**ラジアンに変換**することで
$\theta$を求めることができる

半径1

　これをJavaScriptで記述すると**リスト3.11**のようになり、2つのベクトルの成す角度が、ラジアンではおよそ1.96、度数であればおよそ112度であることがわかります。

**リスト3.11**　任意のベクトル同士の内積から角度を求める

```javascript
// 2つのベクトルを定義
let V = [5, 1];
let W = [-2, 3];

// それぞれベクトルを単位化する
V = normalize(V);
W = normalize(W);

let dotValue = dot(V, W);  // 単位化したベクトル同士で内積を求める

let rad = Math.acos(dotValue);  // 内積の結果はcosθなのでアークサインでラジアンが得られる

let deg = rad / Math.PI * 180;  // ラジアンから度数への変換

console.log(rad);  // ➡1.9614033704925835
console.log(deg);  // ➡112.38013505195958

// ベクトルを単位化する関数
function normalize(v){
    // (x * x + y * y)の平方根を求める（ベクトルの長さ）
    let len = Math.sqrt(v[0] * v[0] + v[1] * v[1]);
    return [v[0] / len, v[1] / len];
}

// ベクトルの内積を求める関数
function dot(v0, v1){
    return (v0[0] * v1[0]) + (v0[1] * v1[1]);
}
```

　少し具体的に、単位化したベクトルの内積がどうして$\cos\theta$に等しくなるのか、踏み込んでみましょう。たとえば、半径が1の円のなかに2つのベクトルがある状態を考えてみます。このとき、**図3.15**にあるように、ベクトルはいずれも単位化されたベクトル（単位ベクトル）であることに注目します。

**図3.15**　単位化された2つのベクトルAとB

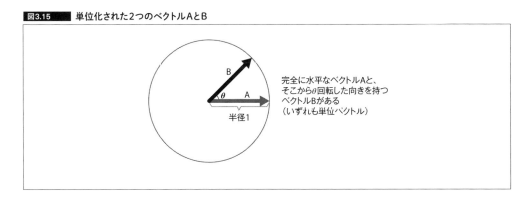

完全に水平なベクトルAと、
そこからθ回転した向きを持つ
ベクトルBがある
（いずれも単位ベクトル）

　ベクトルAとベクトルBのうち、ベクトルAは完全に水平です。数式で表すなら**(1, 0)**です。このような状況では、ベクトルAとベクトルBで内積を計算すると、必ずベクトルBのX成分だけが取り出せることがわかります。**リスト3.12**にあるように**dot**関数に実際に値を当てはめて考えてみるとわかりやすいでしょう。

**リスト3.12**　一方が水平なベクトルである場合の内積の例

```
let A = [1, 0];
let B = [x, y];
dot(A, B);

function dot(v0, v1){
    return (v0[0] * v1[0]) + (v0[1] * v1[1]);
              1                 0
}
// 2つめのベクトルのY成分は0を乗算されるので必ず0になる
```

　三角関数の話をしたときに登場した、半径1の円と、サイン、コサインの関係を思い出してみると、ベクトルAとベクトルBの成す角$\theta$と、それに対するベクトルBのXY成分は、そのままX成分が$\cos\theta$、Y成分が$\sin\theta$となっていることがわかります。

　つまり、**図3.16**に示したように、単位化したベクトル同士の内積の結果は、そのベクトル同士の成す角$\theta$に対するコサインの値と一致します。

**図3.16**　内積の結果とコサインとの対応関係

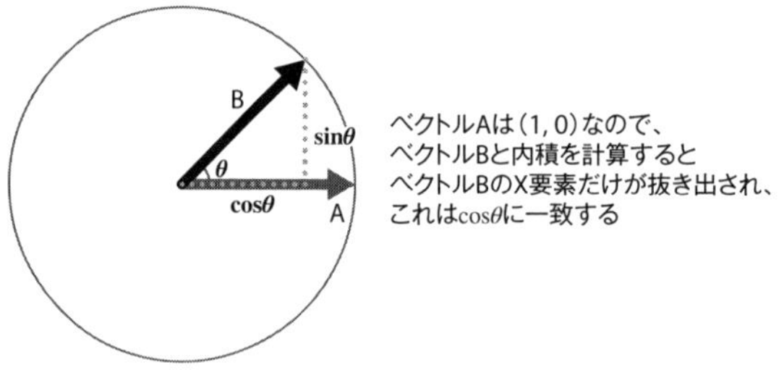

ベクトルAは(1, 0)なので、
ベクトルBと内積を計算すると
ベクトルBのX要素だけが抜き出され、
これは$\cos\theta$に一致する

■‥‥‥‥‥**外積**　外積はベクトルAとベクトルBの成す角$\theta$に対するsin

　ベクトルには「外積」という計算方法もあります。外積は、内積に比較するとやや理解することが難しい概念だと言えます。また、内積の場合は2次元でも3次元でも同じように考えることができましたが、外積の場合はやや考え方が異なります。ここでは理解を助けるために、数学としての厳密さはあえて重視せずに、感覚を掴むことを第一に外積の性質について説明します。

　ベクトルの外積は、2次元ベクトル同士では結果がスカラーに、3次元ベクトル同士では結果が

3次元ベクトルになります。なぜ、2次元ベクトルの場合は外積の結果がスカラーになってしまうのか。一見すると、とてもわかりにくいように思えます。これを理解するために、先に3次元ベクトル同士の外積の計算方法から見てみます。

　3次元ベクトル同士の外積は、**リスト3.13**のような計算で求めることができます。外積を計算するための関数として**cross**という名前の関数を定義しました[*2]。これを見ると、内積と比べてかなり複雑な計算を行っているように見えます。ここで重要なのは、この計算によって何が求まるのかであり、その結果が何を意味しているのかです。

**リスト3.13**　3次元ベクトル同士の外積の計算を行う

```
function cross(v0, v1){
    return [
        v0[1] * v1[2] - v0[2] * v1[1],  // y0 * z1 - z0 * y1
        v0[2] * v1[0] - v0[0] * v1[2],  // z0 * x1 - x0 * z1
        v0[0] * v1[1] - v0[1] * v1[0]   // x0 * y1 - y0 * x1
    ];
}
```

　3次元ベクトル同士の外積では、その結果として得られる3次元ベクトルは「2つのベクトルに直交するベクトル」になります。その様子を図解したものが**図3.17**です。ベクトルAとベクトルBという2つのベクトルがあるとき、このベクトル同士の外積を計算した結果得られるベクトルCは、ベクトルAともベクトルBとも直交するベクトルになります。

**図3.17**　A×Bの外積によって求まるベクトルC

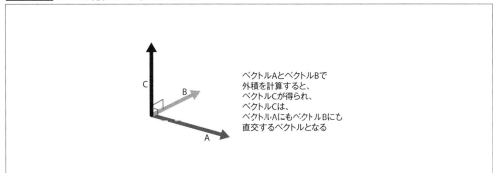

　3Dプログラミングでは、この外積の性質を利用して、ある平面からまっすぐに上に伸びるベクトルを求め、そのベクトルの向きに応じて照度（明るさ）を計算するなどの用途で用いられます。

　**図3.18**に示したように、平面に対して水平なベクトルを2つ定義することさえできれば、その平面上のどの方向を向いているベクトル同士からであっても、外積の性質を利用することでその平面に直交するベクトルを求めることができるのです。

---

　＊2　ベクトル同士の外積は数式では**V × W**のように×（クロス）を使って記述します。

**図3.18** 平面に対し水平な2つのベクトルから求めた外積の結果

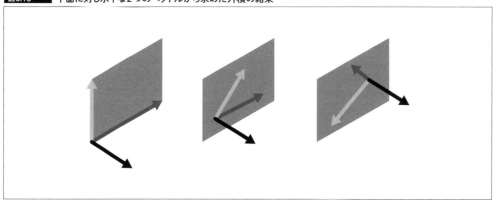

　それでは3次元ベクトル同士の外積が「2つのベクトルに直交するベクトル」になるのに対して、どうして2次元ベクトルの外積は結果がスカラーになってしまうのでしょうか。これは、正確には2次元ベクトル同士の外積は、3次元ベクトルの要素の一つに0を代入し、たとえば**(x, y, 0)**のような形とし外積を計算しているのと同じだと考えることによって理解できます。実際に、Z要素に0を与えた状態の3次元ベクトルで、外積を計算してみます。**リスト3.14**では、Z成分に0が入った場合を想定して置き換えています。

**リスト3.14** 第三の要素以外を0にしたベクトル同士の外積の例

```
function cross(v0, v1){
    return [
        v0[1] *  0.0 -  0.0 * v1[1], // 常に0
        0.0 * v1[0] - v0[0] *  0.0, // 常に0
        v0[0] * v1[1] - v0[1] * v1[0]   // この部分だけ見るとスカラーの値
    ];
}
```

　これを見ると明らかなように、3次元ベクトルのXYZの成分のうち、その1つが0であると想定して外積を計算すると、実際に値が得られるのは3つの要素のうちの1つだけになります。このことから、2次元ベクトルの計算結果はベクトルではなくスカラーとみなして考えることができるのです。
　また、ベクトルの外積を求める計算では交換法則が成り立ちません。たとえばスカラーの値同士の掛け算は、掛けられる数と掛ける数を入れ替えても結果が変わることはありません。これが交換法則です。一方でベクトルの外積の計算では、その計算手順をよく観察してみるとわかるとおり、交換法則は成り立ちませんので注意しましょう。
　そして、単位化されたベクトル同士の内積の結果が$\cos\theta$と等しくなるのと同じように、単位化されたベクトル同士の外積は$\sin\theta$と等しくなります。
　内積はベクトルAとベクトルBの成す角$\theta$に対するコサイン、外積は同様にサインであると覚えると良いでしょう。

# ベクトルの内積と外積の使いどころ

　ベクトルの内積や外積は一見すると、どのような状況で活用できるのか、わかりにくい部分があります。ここでは、もう少し踏み込んだ具体例とともに考えてみましょう。

　単位化したベクトル同士の内積は、$\cos\theta$に等しくなります。そして、同様に外積の場合は$\sin\theta$に等しい結果を得られます。ここで重要なことは、$\cos\theta$や$\sin\theta$は -1.0〜1.0 の範囲の値しか表現できない、ということです。たとえば、角度$\theta$が30度の場合と330度の場合を考えてみます。このときのコサインの値は以下のようになります。

```
度数法の30度と330度のコサインの算出例
// 該当する角度のラジアンを求める
let rad30 = 30 * Math.PI / 180;
let rad330 = 330 * Math.PI / 180;

// コサインを計算する
console.log(Math.cos(rad30));   // ➡0.8660254037844387
console.log(Math.cos(rad330));  // ➡0.8660254037844384
```

　上記を見ると、両者でほとんど同じ値が得られていることがわかります。30度と330度はまったく違った角度であるにもかかわらず、どうしてこのようにほぼ同じ値が得られたのでしょうか。

　コサインの値は、本章で何度か触れてきたように角度に対する横方向の比を表しています。つまりコサインの値を見ると、その角度を指し示すベクトルが右を向いているのか、左を向いているのか、完全に垂直な向きであるのかを判定できます。このことは**図3.b**を見ながら考えるとわかりやすいでしょう。

　コサインだけでなく、サインにも同様のことが言えます。サインの値を見ると、その角度を指し示すベクトルが上を向いているのか、下を向いているのか、完全に水平な向きであるのかを判定できます。

　これらの点を総合すると、次のように考えることができます。

- コサインは「左右の方向、もしくは垂直を判定するのに使うことができる」
- サインは「上下の方向、もしくは水平を判定するのに使うことができる」
- サイン単体あるいはコサイン単体では、それぞれ「縦横どちらかの向きしか判定できない」

**図3.b**　　度数法の30度と330度ではコサインが等しくなる

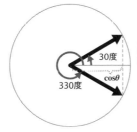

30度も330度も、水平位置（0度）からの相対的な角度の開きは同じなので、得られるコサインの値（$\cos\theta$）はまったく同じになる

※$\cos(30度)==\cos(330度)$

先ほどの30度と330度のコサインの値を見てもわかるとおり、コサインを使って得られる値は常に横方向の比なので、ベクトルが上向きなのか下向きなのかを判定するには、さらにサインを利用しなくてはなりません。同様に、サインの値を見て判断できるのはベクトルが上を向いているか下を向いているかだけなので、左右どちらに向かっているかを知りたければコサインと組み合わせなくてはなりません。この、上下左右すべてに関する情報が必要ならば、サインとコサインを両方活用しなくてはならない、という事実は内積と外積にもそのまま当てはまります。

単位化したベクトル同士の内積は、$\cos\theta$に等しい結果となります。つまり内積を用いると、その結果の符号を見ることでベクトル同士が同じ方向を向いている（ベクトル同士の成す角が直角より小さい＝鋭角）のか、それとも互いに垂直なのか、反対方向を向いている（ベクトル同士の成す角が垂直より大きい＝鈍角）のかがわかります（**図3.c**）。

ベクトル同士の外積は$\sin\theta$に相当する結果になります。ということは、ベクトルの外積を用いれば、その符号を見ることで、ベクトルAに対してベクトルBが上（あるいは左と考えても良い）を向いているのか、それとも下（あるいは右）を向いているのか、もしくは水平なのかが判定できることになります（**図3.d**）。

要点をまとめてみましょう。

- 単位ベクトル同士の内積➡コサインに相当
- 単位ベクトル同士の外積➡サインに相当
- 内積の結果が0のとき、ベクトル同士は垂直である
- 内積の結果が正の値であるとき、両者の成す角は鋭角である
- 内積の結果が負の値であるとき、両者の成す角は鈍角である
- 外積の結果が0のとき、ベクトル同士は水平である
- 外積の結果が正の値であるとき、ベクトルAから見て上（左側）にベクトルBがある
- 外積の結果が負の値であるとき、ベクトルAから見て下（右側）にベクトルBがある

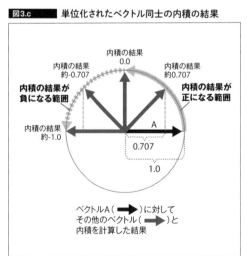

**図3.c** 単位化されたベクトル同士の内積の結果

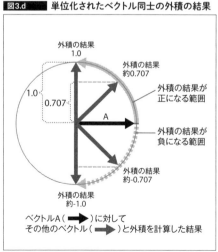

**図3.d** 単位化されたベクトル同士の外積の結果

## 行列　ベクトルの変形や変換

　**行列**はベクトルと相性の良い概念で、ベクトルを変形したり、変換したりする際によく用いられます。グラフィックスプログラミングにおいても行列は欠かせない概念の一つです。行列の基本的な計算方法や、どのような場面で行列を利用すると便利なのかは知っておくと役に立ちます。ここでは、行列を使ってベクトルを変換し回転させる方法を例に、行列を使った処理を紹介します。

　行列はその名のとおり、数値を行や列で区切ってひとまとまりにしたものです。行や列の数は特定の数でなければならないということはなく、**図3.19**に表したように2行3列や4行4列などさまざまな形があります。2行2列のような行と列が同じ数になっている行列のことを**正方行列**と呼び、2Dグラフィックスの世界ではおもに2×2（2行2列）の正方行列が用いられるのが一般的です。

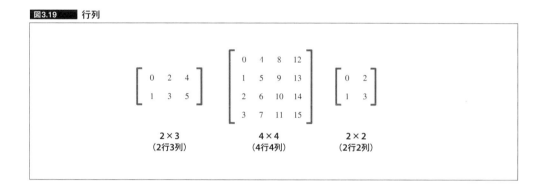

　2×2の正方行列には、合計で4つの数値が含まれています。これらの数値にどのような意味を持たせるかによって、行列によるベクトルの回転や、ベクトルの拡大縮小などが行えます。ここでは例として、回転作用を持つ行列の定義を見てみます。

■⋯⋯⋯⋯回転行列　ベクトルを回転させる

　**図3.20**に示したように、2×2の正方行列にサインやコサインの結果を正しく配置すると、回転行列を定義できます。この回転行列は、2次元ベクトルと乗算を行うことができます。回転行列と2次元ベクトルを乗算した計算結果は「サインやコサインで指定した量だけ回転した2次元ベクトル」として得られます。つまり、任意のベクトルを任意の角度分だけ回転させたい場合、回転行列を用いることで、これを簡単に実現できます。

　実際に、行列とベクトルを掛け合わせる方法を見ていきます。行列とベクトルを掛け合わせる場合、**図3.21**に示したように行列を左側に、ベクトルを右側に置きます。

　次に、ベクトルを行列の上に蓋をするような形で重ねた状態をイメージします。そのまま、ベクトルのX要素とY要素を、真下に向かって（＝列に沿って）掛け合わせていき、最後に水平方向（＝行に沿って）すべて合算します。これは言葉で書かれると紛らわしいかもしれませんが、**図3.22**を参照しながら、計算の手順をイメージしてみましょう。

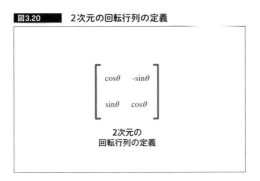

図3.20　2次元の回転行列の定義

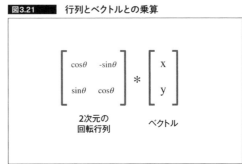

図3.21　行列とベクトルとの乗算

図3.22　行列とベクトルを乗算する際の手順

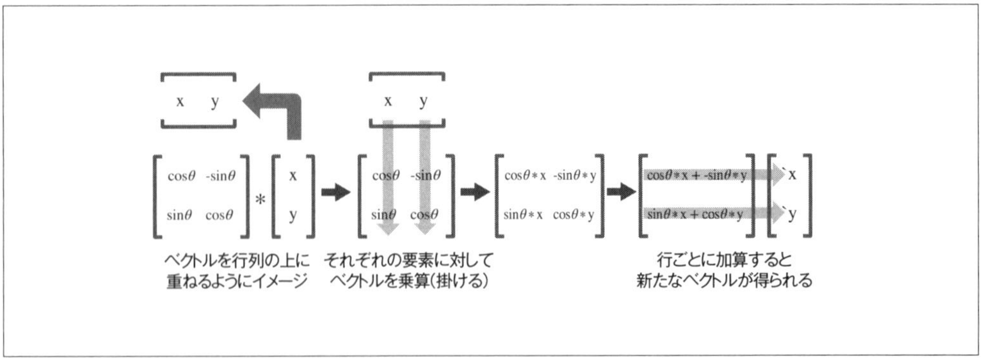

プログラミングで行列を扱う場合には、ここで行ったような計算を、そのままコードとして記述します。たとえば例として、JavaScriptで2次元ベクトルを行列を用いて回転させるようなコードを記述すると**リスト3.15**のようになります。

リスト3.15　回転行列を用いてベクトルを回転させる

```
/**
 * ベクトルを回転させる
 * @param {Array<number>} vec - 回転させるベクトル
 * @param {number} radian - 回転量を表すラジアン
 * @return {Array<number>} - 回転を加えたベクトル
 */
function rotate2D(vec, radian){
    let sin = Math.sin(radian);
    let cos = Math.cos(radian);
    return [
        vec[0] * cos + vec[1] * -sin,
        vec[0] * sin + vec[1] * cos
    ];
}
```

　ここでは例として「回転行列とベクトルの乗算」を取り上げましたが、行列にどのような情報が含まれているのかによって、ベクトルを回転させるだけでなく、平行移動や拡大縮小などのさまざまな変換処理を行えます。しかし、その場合も「行列とベクトルを掛け合わせる手順」は同じです。また、3次元ベクトルと3×3の行列を掛け合わせる場合など、次元の異なる情報を扱う際にも計算手順そのものは変わりません。

# 3.3
## 乱数/擬似乱数と補間&イージング
### グラフィックスプログラミングに役立つ数学関連知識

　一見するとグラフィックスプログラミングに関係なさそうな概念でも、それがグラフィックスの生成において思いのほか大きな役割を果たすことがあります。本節では、乱数や補間関数をはじめ、グラフィックスプログラミングに役立つ数学に関連した概念をいくつか紹介します。

## 乱数と擬似乱数　ランダムな状態と擬似乱数の品質

　**乱数**とは、簡潔に言えば「ランダムな値」のことです。たとえばサイコロを振ったときにどのような目が出るのか予測できないのと同じように、不規則で無作為な値のこと言います。

　現実世界には、サイコロの目のように完全にランダムとなる現象や状況が多く見られます。しかしコンピューターは、正確に計算を行ったり同じ手順を繰り返したりすることには長けていますが、現実世界のサイコロの目のように、完全にランダムな状態を再現することはできません。これはコンピューターがすべての結果を計算によって「正確に」弾き出してしまうからです。すべては計算されたうえで現れる結果に過ぎないため、時と場合によってその値がランダムに変化したりはしないのです。

　このような都合から、コンピューター上でランダムな値が必要になった場合には、何かしらの計算を用いて「人間の目には一見するとランダムにしか見えないような擬似的な乱数」を生成して利用します。これらはその仕組みにならい**擬似乱数**と呼ばれます。違った言い方をすると、コンピューターが生成する乱数は漏れなくすべてが擬似乱数である、とも言えます。

　擬似乱数は、あくまでも計算によって導き出される擬似的な乱数に過ぎません。そして、その乱数を生成するためのアルゴリズムや手法によって「同じ数値の並びが繰り返してしまうまでの周期」や、「値が等しく均等に分布しているか」などが変化します。これらは「擬似乱数の品質」と呼ばれ、同じ数列の並びが繰り返すまでの周期が長いほど、また値の分布が均一に分散しているものほど、品質の良い疑似乱数のアルゴリズムと言えます。2019年現在、擬似乱数を生成するアルゴリズムにはさまざまな手法が提唱されていますが、その手法によって「擬似乱数の品質」は様々です。

■‥‥‥‥‥ JavaScriptと乱数（擬似乱数）　Chrome/V8のXorshift

JavaScriptでは、そのJavaScriptを実行しているエンジンによって擬似乱数がどのように生成されるのかが異なります。たとえば、ChromeにはV8と呼ばれるJavaScriptを解釈/実行するエンジンが搭載されていますが、V8では擬似乱数を**Xorshift**（エックスオアシフト）と呼ばれるアルゴリズムによって生成しています[*3]。

JavaScriptで擬似乱数（以下、乱数）を利用する場合、以下に示すように`Math.random`を利用します。`Math.random`では、戻り値は**0以上1未満**の浮動小数点の値になります。

```
console.log(Math.random()); // Math.randomメソッドを利用して乱数を生成
```

グラフィックスプログラミングにおいては、乱数の範囲が0以上1未満では足りない場合や、浮動小数点の値ではなく整数で乱数を扱いたい場合がよくあります。乱数の範囲を変更したい場合には、単に乱数の結果に対して定数を掛けることで、範囲を拡大することができます。また、整数だけの結果を得たい場合、範囲を拡大した上で、小数点以下を切り捨てるような処理を行うことでこれを実現できます。**リスト3.16**は、本来なら0以上1未満である`Math.random`の戻り値を使って、0以上100未満の乱数を整数で生成する例です。

**リスト3.16** 特定の範囲の整数を乱数として生成する

```
// 0以上～100未満の乱数を生成する関数
function rnd(){
    // まず浮動小数点の乱数を生成
    let random = Math.random();

    // 定数倍する
    random *= 100;

    // 小数点以下を切り捨てて返却する（後述）
    return Math.floor(random);
}

// 呼び出し
console.log(rnd()); // ➡0～99までのいずれかの整数
```

擬似乱数の生成にはさまざまな手法があり、それらのアルゴリズムは数学や物理、コンピューターサイエンスなどの高い知識がなければ理解することが難しいものが多くなっています。JavaScriptでプログラミングを行う上では、擬似乱数生成にはXorshiftという強力なアルゴリズムが使われていますので、あまり深く考えず`Math.random`をそのまま利用するのが良いでしょう。

なお、本書では第7章にて「爆発するようなエフェクト」を実装する際に、火花が飛び散る方向をランダムに変化させるために乱数を活用しています。

---

**＊3** Xorshift（128bit版）では、同じ数値の並び順が繰り返してしまうまでの周期が「$2^{128}-1$」となり、かなり品質の良い擬似乱数だと言えるでしょう。

## 補間とイージング　　滑らかさや緩やかさの変化の表現

　グラフィックスプログラミングでは、ある状態から別の状態への遷移をプログラムとして表現する場面が多くあります。たとえばオブジェクトが移動する様子をグラフィックスとして描く場合を考えてみます。このとき、**図3.23❶**に示したようにオブジェクトの初期位置となる出発地点と、最終的にオブジェクトを配置したい到達地点があるものとします。ここで出発地点から到達地点へと、一瞬で（一度の描画で）オブジェクトが移動してしまっては、まるで瞬間移動したように見えてしまいます。オブジェクトが移動する様子をグラフィックスとして描く場合、図3.23❷にあるようにオブジェクトが徐々に滑らかに移動していくほうが、動きとしてはより自然な表現になります。

　このような滑らかな移動を実現するための考え方が**補間**です。補間とは文字どおり、2つの異なる状態があるとき、その間を補い空白を埋めることを言います。

<br>

**図3.23**　　**オブジェクトを出発地点から到達地点まで徐々に移動させる**

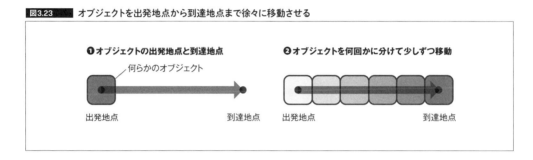

　グラフィックスプログラミングでは、補間を行う関数を定義して利用するのが一般的です。このような補間を行うための関数を**補間関数**（イージング関数、後述）と呼び、引数には0.0〜1.0の範囲の値を与えて呼び出します。また補間関数は、その戻り値についても0.0〜1.0で返されるのが普通です。つまり補間関数では、0.0〜1.0の値を与え、0.0〜1.0の値が得られます。具体的な例として、**リスト3.17**のような補間関数を考えてみます。

**リスト3.17**　　**シンプルな補間関数linear**

```
function linear(t){
    return t;
}
```

　この補間関数に、0.0〜1.0まで、0.05刻みで徐々に増えていく値を与えて呼び出し、結果をグラフにしたものが**図3.24**のようになります。補間関数の中身を見れば明白ですが、与えられた引数をそのまま返しているため、規則正しく、まっすぐに上昇していくようなグラフになります。

　このような、直線的で、等速に値が上昇していく補間を**線形補間**と呼びます。線形補間は最もシンプルな補間方法だと言えますが、0.0〜1.0の間の、いかなる値を引数に与えても正しく0.0〜1.0の間の値を返してくれることから、立派な補間関数の一種だと言えます。

図3.24 linear関数の結果をプロットしたグラフ

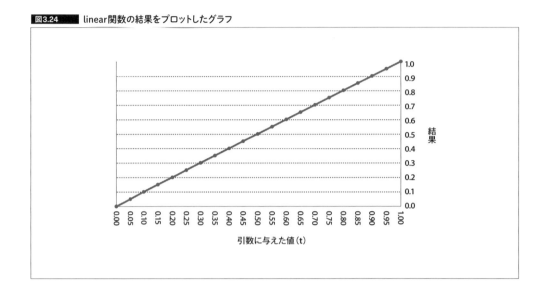

　次に、**リスト3.18**のような補間関数を考えてみましょう。先ほどとは異なり、引数に渡された値を一度掛け合わせてから返しています。

リスト3.18 引数を2乗して返すeaseInQuad関数

```
function easeInQuad(t){
    return t * t;
}
```

　引数に0.0が渡された場合は「**0.0 * 0.0 = 0.0**」であり、1.0が渡された場合は「**1.0 * 1.0 = 1.0**」となることから、やはり補間関数としての条件は満たしていると言えます。しかし先ほどの線形補間の場合とは異なり、グラフにプロットした結果は**図3.25**に示したように緩やかに曲がったような形になります。このように、補間関数はそのアルゴリズムによって引数に与えられた0.0〜1.0の間の値をどのように返却してくるのかが変化します。

　値が緩やかに変化する様子(*easing*、イージング)を指して、英語では補間関数を「easing function」と呼び、これにはさまざまな種類があります。補間関数には、英語で「和らげる、緩やかにする」などの意味を持つ「ease」と組み合わせた名前がつけられている場合が多く、とくに緩やかに始まるものを「ease-in」、緩やかに終わるものを「ease-out」と表現します。先ほどのリスト3.18に記述した**easeInQuad**は、0.0付近ほど値の変化が緩やかで、1.0に近づくほど値の変化が急になるため、ease-in系の補間関数だと言えます。

　本書では、第7章で実際に補間関数を利用している場面が登場し、そこでは爆発して飛び散った火花が徐々に減速しながら消えていく様子を再現するために補間関数が活用されています。

　**表3.1**に代表的な補間関数と実行結果をプロットしたグラフ(**図3.26**)の対応関係を示します。

**図3.25** easeInQuad関数の結果をプロットしたグラフ

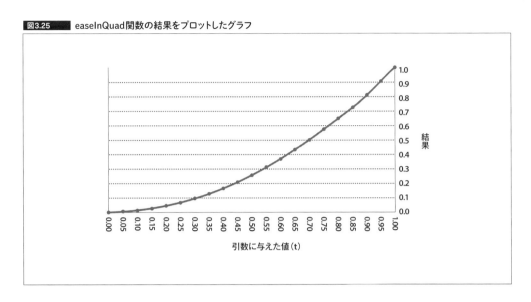

**表3.1** 代表的な補間関数

| 名前 | コード | グラフ |
|---|---|---|
| linear | `function(t){return t;}` | 図3.26 ❶ |
| easeInQuad | `function(t){return t * t;}` | 図3.26 ❷ |
| easeOutQuad | `function(t){return t * (2 - t);}` | 図3.26 ❸ |
| easeInOutQuad | `function(t){return t < 0.5 ? 2 * t * t : -1 + (4 - 2 * t) * t;}` | 図3.26 ❹ |

**図3.26** 代表的な補間関数をプロットした結果

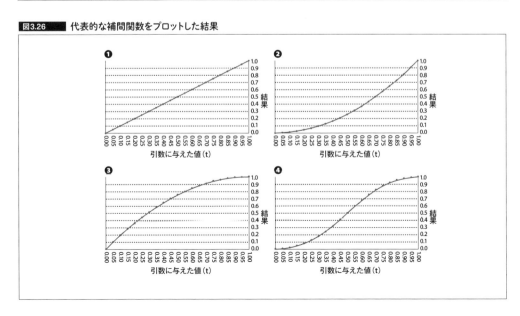

# 3.4
# 本章のまとめ

　本章では、グラフィックスプログラミングにおいて比較的よく用いられる、基本的な数学や概念について説明しました。グラフィックスプログラミングを行う上では、三角関数やベクトル、行列に関する知識は、とても有用です[*4]。むしろ、これらの概念を理解していることが前提になっているということも、少なくありません。

　数学はまず、基本的な原理を理解しておく、あるいは計算の手順だけでも覚えておくということから始めるのがお勧めです。あとは、実際にグラフィックスプログラミングに取り組むなかで、それらの数学の概念を利用することによって、実感とともに理解が定着していくはずです。

　以降の解説でも、数学の概念はたびたび登場してきます。本章で取り上げた各キーワードの意味や計算手順を頭の片隅に置いておくと役立つでしょう。

[*4]　三角関数や行列などの数学の知識は、日常生活においては登場する機会が少なく、学生時代にこれらの概念を勉強したときには「なぜこれを学ぶ必要があるのかわからない」という思いを抱いたという人も少なくないかもしれません……。

---

**Column**
## あらゆる場面で活躍する補間関数

　補間関数はさまざまな場面で活躍するグラフィックスプログラミングには欠かせない概念の一つです。本文中で取り上げたように、オブジェクトが移動するような処理を記述する際はもちろんのこと、オブジェクトの大きさが変化する場面、オブジェクトやシーンの色合いが変化する場合など、補間関数を用いることで品質/質感を向上させることができるケースは枚挙に暇がありません。

　重要なことは、実現したい表現に対してどのような補間関数を用いるのが適切なのか、慎重に見極めることです。たとえば線形補間は、一定の速度で値が変化するように見えるので、どこか無機質な印象を受ける補間方法だと言えます。ロボットや機械的なオブジェクトであれば、あえて線形補間を用いることでよりリアリティのある表現が行えます。

　値の変化が曲線を描くような補間方法の場合、線形補間の場合とは反対に、どこか有機的な、生き物のような動きを演出するのに最適です。また、重力や速度の減衰など、本来であれば数学や物理を駆使して計算しなければならない現象を、補間関数を使って簡易的に表現することもできます。厳密な物理現象のシミュレートが必要ではない場面では、補間関数を用いた擬似的な表現でも、必要十分な結果が得られる場面は多いと言えます。補間関数はその使い方と工夫次第で、表現力を大きく向上させられるのです。

## 擬似乱数とシード値

　擬似乱数は、コンピューターが演算によって生み出す値です。自然界のランダムとは異なり、あくまでも計算によって得られる擬似的な値です。

　擬似乱数を生み出す計算に使われる、乱数の元になる値のことを一般にシード値（seed）と言います。擬似乱数の世界では「シード値が同じならばそこから得られる乱数列もまったく同じものになる」というのが一般的です。計算によって求められる値なので、それが時と場合によって自然に変化したりすることはなく、元になる値が同じであれば当然のように同じ数値の羅列が現れるのです。

　JavaScriptでは、シード値に時間（タイムスタンプ、後述）を利用しています。乱数を生成しようとしたその瞬間の時刻は、時の流れとともに常に変化しているため、同じ乱数の並びが毎回出てくるといったことは起こりません。しかし、グラフィックスプログラミングやゲーム開発のプログラミングの世界では、シード値をあえて指定することで毎回確実に同じ順番で同じ乱数の列を発生させたい場合があります。

　たとえば、シューティングゲームでランダムなタイミングで敵キャラクターやミサイルが登場する場面があるとします。敵やミサイルの登場するタイミングがプレイするたびにランダムに決まるようになっていれば、ゲームが単調になることなく、プレイヤーが何度も飽きずに遊んでくれる可能性が高くなるので優れた設計だと言えます。しかし、もしこのゲームに「プレイヤーの操作を記憶しておき、後からリプレイ再生する」という機能を実装したい場合、困った問題が起こります。

　敵やミサイルの登場が本当に毎回ランダムであるとすれば、プレイヤーが実際にプレイしている操作だけを記録しておいても、完全な状態でリプレイとして再現することはできなくなってしまいます。実際のゲームのプレイ時に、敵やミサイルの発生タイミングをすべて記録しておけば再現することはできますが、それだけ多くのメモリーや記憶領域を消費することになってしまいます。

　ここでもし、そのゲームの開発に使っている擬似乱数生成アルゴリズムが、シード値を指定できるものであれば、記録しておくのは乱数の生成に利用されたシード値とプレイヤーの入力のみで済みます。なぜなら、シード値が同じであるならば、擬似乱数は毎回同じ乱数列を生成するからです。

　JavaScriptの`Math.random`は前述のとおり実行時の時間をシード値にしており、別途シード値を指定して呼び出すことは残念ながらできません。もしシード値を指定した乱数生成を行いたい場合には、乱数を生成する仕組みそのものを独自に実装しなくてはなりません。これには、たとえばシードを引数として受け取ることができるXorshiftの実装などが考えられます。このような擬似乱数とシード値の性質/特性だけでも理解しておくと、グラフィックスプログラミングでも役立つ場面があるでしょう。

# Canvas2Dから学べる基本

## Canvas2Dコンテキストと描画命令

　Webブラウザでは、HTMLやCSSでWebページの構築やスタイリングが行えます。そこに JavaScriptによって記述されたプログラムが加わることで、動的に変化するWebページを構築することが可能になります。JavaScriptから利用できるAPIのなかでも、グラフィックスを描くことにとりわけ特化しているのが「Canvas」です。本章では、はじめにCanvasがWebにもたらしたものの意味について考えてから、Canvasの基本的な使い方を解説します。

## 4.1
## Canvas2Dの基礎知識
### コンテキストオブジェクト、Document Object Model

　JavaScriptによる本格的なグラフィックスプログラミングを行うための機能に、Canvas APIがあります。Canvasと、Canvasによって提供されるCanvas APIの関係について確認します。

### HTML5とCanvas、Canvas API　ほとんどのブラウザはCanvasに対応

　JavaScriptがそうであるように、HTMLにもWeb標準の仕様があります。2019年原稿執筆時点では、HTMLの最新の仕様は5.2です。これは2014年にW3Cと呼ばれる標準化団体によって勧告されたHTML5の、マイナーバージョンアップ版です。HTMLのバージョンごとの差異や、その細かな歴史についてはここでは割愛しますが、JavaScriptと同様に、HTMLも時代の変化に対応するため、日々バージョンアップが図られ進化を続けています。

Canvasは、2014年のHTML5勧告で登場[*1]した比較的新しいHTMLの**要素**（*element*、**エレメント**）[*2]です。CanvasはHTMLを直接記述する際のタグとしては**\<canvas\> \</canvas\>**のように記述します。今ではほとんどのブラウザがCanvasに対応していると考えて良いでしょう。そして、Canvasが提供する機能を用いることで、JavaScriptで図形やグラフ、文字などを描画できます。このような一連のグラフィックスを描画するための機能を「Canvas API」と呼びます。

Canvasが登場したことにより、JavaScriptを利用して動的にグラフィックスを生成することが可能になりました。つまり、プログラムを使ってWebブラウザ上でグラフィックスを描き出すことが可能となったのです。これこそが、CanvasがWebにもたらした大きな変化だと言えるでしょう。

## コンテキストオブジェクト　描画処理のための機能と設定を持つオブジェクト

Canvasが提供するグラフィックス描画のための機能は、コンテキストオブジェクト（*context object*）によって提供されます。**コンテキストオブジェクト**とは、描画処理を行うための機能（メソッド）や、描画を行うための設定（プロパティ）を持つオブジェクトのことです。このコンテキストオブジェクトには、いくつかの種類があります。

Canvasからコンテキストオブジェクトを取得する際、どのような種類のコンテキストオブジェクトを利用するのかを指定できます。これには**リスト4.1**に示すように**getContext**メソッドを用い、引数には文字列で名称を指定します。

**リスト4.1**　getContextメソッドを利用してコンテキストオブジェクトを取得する

```
// Canvasエレメント（要素）を新規に生成
let canvas = document.createElement('canvas');

// Canvasエレメントからコンテキストを取得する例
let context = canvas.getContext(' 文字列で種類を指定 ');
```

## Canvas2Dコンテキストの取得　CanvasRenderingContext2D

2019年現在、Canvasのコンテキストオブジェクトとしては**CanvasRenderingContext2D**オブジェクト、通称**Canvas2Dコンテキスト**と、**WebGLRenderingContext**オブジェクト、通称**WebGLコンテキスト**、さらに**ImageBitmapRenderingContext**といったさまざまな種類があります。

ここではCanvas2Dコンテキストを取得してみます。Canvas2Dコンテキストの取得には、**リスト4.2**に示すように**getContext**メソッドに**'2d'**という文字列を指定します。

---

[*1]　実際には、2014年に正式にHTML5の仕様が勧告となる以前から、一部のWebブラウザではCanvasをいち早く実装していたケースもあり、2014年より以前でも環境によってはCanvasを利用できました。

[*2]　HTMLでは、タグと呼ばれるパーツの組み合わせによって文章をマークアップ（*markup*、印などを付加）しますが、JavaScriptからHTMLのタグを扱う場合は、タグではなく「要素」または「エレメント」と呼称します。

**リスト4.2** CanvasRenderingContext2Dを取得する

```
let canvas = document.createElement('canvas');  // Canvasエレメント（要素）を新規に生成

let context = canvas.getContext('2d');  // CanvasエレメントからCanvas2Dコンテキストを取得
```

　このとき、もし戻り値として**null**が返却されてくる場合、その環境ではCanvas2Dコンテキストを利用することはできません。一般的なWebブラウザではCanvas2Dコンテキストが利用できないものはほとんど考えられませんが、テキスト専用のブラウザなど、特殊な用途に用いられるWebブラウザの場合にはAPIが利用できないケースも考えられます。

　そのような環境で動作することも考慮する必要がある場合は**getContext**メソッドの戻り値が**null**になっていないかどうかを確認すれば、環境に応じて処理を分岐させられます。

## HTML要素としてのCanvas　Canvas要素にはCSSによる余分な装飾は極力行わない

　Canvas要素は、HTMLに**<canvas> </canvas>**と書かれた状態でWebブラウザでプレビューすると、初期状態では「透明の矩形領域」として描かれます。また、HTMLドキュメント上では、Canvas要素は単なる矩形のインライン要素[*3]として振る舞い、その他のHTML要素と同じようにCSSによるスタイリングが行えます。

　注意が必要なのは、Canvas要素自身が持つ**width**プロパティと**height**プロパティは、CSSのスタイルで設定される**width**や**height**とは別物で、その振る舞いも含めて明確に区別される点です。

---

　＊3　インライン要素（*inline elements*）とは、WebブラウザによってHTML要素が表示されたとき、前後に改行が入らず「一つの文章のなかに要素自身が含まれた状態」で表示されるもののことを言います。一方で、インライン要素と対を成すブロックレベル要素（*block-level elements*）の場合、表示される際に前後に自動的に改行が挿入されるため同じ文章内（インライン）ではなく、別の段落（ブロック）のように表示されます。

---

**Column**

### コンテキストの種類

　Canvas要素からはCanvas2DコンテキストやWebGLコンテキストなど、複数のコンテキストが生成できます。一般に、**Canvas API**と言った場合は**Canvas2Dコンテキスト**を指している場合がほとんどです。一方、**WebGLコンテキスト**は単に「WebGL」と呼ばれることが多く、一般的なCanvas2Dコンテキストを用いた一連の処理や機能とは完全に区別して語られます。**ImageBitmapコンテキスト**はオフスクリーンで描画した結果を高速に転送するといったやや特殊な用途に用いられるコンテキストで、やはりCanvas APIとは区別されます。

　さらに、Canvas要素から生成できるコンテキストの種類は今後拡張され、その種類が現在よりもさらに増えることも考えられます。注意したいところは、単体のCanvas要素から、異なる複数のコンテキストを生成することはできないという点です。つまり、ひとたびCanvas2Dコンテキストを生成してしまったら、同じCanvas要素からWebGLコンテキストを追加で生成することはできないということです。

たとえば**リスト4.3**に示すようなHTMLをブラウザでプレビューすると、Canvas要素はウィンドウ上に幅500px、高さ500pxで描かれますが、実際のCanvas要素の内部的な大きさは250px四方の正方形になります。すなわち、CSSのスタイリングによって、本来のCanvas要素よりも大きく引き伸ばされた状態になります。

```
<head>
    <style>
        /* CSSで大きさを500pxに指定 */
        canvas {
            width: 500px;
            height: 500px;
        }
    </style>
</head>
<body>
    <!-- Canvas要素自体は250pxの大きさ -->
    <canvas width="250" height="250"></canvas>
</body>
```

ウィンドウ上でのCanvas要素の見た目上の大きさと、Canvas要素の**width**プロパティや**height**プロパティに設定された大きさが異なる場合、Canvas要素上に描画された図形やイラストがぼやけたように滲んだりすることがあります。これはHTMLに**<img>**タグなどを使って画像を配置した際、この画像を大きく引き伸ばしたときに起こる滲み現象と同じです。これらのことを踏まえ、Canvas要素を用いる場合、特別な理由がない限りはウィンドウ上での見た目上のCanvasの大きさと、Canvas自身の物理的な大きさは揃えておくことが好ましいと言えます。

また、これと同様に、CSSの**background-color**を用いればCanvas要素に色を塗ることができますが、このCSSによって着色される色はCanvas2Dコンテキストからは一切制御できません。

以上のことを総合すると、特別な理由がない限りCanvas要素にはCSSによる余分な装飾は行わないようにしたほうが良い、ということになります。

---

**Column**

## RetinaディスプレイとCanvas要素の大きさ　CSSサイズ、物理サイズ

AppleのRetinaディスプレイなど高解像度のディスプレイを搭載した端末では、本来の1pxが2×2の合計4pxで描画される場合があります。たとえば、Retinaディスプレイを搭載したスマートフォン等では、100×100のサイズのCanvas要素が倍の大きさの200×200で画面には表示されます。このように実際の大きさよりも大きく描画を行うことで、本来の1pxをより細かなピクセルに分割して描画できるため、画像などはより鮮明で高精細に描かれます。このような挙動について例を示します（**図4.a**）。

たとえば読み込んだ画像ファイルの元々のサイズが200px四方であっても、HTML側で**<img style="width: 100px">**とCSSで幅が指定されている場合、PCなどの通常のケースでは画像はディスプ

レイ上に100px四方の大きさで描かれます。このようなCSS側で指定される大きさのことを「CSSサイズ」と呼びます。

しかしRetinaディスプレイ搭載の端末では、HTMLのその他の要素との相対的な大きさこそ変わらないためわかりにくいですが、**<img>**要素は実際の倍のピクセルを使って表示され、その分高解像度の鮮明な画像として描画されます。つまり物理的には200px四方のサイズで描かれているということであり、これを「物理サイズ」と呼びます。

CSSサイズと物理サイズが一致していない場合、本来よりも画像などが高精細に描画される一方で、Canvasなどは若干滲んだような、ぼやけた印象になってしまいます。これはたとえば、100px四方のCanvas要素に描画を行った後、それが物理サイズである200pxにまで引き伸ばされることによって起こります。

このような、CSSサイズと物理サイズが異なる環境上では、逆に「Canvas要素を最初から大きいサイズにしておきCSSで縮小表示する」ということを行うと、鮮明さを損なうことなく描画を行えます（**図4.b**）。

CSSサイズと物理サイズの関係性がどのような設定になっているのかは、JavaScriptで**window.devicePixelRatio**を参照して調べられます。もし仮に、この**window.devicePixelRatio**を参照した結果、値として**2**が得られた場合、本来の1pxは2倍の大きさで描画されている、という意味になります。その場合、Canvas要素を本来の2倍の大きさに設定し、CSSで1/2の大きさに縮小するようにしてやれば良いのです。

Canvas要素上の描画結果を高精細に見せたい場合には、**window.devicePixelRatio**の項目をチェックするようなプログラムを書けば良いでしょう。ただし、Canvas要素の物理サイズを大きく設定するということは、それだけ描画の負荷は大きくなるということでもあるため、描画結果の美しさとパフォーマンスのバランスを考えて設定を行うようにすることが大切です。

**図4.a** CSSサイズと物理サイズ

 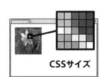 

❶元の画像は200px四方サイズ
❷ブラウザ上ではCSSにより100px四方のサイズとして表示
❸Retinaディスプレイなどでは1pxの大きさが2×2になるため、結果的に200pxとして表示される

**図4.b** Canvas要素におけるCSSサイズと物理サイズ

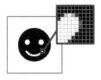 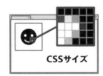 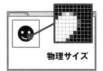

❶Canvasを200px四方のサイズにして何かを描画する
❷ブラウザ上ではCSSにより100px四方のサイズとして表示
❸Retinaディスプレイなどでは1pxの大きさが2×2になるため、結果的に200pxとして表示される

## Document Object Model　Canvas要素をはじめ、HTML要素をJavaScriptから参照する

　JavaScriptには、**Document Object Model**と呼ばれる仕組みがあります。これは文字どおり、HTMLドキュメントの構造をJavaScriptのオブジェクト型データとして扱うことができるものです。

　Document Object Modelは、その頭文字を取った省略形で「DOM」と呼ばれることが多く、一般に「DOMを操作する」という言い方をした場合は、Document Object Modelを利用してHTMLドキュメントを操作していることを表しています。

　**リスト4.4**ではDOMを利用した処理の一例として、HTMLドキュメントや、HTMLドキュメントに含まれる**<body>**要素（bodyエレメント）への参照を取得しています。

**リスト4.4　DOMを利用してHTMLを参照する**

```
// HTMLドキュメント全体への参照を得る
let doc = document;

// HTMLドキュメントに含まれるbodyエレメントへの参照を得る
let body = doc.body;
```

　HTML全体のタグの階層構造が、**document**という名前の一つの巨大なオブジェクトになっています。ここから階層構造を一つ一つ辿っていくことで、HTMLドキュメント内に存在するあらゆるHTML要素に理論上はアクセスできます。

　しかし、複雑で巨大なHTMLドキュメントの階層構造を**document**や**document.body**から順番に辿っていくことは現実的ではありません。そこで、HTML要素が持つ**id**属性や**class**属性を指定して、ピンポイントでエレメントを参照する方法がDocument Object Modelには用意されています。**リスト4.5**と**リスト4.6**は任意の**id**属性を付与されたエレメントをJavaScriptから参照する例です。

**リスト4.5　HTMLの記述例❶**

```
<body>
    <canvas id="main_canvas"></canvas>
</body>
```

**リスト4.6　JavaScriptの記述例❶**

```
// main_canvasというid属性を持つエレメントへの参照を得る
let canvas = document.getElementById('main_canvas');
```

　**document**オブジェクトが持つ**getElementById**メソッドを用いると、任意の**id**属性を持つHTMLドキュメント内のエレメント（要素）への参照が得られます。もし該当する**id**属性を持つエレメントが見つからなければ**null**が返されます。また、任意の**class**属性を持つ要素への参照を得たい場合は**getElementsByClassName**を使うこともできます。

　Document Object Modelにはその他にも、CSSのセレクタと同様の指定でエレメントを取得できる**querySelector**など、特定のエレメントを参照するためのメソッドがいくつか用意されています。

CSSではHTML内の特定の**id**を対象とする場合、**#**（ハッシュ記号）に続けて**id**を指定します。**querySelector**を利用した例としては、たとえば**リスト4.7**と**リスト4.8**のように記述します。

リスト4.7　HTMLの記述例❷

```
<body>
    <canvas id="main_canvas"></canvas>
</body>
```

リスト4.8　JavaScriptの記述例❷

```
// querySelectorを使ってbodyが内包するエレメント群のなかから
// main_canvasというid属性を持つエレメントを探す
let canvas = document.body.querySelector('#main_canvas');
```

# 4.2
# Canvas2Dの基本プリミティブ
矩形、線、多角形、円、円弧、ベジェ曲線...

　コンテキストには、図形描画のための機能があらかじめ備わっています。ここではCanvas2Dコンテキストによる処理の基本と、図形を描画するための基本形状（基本プリミティブ）を解説します。

## 矩形の描画　fillRect

　Canvas2Dコンテキストを用いると、Canvas要素上に矩形をはじめとするさまざまな図形を描画できます。矩形とは、いわゆる四角形のことで、四角形のなかでも四隅がいずれも直角になっている、正方形または長方形のことを言います。
　Canvas要素上に矩形を描画する簡単な方法は**fillRect**メソッドを用いる方法です（**リスト4.9**）。

リスト4.9　fillRectメソッドによる矩形描画

```
// canvasへの参照を得る
let canvas = document.body.querySelector('#main_canvas');

// CanvasRenderingContext2D（Canvas2Dコンテキスト）を取得
let context = canvas.getContext('2d');

// コンテキストが持つ矩形描画のメソッドを呼び出す
context.fillRect(0, 0, 100, 100);
```

　**fillRect**メソッドは、引数を4つ取ります。Canvas2Dコンテキストが持つメソッドのいくつかは、この例のように多くの引数を必要とします。これは細かく座標や大きさを指定する必要がある、グラフィックスプログラミング特有の性質とも言えます。呼び出されている様子だけを見ると、数値が4つ並んでいるだけでそれぞれの意味がわかりにくいと感じることが多いでしょう。

　本書では必要に応じて、コメントで引数の意味を示すとともに図解をしながら引数に指定する値の意味を解説します。たとえば**fillRect**を例に取ると**リスト4.10**や**図4.1**のように説明できます。

**リスト4.10**　JSDoc形式コメントによる引数の説明

```
// 指定された座標に矩形を描画する
// @param {number} x – 塗りつぶす矩形の左上角のX座標
// @param {number} y – 塗りつぶす矩形の左上角のY座標
// @param {number} w – 塗りつぶす矩形の横幅
// @param {number} h – 塗りつぶす矩形の高さ
context.fillRect(x, y, w, h);
```

**図4.1**　それぞれの引数に対応する要素

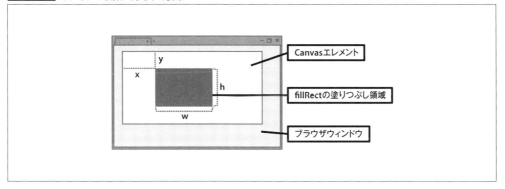

## 塗りつぶしと線のスタイル　fillStyle、strokeStyle

　Canvas2Dには**fillRect**をはじめ、さまざまな図形描画のためのメソッドが存在します。これらの図形描画命令は、Canvas2D自身が持つ色に関するプロパティの影響を受けます。Canvas2Dでは、既定では色の設定は黒（CSSスタイルでは**#000000**）に設定されており、とくに色に関する設定を何も行わないまま描画を行うと、描画される図形は常に黒で描かれます。

　Canvas2Dが持つ色に関するプロパティには、おもに塗りつぶし描画で利用される**fillStyle**と、枠線（*wireframe*、ワイヤーフレーム）などの描画で利用される**strokeStyle**があります。**リスト4.11**のように、これらの色に関するプロパティにはCSSスタイルでの色指定を行えます。文字列でCSSスタイルとして有効な書式を設定します。

**リスト4.11**　fillStyleやstrokeStyleを設定する

```
// 塗りつぶしのカラースタイルを設定する
context.fillStyle = '#ffffff';           // 白
context.fillStyle = 'rgb(255, 255, 255)'; // 白（いずれも同じ意味）

// 線描画のカラースタイルを設定する
context.strokeStyle = '#ff0000';          // 赤
context.strokeStyle = 'rgb(255, 0, 0)';  // 赤（いずれも同じ意味）
```

**Column**

## CSSのrgb関数とrgba関数

コンピューターグラフィックスの分野では、色の表現としてRGBのカラーモデルがよく用いられます。RGBカラーモデルでは、R(*Red*、赤)、G(*Green*、緑)、B(*Blue*、青)の3つの色を混ぜ合わせることによってあらゆる色を表現します。一般に、RGBの各チャンネルには8bitのデータが割り当てられる場合が多く、8bit(256パターンの数値を表現できる)を3つ組み合わせることにより、256の3乗、つまり16,777,216通りの色を表現することができます。

CSSによる色表現においても、やはりこのRGBカラーモデルが用いられる場合が多いです。これにはCSSの「function」と呼ばれる仕組みが使われます。CSSのfunctionは、先ほど**fillStyle**を指定する際に利用した**rgb()**や、CSSで画像を読み込む際などに利用される**url()**などのように、名前に続けて**()**(丸括弧)を用いて記述します。

**rgb()**を用いた色の指定を行う場合は、左から順番にR、G、Bを0〜255の数値で指定します。**rgb(0, 0, 0)**は黒を表していると考えられ、**rgb(255, 255, 255)**であれば白を表していることになります。

CSSで色に関連したfunctionとして、**rgb()**以外にも比較的よく用いられるものに**rgba()**があります。これは文字どおり、RGBの3つの要素に加え、アルファ値と呼ばれる透明度の指定が行える色の指定方法です。Canvas2Dの**fillStyle**に代表される色が関連するプロパティの指定には、**rgb()**だけでなく**rgba()**を用いることも可能です。注意点として、**rgba()**のアルファ値の指定は、RGBの3つの要素とは異なり0〜1.0の範囲で指定します。0.0で完全な透明、1.0で完全な不透明となります。記述例としては以下のようにすれば良いでしょう。

**塗りつぶしのカラースタイルを設定する**
```
context.fillStyle = 'rgba(255, 0, 0, 0.5)';  // 透明度50%の赤
```

## [予習]Canvas2Dサンプルの構成と動作確認

本書付属のサンプルでは、実際に動作する様子を確認できます。第2章でも書いたように、本書では動作環境としてChromeを想定しています。本書付属のサンプルの構成に関して本項で補足します。

■‥‥‥‥ **サンプルの実行** HTMLファイルをダブルクリック

本書付属のサンプル`canvas2d/001/index.html`をダブルクリックすると、通常、動作環境の既定のWebブラウザが起動します。もしくはWebブラウザを起動した状態で、Webブラウザのウィンドウ領域に`canvas2d/001/index.html`をドラッグ&ドロップしても同様にサンプルを実行できます。

■‥‥‥‥ **スクリプトファイルの読み込み** `<script>`タグ

このHTMLファイルからは、**リスト4.12**で示すように`canvas2d/001/script/script.js`が読み込まれます。これはHTMLファイルの`<head>`タグ内にある`<script>`タグで該当のスクリプトファイルを読み込むように指定しているからです。

**リスト4.12** HTMLからスクリプトファイルを読み込んでいる箇所

```html
<!DOCTYPE html>
<html>
    <head>
        <!-- 文字コードを指定 -->
        <meta charset="UTF-8">
        <!-- スタイルシートの読み込み -->
        <link rel="stylesheet" href="./css/style.css">
        <!-- JavaScriptファイルの読み込み -->
        <script src="./script/script.js"></script>
    </head>
    <body>
        <!-- ID属性を持つcanvasエレメント -->
        <canvas id="main_canvas"></canvas>
    </body>
</html>
```

　**<script>**タグの**src**属性に指定されているのが、読み込むスクリプトファイルのパスです。HTMLファイルが置かれている階層をルート（起点）として、パスを記述します。「**./**」のようにドットとスラッシュを使って、読み込まれているHTMLファイルと同じ階層であることを表すことができます。読み込まれるJavaScriptのスクリプトファイルは、ファイルの拡張子が「**.js**」となっているファイルです。サンプルではJavaScriptファイルは「**script.js**」という名前で統一していますが、ファイル名を任意に変更した場合は、HTMLファイル側の読み込むスクリプトファイルのパス指定も忘れずに変更します。

### ■……… 即時関数を使って全体を囲う

　次に、HTMLファイルから読み込まれたJavaScriptファイルの中身を見てみます。一般にJavaScriptの実装では**リスト4.13**のように、スクリプトファイルに記述されたプログラム全体を、関数で包み込んでしまう記述が用いられる場合が多いです。これは、プログラムで利用する変数がグローバルスコープになってしまうことを防ぐための処置です（プログラムが利用する変数はそのすべてがグローバルスコープではなく、関数の内部に限定されたローカルスコープを持つようになります）。

**リスト4.13** 変数がグローバルスコープになることを避けるため関数で全体を包み込んでいる

```javascript
// グローバル汚染を避けるために即時関数を使って全体を囲う
(() => {
    // ここにプログラムを記述する
})();
```

### ■……… 読み完了タイミングの検出 addEventListenerとloadイベント

　HTMLファイルやJavaScriptのファイルは、インターネット越しに取得される場合でも、また本書のサンプルのように（実行環境上に保存されているファイルを）直接開く場合でも、読み込みには時間が掛かります。インターネット越しであれば、通信環境が悪ければ当然その分だけ読み込みには遅延が発生します。そこで、JavaScriptでは、HTMLファイルが「完全に読み込み完了となった時点ではじめてプログラムが実行されるようにする」ことが好ましいと言えます。

これを実現するために、サンプルでは**addEventListener**を利用して、HTMLファイルが完全に読み込み完了となったタイミングを検出できるようにしています。**addEventListener**は「何かの契機」や「ユーザーの操作」を検出できます。このようなユーザーの操作などのことを一般に「イベント」と呼びます。**addEventListener**はこれらのイベントを検出し、そのイベントの検出がなされたときにはじめて実行される処理を記述するために利用します。別の言い方をするなら、イベントが検出されたときの処理を事前に予約しておくことができる、と考えても良いでしょう。

HTMLファイルが完全に読み込み完了となった瞬間には**load**イベントが発生します。この**load**イベントが発生した瞬間に処理を実行するようにできれば、読み込みに遅延が発生しても、JavaScriptが遅延によって意図せずエラーとなることを避けられます。

**addEventListener**には、検出したいイベントの名前を文字列で指定するとともに、イベントが検出された瞬間に実行されるコールバック関数を併せて指定します。`canvas2d/001/script/script.js`では、**リスト4.14**のように処理が記述されています。

> **リスト4.14**　ページのロード完了時に発火するloadイベント（addEventListenerを利用）

```
window.addEventListener('load', () => {
    initialize();  // 初期化処理を行う
    render();  // 描画処理を行う
}, false);
```

途中で改行が入っているため少々紛らわしいですが、**addEventListener**に渡す引数は3つあります。第1引数には、文字列で検出したいイベント名を指定します。**load**イベントは、HTMLと関連ファイルが完全に読み込みされた時点で発生するイベントです。第2引数には、イベントが発生したときに呼び出されるコールバック関数を指定します。リスト4.14では、アロー関数でコールバック関数を定義しています。第3引数には、真偽値でどのようにイベントを検出するかを指定します。通常、この第3引数には特別な理由がない限りは**false**を指定します。もしくは第3引数を省略した場合も、同様に**false**を指定したものとして扱われます。

#### ■‥‥‥‥‥初期化処理　loadイベント後❶

`canvas2d/001/script/script.js`では、**addEventListener**で**load**イベントを検出した際、初期化処理を行うための**initialize**関数と、描画処理を行う**render**関数を呼び出しています。この2つの関数はJavaScriptのビルトイン関数ではなく、同ファイル内に定義されているユーザー定義の関数（プログラムに開発者自身で記述した関数）です。

**initialize**関数では、サンプルの実行に際して必要となる初期化処理を行っています。**リスト4.15**に示すように、Canvasエレメントの大きさをブラウザウィンドウのサイズにぴったり揃えるための処理や、Canvas2Dコンテキストの取得処理などが実行されます。なお、サンプルではCanvas要素への参照は**canvas**という名前の変数に、Canvas2Dコンテキストは**ctx**という名前の変数に格納されるようにしています。

**リスト4.15** initialize関数（canvasやコンテキストを初期化）

```
function initialize(){
    // HTML上のcanvasにはid属性が振られているので
    // querySelectorを利用して参照し、変数に格納する
    canvas = document.body.querySelector('#main_canvas');
    // canvasの大きさをウィンドウ全体を覆うように変更する
    canvas.width = window.innerWidth;   // 幅
    canvas.height = window.innerHeight; // 高さ
    // canvasからコンテキストを取得する
    ctx = canvas.getContext('2d');
}
```

---

**Column**

## addEventListenerの第3引数の意味

**addEventListener** の第3引数には「イベントがどのように伝播するか」を指定できます。状況をわかりやすく説明するために例を挙げます。たとえばHTMLに以下のように記述されていたとします。

```
<p>
    <img src="./image/img.jpg">
</p>
```

このとき **<img>** 要素がクリックされたとき、クリックイベントは最初に **<img>** に対して発生し、次にそれを内包している **<p>** 要素に対しても発生します。このように子要素からその親要素へとイベントが伝播していくことを「バブリング（*bubbling*）フェーズでのイベントの伝播」と呼びます。

逆に、親要素からその子孫要素のほうへ向かってイベントが伝播する場合は、これを「キャプチャーフェーズでのイベントの伝播」と呼び、**addEventListener** の第3引数には「キャプチャーフェーズでイベントを伝播させるか否か」を「真偽値」で指定します。

つまり、**addEventListener** の第3引数に **false** を指定するかまたは省略した場合、クリックイベントを例に取ると、最初にクリックされた要素そのものがイベントを検出します。しかし同様のクリックイベントの発生であっても **addEventListener** の第3引数に **true** が指定されていた場合、それを包む親要素のほうが先にイベントを検出します。

通常、イベントは「クリックされた要素で最初に発生する」ほうが、都合の良い場合がほとんどです。もしこれを反転させたい場合には、**addEventListener** の第3引数に **true** を指定し、キャプチャーフェーズでイベントが伝播するようにすれば良いでしょう。

---

■············ **描画処理** loadイベント後❷

**render** 関数は、初期化が終了した後で実行される、描画を行うための処理がまとめられた関数です。canvas2d/001/script/script.js内の **render** 関数では、**リスト4.16** に示したように塗りつぶしのスタイルを設定した後、**fillRect** メソッドでCanvasエレメント全体を塗りつぶしています。

リスト4.16　render関数（塗り色を設定し、塗りつぶす）

```
function render(){
    // canvas全体を黒く塗りつぶすため塗り色のスタイルを設定する
    ctx.fillStyle = '#000000';  // または'black'でも良い

    // canvas全体を塗りつぶす
    // @param {number} x - 塗りつぶす矩形の左上角のX座標
    // @param {number} y - 塗りつぶす矩形の左上角のY座標
    // @param {number} w - 塗りつぶす矩形の横幅
    // @param {number} h - 塗りつぶす矩形の高さ
    ctx.fillRect(0, 0, canvas.width, canvas.height);
}
```

**Column**

## 即時関数と無名関数

　JavaScriptにおいて「即時関数」と「無名関数」はしばしば混同されます。両者は言葉の響きは少し似通っているかもしれませんが、意味はまったく違います。

　即時関数とは「関数が定義されると同時に即座に実行されるもの」を言います。たとえば以下の例はいずれも即時関数です。一番最初の`(`から始まる括弧の内部で関数が定義され、`)`で括弧が閉じられた後の`()`があることで即座に関数が実行されます。これが即時関数です。

即時関数の記述例

```
( () => {} )();

( function(){} )();
```

　一方で無名関数とはその名のとおり、名前を持たない関数全般に対して使われる言葉です。ですからたとえば以下に示した関数はいずれも無名関数だと言えます。とくに名前を持たない関数は、それらすべてが無名関数だと言えます。一方で、それがもし即座に実行されるのであれば、その実行される様子にならい即時関数と呼ぶことになります。

無名関数の記述例

```
() => {};

function(){};

// 即時関数と無名関数
  ( () => {} )();
  └─ 無名 ─┘
  └── 即時
```

　JavaScriptでは、ES2015以前は関数でしか変数のスコープを切ることができなかったことから、即時関数がよく利用されていました。両者の違いに混乱しないようにしましょう。

■············[まとめ]本書サンプルの基本構成のポイント

ここまで見てきたように、本書サンプルの基本構成のポイントをまとめると以下のとおりです。

- HTMLファイルをWebブラウザで開くことで実行できる
- HTMLファイルからはJavaScriptファイルを読み込んでいる
- JavaScript側では即時関数でプログラム全体を包んでいる
- addEventListenerでloadイベントを検出する
- loadイベント後にはまず初期化処理を行う(initialize関数)
- 初期化処理が終わってから描画処理を行う(render関数)

## 処理の役割に応じた関数化　シンプルな役割

　canvas2d/002/は、canvas2d/001を発展させ、矩形の描画処理だけでなく、線の描画処理が行えるように拡張されています。canvas2d/001のサンプルと同様にinitialize関数で初期化を行い、render関数で描画を行うような構成になっており、リスト4.17に示すように「描画する図形ごと」に、「描画処理をひとまとめにした関数」を用意して、render関数内部でよりシンプルに描画を制御できるようにしています。

　リスト4.17を見ると、render関数で行われている処理はわずか1行しかありません。そこで呼び出されているユーザー定義の関数であるdrawLine関数の内部を見ると、こちらには複数行の処理が記述されていることがわかります。

　グラフィックスプログラミングにおいては、何か一つの図形や線を描くためにもリスト4.17にあるdrawLine関数の例のように何行ものコードを書かなくてはならない場合が多くあります。render関数の内部にこれらのコードを直接記述してしまうと、描きたいオブジェクトが増えるたびにrender関数があっという間に肥大化し、コードを読み解くのが非常に難しくなります。このことを踏まえて本書のサンプルでは、たとえば「矩形を塗りつぶす処理をひとまとめにしたdrawRect関数」や、「線を描画する処理をひとまとめにしたdrawLine関数」などをユーザー定義の関数として用意することで、描画処理を制御するrender関数を、よりシンプルに記述できるようにしています。

　canvas2d/001で行った「fillRectメソッドによる矩形の塗りつぶし描画」は、リスト4.18のようにまとめてあります。ここでのポイントは、もしも関数が呼び出される際に「色が同時に指定されていた場合」に限り、fillStyleプロパティへの設定が行われる点です。

　リスト4.18にあるJSDocコメントのcolorの項を見ると@param {string} [color]のように引数colorが[ ]で囲まれています。これはJSDocでは「省略可能な引数である」ことを意味しています。drawRect関数の内部では、もし引数colorが省略されていた場合は何もせず、指定されていた場合だけスタイルが設定されます。

　引数colorが引数によって指定されているかどうかを判定するif文では、引数とnullを抽象比較しています。nullとの抽象比較ではリスト4.19に示したように、変数や引数がnullかundefinedであるかどうかを判定できます。

**リスト4.17** render関数と描画処理をまとめたユーザー定義関数

```
/**
 * 描画処理を行う
 */
function render(){
    // 線描画処理を行う
    drawLine(100, 100, 200, 200, '#ff0000');
}


/**
 * 矩形を描画する
 * @param {number} x - 塗りつぶす矩形の左上角のX座標
 * @param {number} y - 塗りつぶす矩形の左上角のY座標
 * @param {number} width - 塗りつぶす矩形の横幅
 * @param {number} height - 塗りつぶす矩形の高さ
 * @param {string} [color] - 矩形を塗りつぶす際の色
 */
function drawRect(x, y, width, height, color){
    // 色が指定されている場合はスタイルを設定する
    if(color != null){
        ctx.fillStyle = color;
    }
    ctx.fillRect(x, y, width, height);
}


/**
 * 線分を描画する
 * @param {number} x1 - 線分の始点のX座標
 * @param {number} y1 - 線分の始点のY座標
 * @param {number} x2 - 線分の終点のX座標
 * @param {number} y2 - 線分の終点のY座標
 * @param {string} [color] - 線を描画する際の色
 * @param {number} [width=1] - 線幅
 */
function drawLine(x1, y1, x2, y2, color, width = 1){
    // 色が指定されている場合はスタイルを設定する
    if(color != null){
        ctx.strokeStyle = color;
    }
    // 線幅を設定する
    ctx.lineWidth = width;
    // パスの設定を開始することを明示する
    ctx.beginPath();
    // パスの始点を設定する
    ctx.moveTo(x1, y1);
    // 直線のパスを終点座標に向けて設定する
    ctx.lineTo(x2, y2);
    // パスを閉じることを明示する
    ctx.closePath();
    // 設定したパスで線描画を行う
    ctx.stroke();
}
```

リスト4.18　矩形を描画するためのユーザー定義関数drawRect

```
/**
 * 矩形を描画する
 * @param {number} x - 塗りつぶす矩形の左上角のX座標
 * @param {number} y - 塗りつぶす矩形の左上角のY座標
 * @param {number} width - 塗りつぶす矩形の横幅
 * @param {number} height - 塗りつぶす矩形の高さ
 * @param {string} [color] - 矩形を塗りつぶす際の色
 */
function drawRect(x, y, width, height, color){
    // 色が指定されている場合はスタイルを設定する
    if(color != null){
        ctx.fillStyle = color;
    }
    ctx.fillRect(x, y, width, height);
}
```

リスト4.19　nullとの抽象比較とその結果の例

```
function myFunction(arg){
    if(arg == null){
        console.log('nullかundefinedです');
    }else{
        console.log('nullかundefined以外の何かです');
    }
}

myFunction();          // ➡nullかundefinedです（引数が省略されるとundefinedとなるため）
myFunction(null);      // ➡nullかundefinedです
myFunction(true);      // ➡nullかundefined以外の何かです
myFunction(false);     // ➡nullかundefined以外の何かです
myFunction('');        // ➡nullかundefined以外の何かです
myFunction('null');    // ➡nullかundefined以外の何かです
myFunction(100);       // ➡nullかundefined以外の何かです
myFunction([]);        // ➡nullかundefined以外の何かです
```

　前述のとおり、JavaScriptでは、原則として === を利用した厳密比較を用いるべきとされています。しかし、**null** か **undefined** のいずれかであるかどうかを if 文などで判定したい場合は、 == の抽象比較を用いることが多くなっています。これは **null** との抽象比較を行った際に、比較結果が **truthy** と判定される対象は **null** 自身か **undefined** しか存在しないためです。

## 線分（ライン）の描画　Canvas2Dコンテキストではパスを利用

　続いて、`canvas2d/002/script/script.js`の線描画を行う処理をひとまとめにしたユーザー定義
の関数**drawLine**を見てみます。

　こちらも、やはり**drawRect**関数の場合と同様に、色の指定は省略できるようになっています。さ
らに、線描画を行う際の「線の太さの指定」については、省略された場合には既定値が使われるよう
になっています。**リスト4.20**の**drawLine**関数の引数**width**がそうであるように、＝（イコール）を用
いて引数の既定値を指定できます。引数に規定値が設定されていれば、仮に関数の呼び出し時に引
数が省略されたとしても、関数内部では確実に設定を行えます。

　Canvas2Dコンテキストでラインを描画するには「パス」を利用します。パスとは図形やラインを
描画するための「軌跡」のことです。パスそのものは、後述する「パスに基づいて描画を行う命令」が
実行されるまで、Canvasにその姿が直接描き出されることはありません。

　Canvas2Dコンテキストにおけるパスを利用した描画では、最初にパスを設定し、描画したい図
形やラインの軌跡を作ります。次に描画を行う命令を発行すると、その軌跡に沿って図形やライン
がCanvas上に描画されます。**図4.2**はCanvas2Dコンテキストの**パス**（*path*）の概念を図解したもの
です。パスは一筆書きの要領で次々と連結されて設定されていきます。

**リスト4.20**　drawLine関数

```
/**
 * 線分を描画する
 * @param {number} x1 - 線分の始点のX座標
 * @param {number} y1 - 線分の始点のY座標
 * @param {number} x2 - 線分の終点のX座標
 * @param {number} y2 - 線分の終点のY座標
 * @param {string} [color] - 線を描画する際の色
 * @param {number} [width=1] - 線幅
 */
function drawLine(x1, y1, x2, y2, color, width = 1){
    // 色が指定されている場合はスタイルを設定する
    if(color != null){
        ctx.strokeStyle = color;
    }
    // 線幅を設定する
    ctx.lineWidth = width;
    // パスの設定を開始することを明示する
    ctx.beginPath();
    // パスの始点を設定する
    ctx.moveTo(x1, y1);
    // 直線のパスを終点座標に向けて設定する
    ctx.lineTo(x2, y2);
    // パスを閉じることを明示する
    ctx.closePath();
    // 設定したパスで線描画を行う
    ctx.stroke();
}
```

　パスを設定する際は、Canvas2Dコンテキストに対し「パスの設定を開始する」ことを明示します。これには**beginPath**メソッドを利用します。また、パスの設定が終了する場合も同様に、Canvas2Dコンテキストに対して「パスの設定を終了する」ことを明示します。これには**closePath**メソッドを利用します。このように**beginPath**メソッドと**closePath**メソッドでパスの設定開始と終了を明示することで、パスが無制限に連結されてしまうことを防げます。**図4.3**で示すように、**closePath**メソッドが実行された時点で、パスの開始地点と終了地点が連結され、自動的にパスが閉じられるようになっています。

■⋯⋯⋯**サブパス**　パスを区切る仕組み

　パスが一筆書きの要領で描かれる軌跡だとすると、離れた位置に複数のラインを描画することができないようにも思えます。しかし、Canvas2Dには**サブパス**（*subpath*）と呼ばれる、パスを区切る仕組みがあります。サブパスとは、パスを一度区切り、新しくパスを再開するものです。一筆書きの要領で目的のパスを実現することが難しい場合は、サブパスの仕組みを活用することによって、**図4.4**で示すように離れた位置にパスを設定できます。

図4.2　　パスの設定とそれに基づいて描画を行う命令の関係

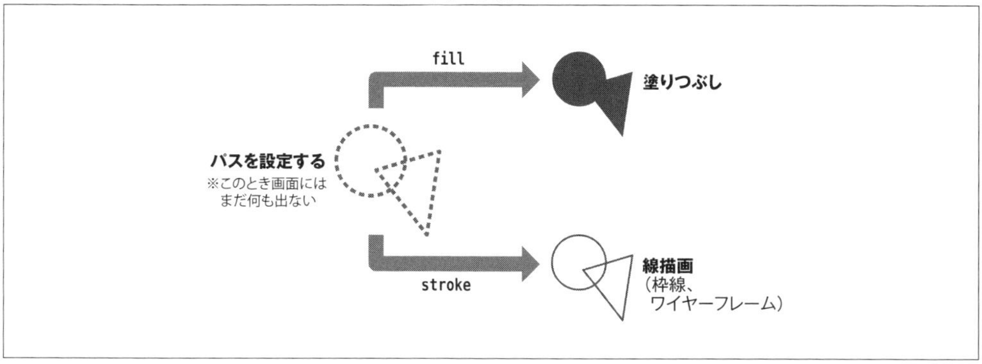

図4.3　　closePathメソッドによってパスが自動的に閉じられる

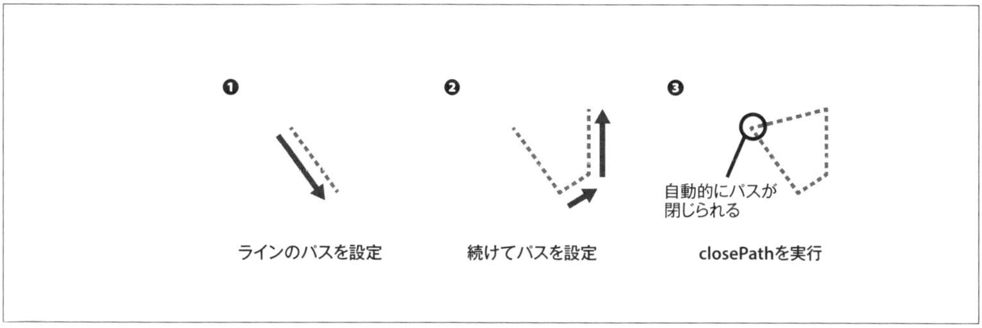

❶ ラインのパスを設定　　❷ 続けてパスを設定　　❸ closePathを実行　自動的にパスが閉じられる

| 図4.4 | サブパスを利用する場合と利用しない場合の違い |
| --- | --- |

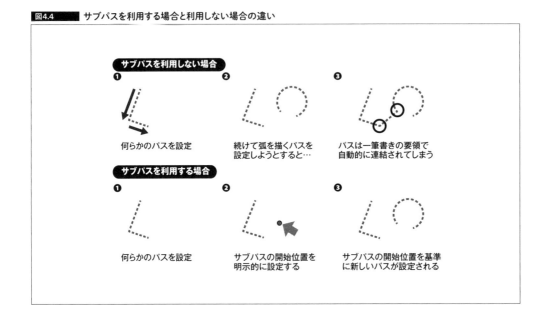

## ■‥‥‥‥パス&サブパスを使ったラインの描画

　パスと、サブパスの仕組みを考慮した上で、ラインを描画するためのユーザー定義関数**drawLine**を詳細に見ていきます。まず**drawLine**はラインを描画するための関数なので、Canvas2Dコンテキストに対しては**リスト4.21**で示すように矩形の塗りつぶしの際に設定した**fillStyle**ではなく**strokeStyle**を設定しています。**fill**は塗りつぶしの操作を、**stroke**は線描画の操作を表していると考えると良いでしょう。

| リスト4.21 | strokeStyleを設定する |
| --- | --- |

```
// 色が指定されている場合はスタイルを設定する
if(color != null){
    ctx.strokeStyle = color;
}
```

　次に**stroke**の操作で線描画が行われる際の、線の太さ（線幅）を設定します。**リスト4.22**に示すように、線の太さの設定はCanvas2Dコンテキストの持つ**lineWidth**プロパティに対して数値型のデータを用いて行います。ここでは誤って**'2px'**のような文字列での指定を行わないよう、注意します。

| リスト4.22 | lineWidthを設定する |
| --- | --- |

```
// 線幅を設定する（数値型のデータで指定）
ctx.lineWidth = width;
```

　**drawLine**関数は、2つの地点を引数として受け取り、1つめを開始地点、2つめを終了地点として、

2点間を結ぶラインを描画します。この2つの地点の座標は、2次元の座標で指定する必要があり、横方向の位置をX、縦方向の位置をYで指定します。Canvas2Dコンテキストでは、座標XYが**(0, 0)**となる位置、すなわち「原点」となる位置がCanvasの左上角になります。これは**図4.5**を見ながら考えるとわかりやすいでしょう。

**図4.5** **Canvasの原点となる位置**

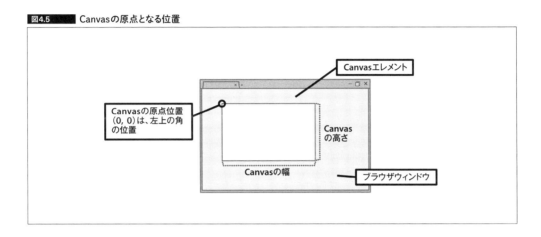

Canvas2Dコンテキストの持つ**moveTo**メソッドは、新規にサブパスを開始する際に用いられます。そして**lineTo**メソッドは、直近のパスの終点位置から、引数に指定された座標に向かって直線のパスを設定します。

**リスト4.23**に示したように、開始地点として受け取った**drawLine**関数の引数**x1**と**y1**を**moveTo**メソッドに、終了地点として受け取った引数**x2**と**y2**を**lineTo**メソッドに指定することで、開始地点と終了地点で指定された座標に、ラインを引くためのパスが設定されます。座標の設定のされ方については**図4.6**も参考にしましょう。

**リスト4.23** **moveToメソッドを利用したサブパスの開始とlineToメソッドを使った終点の指定を行う**

```
// パスの設定を開始することを明示する
ctx.beginPath();
// パスの始点を設定する
ctx.moveTo(x1, y1);
// 直線のパスを終点座標に向けて設定する
ctx.lineTo(x2, y2);
// パスを閉じることを明示する
ctx.closePath();
```

パスが設定された段階では、まだCanvas要素上には何も描画されません。パスが正しく設定できたら、**fill**か**stroke**のいずれかの関数を呼び出し、設定されたパスを実際にCanvas要素の上に描画します（**図4.7**）。**drawLine**関数はラインを描画するためのユーザー定義関数なので、**リスト4.24**のように**stroke**を用います。

**図4.6** 開始地点と終点のイメージ

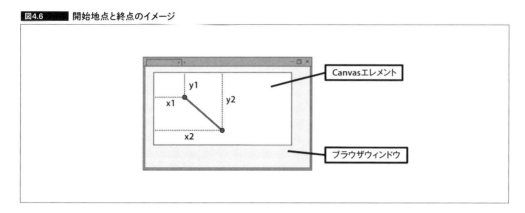

**図4.7** canvas2d/002の実行結果

**リスト4.24** 設定したパスをラインで描画するためのstrokeの呼び出しを行う

```
// 設定したパスで線描画を行う
ctx.stroke();
```

■⋯⋯⋯⋯[まとめ]Canvas2Dコンテキストでパスを用いた描画の流れ

Canvas2D コンテキストでパスを用いた描画を行う大まかな流れを、しっかりと把握しましょう。

- パスとは軌跡であり一筆書きのように設定される
- パスを途中で区切るにはサブパスを活用する
- パスの設定を始める際は`beginPath`で開始を明示する
- パスの設定を終了する際は`closePath`で終了を明示する
- `closePath`で開始地点と終了地点が自動的に結ばれる（パスが閉じられる）
- パスは設定しただけではCanvas要素上には何も描画されない
- `fill`で塗りつぶしが、`stroke`で線描画が、設定されたパスに対して行われる

## パスを利用した多角形の描画 ─一筆書きで座標を連続でつなぐ

canvas2d/002では、**lineTo**メソッドを使って1本の線分を描画しました。パスは先述のとおり一筆書きの要領で設定できるため、連続で**lineTo**メソッドを呼び出すことで、より複雑な多角形の描画を行えます。canvas2d/003ではJavaScriptの配列に座標を指定することで、多角形を描画できるようにしています。**リスト4.25**のようにXY座標を配列に格納して、まとめて一気にパスを設定します。

canvas2d/003を実行した結果が**図4.8**のようになります。

**リスト4.25** drawPolygon関数

```javascript
function render(){
    // 多角形の各頂点を定義する
    let points = [
        100, 100,  // 左上
        300, 100,  // 右上
        100, 300,  // 左下
        300, 300   // 右下
    ];
    // 多角形の描画処理を行う
    drawPolygon(points, '#119900');
}

＜中略＞

/**
 * 多角形を描画する
 * @param {Array<number>} points - 多角形の各頂点の座標
 * @param {string} [color] - 多角形を描画する際の色
 */
function drawPolygon(points, color){
    // pointsが配列であるかどうか確認し、多角形を描くために
    // 十分な個数のデータが存在するか調べる
    if(Array.isArray(points) !== true || points.length < 6){
        return;
    }
    // 色が指定されている場合はスタイルを設定する
    if(color != null){
        ctx.fillStyle = color;
    }
    // パスの設定を開始することを明示する
    ctx.beginPath();
    // パスの始点を設定する
    ctx.moveTo(points[0], points[1]);
    // 各頂点を結ぶパスを設定する
    for(let i = 2; i < points.length; i += 2){
        ctx.lineTo(points[i], points[i + 1]);
    }
    // パスを閉じることを明示する
    ctx.closePath();
    // 設定したパスで多角形の描画を行う
    ctx.fill();
}
```

図4.8　canvas2d/003の実行結果

　ここでは新たにユーザー定義の関数として**drawPolygon**を追加しています。この関数は多角形の角（頂点）となる座標を受け取ることができ、それらの座標を連続で**lineTo**メソッドによってつなぎ、パスを設定します。

　**drawPolygon**関数の冒頭では、多角形を描画することが可能であるかどうかを確認するための**if**文が書かれています。多角形は、どんなに少なくとも3つ以上の頂点を持つ必要があります。頂点とは、曲がり角、あるいは線が折れ曲がるその先端、と考えると良いでしょう。

　引数として受け取った配列の個数を見ることで、3つ以上の頂点を描くための情報が正しく渡されているかを判定しています。**リスト4.26**に示すように、X座標とY座標のセットが3つ必要なので、配列の長さが6以上であることが条件になっています。

リスト4.26　配列の長さを確認する

```
// pointsが配列であるかどうか確認し、多角形を描くために
// 十分な個数のデータが存在するか調べる
if(Array.isArray(points) !== true || points.length < 6){
    return;
}
```

　パスを設定する段階では、まず**moveTo**メソッドを使って最初の座標にパスの開始位置を移動させ、**for**文と**lineTo**メソッドを利用して連続でパスを設定します。また、最後に**closePath**メソッドでパスを閉じることによって、開始位置と終了位置のパスが自動的に結ばれます。

　最後に**fill**メソッドを呼び出しているため、実行結果ではパスで囲まれたエリアが塗りつぶされるようになっています。もし、塗りつぶしはせずにワイヤーフレームとしてラインを描画したければ、最後の描画処理を**stroke**メソッドに置き換えます。Canvas2Dコンテキストでは、まったく同じパスが指定されている場合であっても、最終的に**fill**メソッドを用いるのか**stroke**メソッドを用いるのかによって結果が大きく変わることに注意しましょう。

## ランダムに変化する多角形の描画

canvas2d/004 では、ランダムな要素と多角形の描画を組み合わせています（**図4.9**）。

ランダムな値の生成を手軽に行えるように、**リスト4.27** と同様のユーザー定義関数 **generate RandomInt** が canvas2d/004 には定義されています。この関数は「ランダムな値を、任意の範囲で、整数で返す」機能を持ちます。乱数の生成には **Math.random** を、小数点以下の数値を切り捨てる処理には **Math.floor** を使います。

**リスト4.27** generateRandomInt関数

```
/**
 * 特定の範囲におけるランダムな整数の値を生成する
 * @param {number} range – 乱数を生成する範囲（0以上〜range未満）
 */
function generateRandomInt(range){
    let random = Math.random();
    return Math.floor(random * range);
}
```

前述のとおり、JavaScriptの **Math.random** は **0以上〜1未満** の値を返します。これを定数倍して小数点以下の数値を切り捨てるようにすると、0以上〜任意の数値未満という範囲で乱数を生成できます。元々の **Math.random** は最大でも1未満の数値しか生成しないので、その結果が1以上になることはありません。仮に **Math.random** が **0.99999……** のような極めて1に近い数値を乱数として生成したとしても、たとえばそれを10倍して小数点以下を切り捨てると、結果は9になります。

**generateRandomInt** 関数では、引数で指定した数値より小さな（未満の）、整数のランダムな値が得られることになります。canvas2d/004 では、この整数のランダムな値を利用して、多角形の各頂点の位置を決めるようになっています。

　**リスト4.28**を見るとわかるように、このプログラムは**render**関数が実行されるたびに多角形の頂点のXY座標が0〜299の間でランダムに変化します。ブラウザをリロード（ F5 または、Windows環境では Ctrl ＋ R 、macOS環境では command ＋ R など）すると、多角形の形が次々と変わる様子を確認できます。

**リスト4.28**　canvas2d/004のrender関数

```
function render(){
    // 多角形の頂点の数
    const POINT_COUNT = 5;
    // 多角形の各頂点を格納するための配列
    let points = [];
    // ループで一気に頂点を追加する
    for(let i = 0; i < POINT_COUNT; ++i){
        // 配列に要素を追加する
        points.push(generateRandomInt(300), generateRandomInt(300))
    }
    // 多角形の描画処理を行う
    drawPolygon(points, '#119900');
}
```

## 円の描画　円や円弧の描画もパスを利用

　**canvas2d/004**までは**lineTo**を利用して直線的な描画を行いましたが、Canvas2Dコンテキストは曲線や円を扱うこともできます。**canvas2d/005**では、円を描くためのユーザー定義の関数を追加しています。**リスト4.29**のとおり**drawCircle**関数が円を描画するための関数です。

**リスト4.29**　drawCircle関数

```
/**
 * 円を描画する
 * @param {number} x - 円の中心位置のX座標
 * @param {number} y - 円の中心位置のY座標
 * @param {number} radius - 円の半径
 * @param {string} [color] - 円を描画する際の色
 */
function drawCircle(x, y, radius, color){
    // 色が指定されている場合はスタイルを設定する
    if(color != null){
        ctx.fillStyle = color;
    }
    // パスの設定を開始することを明示する
    ctx.beginPath();
    // 円のパスを設定する
    ctx.arc(x, y, radius, 0.0, Math.PI * 2.0);
    // パスを閉じることを明示する
    ctx.closePath();
    // 設定したパスで円の描画を行う
    ctx.fill();
}
```

円を描画する場合も、やはりパスを利用します。Canvas2Dコンテキストの持つ**arc**メソッドを利用すると、円の外周に沿った（円弧の）パスを設定できます。**arc**メソッドは、描画する円（または円弧）の中心座標と、その円の半径、そしてその円によって描かれる円弧の始点と終点を指定します。これは**リスト4.30**に示した**arc**メソッドのそれぞれの引数の意味と、**図4.10**を見ながら考えるほうが直感的に理解できるでしょう。

**リスト4.30** Canvas2Dコンテキストのarcメソッド

```
/**
 * 円弧のパスを設定する
 * @param {number} x - 円弧の中心位置のX座標
 * @param {number} y - 円弧の中心位置のY座標
 * @param {number} radius - 円弧の半径
 * @param {number} startAngle - 円弧の始点となる角度（ラジアン）
 * @param {number} endAngle - 円弧の終点となる角度（ラジアン）
 * @param {boolean} [counterclockwise] - 円弧を描く向きを指定するフラグ（既定値：false）
 */
ctx.arc(x, y, radius, startAngle, endAngle, false);
```

**図4.10** arcメソッドの引数の意味

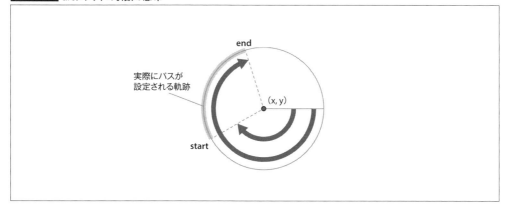

また先ほどのリスト4.29をよく観察すると、**drawCircle**関数では**arc**メソッドを呼び出す際の、円弧の「始点」と「終点」の指定が完全に固定化されていることがわかります。始点は常に**0.0**であり、終点は常に**Math.PI \* 2.0**になっています。

第3章でも解説したとおり、Canvas2Dをはじめとするプログラミングの世界では、角度は原則としてラジアンによって表現されます。ラジアンでは、度数法の360度が2πに相当するため「**0.0**を始点として**Math.PI \* 2.0**まで円弧を描く」と、ちょうど円の一周分のパスを設定することになります。**drawCircle**関数は円を描画するためのユーザー定義関数なので、円弧の始点が**0.0**に、終点が**Math.PI \* 2.0**になるように、値が固定された状態で**arc**メソッドを呼び出すようになっています。

## 円弧の描画　乱数によってランダムに変化する円弧の例

canvas2d/006は、これまでに見てきた「ランダム」と「円や円弧を描くarcメソッド」を組み合わせた実装例です（**図4.11**）。canvas2d/005では、完全な円を描くための**drawCircle**関数をユーザー定義しましたが、canvas2d/006では**リスト4.31**で示したとおり、円弧を描くこともできるように新たにユーザー定義の関数**drawFan**を追加しています。

**図4.11** canvas2d/006の実行結果

**リスト4.31** drawFan関数

```
/**
 * 扇形を描画する
 * @param {number} x – 扇形を形成する円の中心位置のX座標
 * @param {number} y – 扇形を形成する円の中心位置のY座標
 * @param {number} radius – 扇形を形成する円の半径
 * @param {number} startRadian – 扇形の開始角
 * @param {number} endRadian – 扇形の終了角
 * @param {string} [color] – 扇形を描画する際の色
 */
function drawFan(x, y, radius, startRadian, endRadian, color){
    // 色が指定されている場合はスタイルを設定する
    if(color != null){
        ctx.fillStyle = color;
    }
    // パスの設定を開始することを明示する
    ctx.beginPath();
    // パスを扇形を形成する円の中心に移動する
    ctx.moveTo(x, y);
    // 円のパスを設定する
    ctx.arc(x, y, radius, startRadian, endRadian);
    // パスを閉じることを明示する
    ctx.closePath();
    // 設定したパスで扇形の描画を行う
    ctx.fill();
}
```

描画を管理するユーザー定義関数 **render** では、円弧の形が乱数によってランダムに変化するようにしています。**リスト4.32** に示したように、円弧を描く際の始点と終点とがランダムに変化するようになっています。

**リスト4.32** canvas2d/006のrender関数

```
/**
 * 描画処理を行う
 */
function render(){
    // 扇形の開始角
    let startRadian = Math.random() * Math.PI * 2.0;
    // 扇形の終了角
    let endRadian = Math.random() * Math.PI * 2.0;
    // 扇形の描画処理を行う
    drawFan(200, 200, 100, startRadian, endRadian, '#110099');
}
```

**Math.random** によって得られる乱数は0以上〜1.0未満であるため、そこに **Math.PI * 2.0** を乗算すると、円弧の始点と終点を指定するためのラジアンの値がランダムとなり、canvas2d/004 のときと同じように Web ブラウザをリロードするたびに描かれる形状が変わります。

Canvas2D コンテキストの **arc** メソッドは、新たにサブパスを開始する命令ではありません。そのことを踏まえて **drawFan** 関数では、最初に **moveTo** メソッドで円弧の中心からサブパスが開始されるようになっていることにも注意しましょう。

**Column**

### arcメソッドの第6引数

**arc** メソッドには、第6引数として **counterclockwise** が用意されています。clockwise は日本語で言うと「時計回り」を表す言葉で、その反対を表す counterclockwise は「反時計回り」であることを意味しています。

第6引数を指定する場合は真偽値を指定しますが、引数の指定を省略した場合は **undefined** が渡されることになるので、結果的に **false** が指定された場合と同じように処理されます。もしここに **true** を指定した場合、パスの設定は反時計回りで外周に沿って弧を描く形になります。

canvas2d/005 のように、完全な円を描く場合は第6引数の指定がどのようになっていても結果は変わりませんが、完全な円ではなく円弧として描くような場合には、設定によって描画結果が変化する場合がありますので注意しましょう。

## ベジェ曲線 2次ベジェ曲線、3次ベジェ曲線、複雑な曲線を描画する

　Canvas2D コンテキストには、**ベジェ曲線**を描くための命令があらかじめ用意されており、これを活用することで、これまでのような直線のラインだけでなく曲線も自由に描けます。ベジェ曲線の描画では、線の**始点**と**終点**、さらにそれらを結ぶ曲線を描くための**制御点**と呼ばれる概念を用いて曲線の描画を行います。この制御点の個数に応じて2次ベジェ曲線や、3次ベジェ曲線などと区別されます。制御点がどのようなものであるかは、**図4.12**を見て考えるのがわかりやすいでしょう。

**図4.12** ベジェ曲線の種類とベジェ曲線を構成する要素

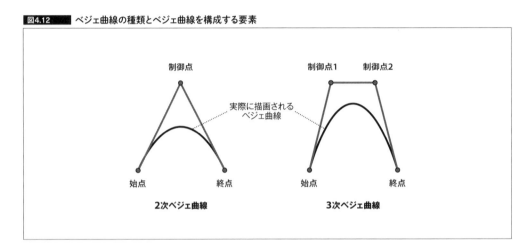

　Canvas2D コンテキストには、2次ベジェ曲線と3次ベジェ曲線のそれぞれにメソッドが用意されています。2次ベジェ曲線を描くのが**quadraticCurveTo**で、3次ベジェ曲線を描くのが**bezierCurveTo**です。
　canvas2d/007 では、それらのメソッドを利用して曲線を描画するためのユーザー定義関数が記述されていますが、ベジェ曲線のように複数の座標を利用してラインを描く命令では引数が非常に多くなりますので、**リスト4.33**と**図4.13**を見比べながら引数を正しく指定しましょう。canvas2d/007 の実行結果は**図4.14**のようになります。

**リスト4.33** ベジェ曲線を描画するためのdrawQuadraticBezier関数とdrawCubicBezier関数

```
/**
 * 線分を2次ベジェ曲線で描画する
 * @param {number} x1 - 線分の始点のX座標
 * @param {number} y1 - 線分の始点のY座標
 * @param {number} x2 - 線分の終点のX座標
 * @param {number} y2 - 線分の終点のY座標
 * @param {number} cx - 制御点のX座標
 * @param {number} cy - 制御点のY座標
 * @param {string} [color] - 線を描画する際の色
 * @param {number} [width=1] - 線幅
 */
function drawQuadraticBezier(x1, y1, x2, y2, cx, cy, color, width = 1){
    // 色が指定されている場合はスタイルを設定する
    if(color != null){
        ctx.strokeStyle = color;
    }
    // 線幅を設定する
    ctx.lineWidth = width;
    // パスの設定を開始することを明示する
    ctx.beginPath();
    // パスの始点を設定する
    ctx.moveTo(x1, y1);
    // 2次ベジェ曲線の制御点と終点を設定する
    ctx.quadraticCurveTo(cx, cy, x2, y2);
    // パスを閉じることを明示する
    ctx.closePath();
    // 設定したパスで線描画を行う
    ctx.stroke();
}


/**
 * 線分を3次ベジェ曲線で描画する
 * @param {number} x1 - 線分の始点のX座標
 * @param {number} y1 - 線分の始点のY座標
 * @param {number} x2 - 線分の終点のX座標
 * @param {number} y2 - 線分の終点のY座標
 * @param {number} cx1 - 始点の制御点のX座標
 * @param {number} cy1 - 始点の制御点のY座標
 * @param {number} cx2 - 終点の制御点のX座標
 * @param {number} cy2 - 終点の制御点のY座標
 * @param {string} [color] - 線を描画する際の色
 * @param {number} [width=1] - 線幅
 */
function drawCubicBezier(x1, y1, x2, y2, cx1, cy1, cx2, cy2, color, width = 1){
    // 色が指定されている場合はスタイルを設定する
    if(color != null){
        ctx.strokeStyle = color;
    }
    // 線幅を設定する
    ctx.lineWidth = width;
    // パスの設定を開始することを明示する
    ctx.beginPath();
    // パスの始点を設定する
    ctx.moveTo(x1, y1);
```

```
    // 3次ベジェ曲線の制御点と終点を設定する
    ctx.bezierCurveTo(cx1, cy1, cx2, cy2, x2, y2);
    // パスを閉じることを明示する
    ctx.closePath();
    // 設定したパスで線描画を行う
    ctx.stroke();
}
```

**図4.13** それぞれの引数名が何に対応するのかを表したイメージ

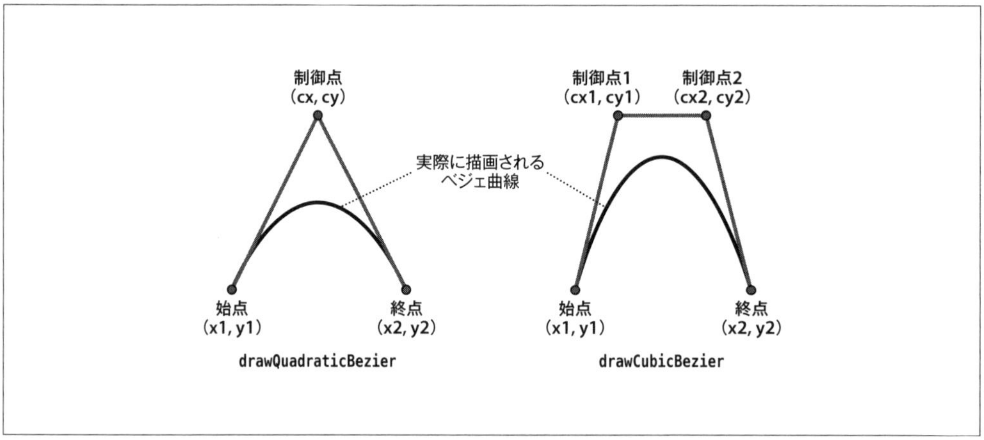

**図4.14** canvas2d/007の実行結果

## 画像を利用した描画　読み込みの待機にaddEventListener（再び）

　一般に、HTMLでは画像をWebページに表示するのに**<img>**タグが利用されます。このとき、指定された画像を読み込む処理自体はWebブラウザが自動的に行ってくれるため、HTMLで画像を扱うのはそれほど難しくありません。

　Canvas2Dコンテキストで画像を利用する場合も、HTMLの**<img>**タグと同じように画像の読み込み処理そのものはJavaScriptの実装が指定されたとおりに自動的に行ってくれます。Canvas2Dコンテキストは、読み込みが完了した状態のイメージ（画像）の情報を受け取ることで、それをCanvas要素上に描画できます。

　通常のWebページ上で画像の読み込みに時間が掛かるのと同様に、やはりCanvas2Dコンテキストで画像を利用する場合も、ファイルの読み込み時間を考慮した実装を行う必要があります。これには**リスト4.34**で示すように、画像ファイルの読み込みが完了したときに発生する**load**イベントを利用します。

**リスト4.34**　**loadイベントを利用した画像読み込み処理**

```
// 画像のインスタンスを生成する
let img = new Image();

// 画像がロード完了したときの処理を先に記述しておく
img.addEventListener('load', () => {
    // 読み込み完了後の処理
}, false);

// 画像のロードを開始するためにパスを指定する
img.src = path;
```

　本書のサンプルでは「Webページの読み込みが完了したことを検出するための**addEventListener**」をすでに使っていますが、画像ファイルの読み込みの場合も、同じように読み込みの完了を検出する仕組みを作って対応します。

　画像の読み込みが確実に検出できるようにするために、画像のインスタンスの**src**プロパティの設定よりも前に、まず先に**addEventListener**を使ってロード完了時の処理を記述しておきます。このような画像の読み込みを待機するような実装は、ファイルの読み込みが時間差で行われるJavaScriptならではのやり方だと言えます。canvas2d/008では画像の読み込みが完了したときにはじめて、初期化処理を行うユーザー定義関数**initialize**が呼び出されるようになっています。

　また、描画処理を行うユーザー定義関数**render**内では、Canvas2Dコンテキストの画像を描画するための命令である**drawImage**が呼び出されています。この**drawImage**メソッドは引数の個数に応じて挙動が変化することや、引数に指定する数値の意味が紛らわしいことを踏まえ、**図4.15**にあるようにそれぞれの引数を正しく指定する必要があります。

　**リスト4.35**のパターン❶の場合、描画する画像と**dx**、**dy**のXY座標のみが指定されます。この場合、描画先には元となった画像の幅と高さがそのままのサイズで描画されます。

　パターン❷では、パターン❶の指定に加え**dw**、**dh**で幅と高さを指定しています。この場合、元となった画像全体が、指定された幅と高さに収まるよう拡大縮小されて描画されます。パターン❸はさらに引数を追加した、最も細かく描画を制御するパターンで、**sx**、**sy**、**sw**、**sh**の各引数を指定して、元となる画像のどの部分を抜き取るかまでを指定できます。引数の指定方法が一見紛らわしく感じられるかもしれませんが、図4.15を参考にそれぞれの引数の意味を把握するようにしましょう。`canvas2d/008`の実行結果は**図4.16**のようになります。

**図4.15**　drawImageメソッドの引数とその意味

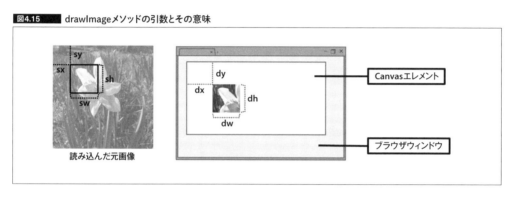

**リスト4.35**　Canvas2DコンテキストのdrawImageメソッドにおける引数の指定

```
ctx.drawImage(image, dx, dy); // （引数指定の）パターン❶の場合

ctx.drawImage(image, dx, dy, dw, dh); // （引数指定の）パターン❷の場合

ctx.drawImage(image, sx, sy, sw, sh, dx, dy, dw, dh); // （引数指定の）パターン❸の場合
```

**図4.16**　canvas2d/008の実行結果

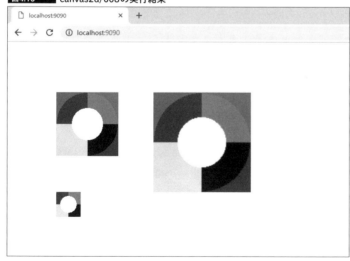

# 4.3
## Canvas2Dコンテキストの描画効果&演出機能
テキスト、ドロップシャドウ、グラデーション、パターン、アルファブレンディング、コンポジットオペレーション

　本章でこれまで見てきたような幾何学形状の描画は、Canvasエレメント上に直接何かしらの「形」を描き出すものでした。一方でCanvas2Dコンテキストには、それらを描画する際に影を付与したり、グラデーションを利用して着色したりといったように、より複雑な描画結果を得るための方法が用意されています。

## テキストの描画　グラフィックスとしてテキストを描く

　Canvas2Dコンテキストには、グラフィックスとしてテキストを描く機能があります。

　通常、Webページ上で文字や文章を配置するのにはHTMIを利用します。HTMLで記述された文字や文章は、マウスカーソル等でなぞるようにドラッグ操作を行うと選択した状態にすることができ、コピーして他のアプリケーションにデータをペーストするなどの操作が行えます。

　しかし、Canvas2Dコンテキストによって描画されるテキストは、他のCanvas2Dコンテキストが描き出す幾何学形状などと同様に、あくまでもグラフィックスとして描画されるためマウスカーソル等で選択することはできません。これは**図4.17**にも示したとおり、画像ファイルに文字が表示されていてもそれを選択できないのと同じです。

　Canvas2Dコンテキストには、文字や文字列（テキスト）を描画する際に利用されるプロパティ（設定項目）がいくつか用意されています。文字を描画する位置に関係するもの、描画される文字の大きさに関係するものなど、細かく制御を行えます。

**図4.17**　**選択可能なテキストと画像として描かれているテキスト**

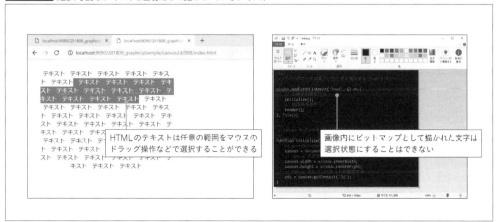

canvas2d/009 では、描画を行うユーザー定義関数 **render** のなかでこれらの設定を行っています。**リスト4.36** と**図4.18**を参考に、設定した内容がどのように描画結果（**図4.19**）に影響するのか確認しておきましょう。

**リスト4.36** drawText関数

```
/**
 * 描画処理を行う
 */
function render(){
    // テキストのフォントスタイルを設定する
    ctx.font = 'bold 30px cursive';
    // テキストのベースラインを設定する
    ctx.textBaseline = 'alphabetic';
    // テキストの文字寄せを設定する
    ctx.textAlign = 'start';
    // テキストを描画する
    drawText('グラフィックスプログラミング', 100, 100, '#ff00aa', 150);
}

＜中略＞

/**
 * テキストを描画する
 * @param {string} text - 描画するテキスト
 * @param {number} x - テキストを描画する位置のX座標
 * @param {number} y - テキストを描画する位置のY座標
 * @param {string} [color] - テキストを描画する際の色
 * @param {number} [width] - テキストを描画する幅に上限を設定する際の上限値
 */
function drawText(text, x, y, color, width){
    // 色が指定されている場合はスタイルを設定する
    if(color != null){
        ctx.fillStyle = color;
    }
    ctx.fillText(text, x, y, width);
}
```

## ドロップシャドウの描画　— 一様に設定内容が反映される点には注意

Canvas2Dで描画される幾何学形状や文字には、ドロップシャドウを追加できます。ドロップシャドウはCanvas2Dコンテキストによって描画されるものすべてに対して、一様に設定した内容が反映されることに注意が必要です。

canvas2d/010 では、実際にドロップシャドウの設定を行った描画の例を確認できます（**図4.20**）。**リスト4.37**に示すように、ドロップシャドウには「ぼかしの幅」や「色」の他、「オフセットする量」を指定します。

図4.18　drawText関数の引数やテキストを描くための設定値の意味

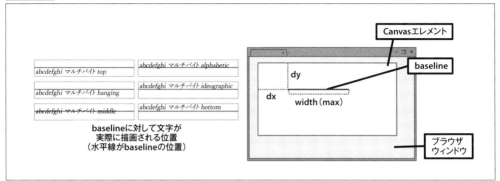

図4.19　canvas2d/009の実行結果

図4.20　canvas2d/010の実行結果

リスト4.37　ドロップシャドウを設定する

```
function render(){
    ctx.shadowBlur = 5;  // 影のぼかしを設定する
    ctx.shadowColor = '#666666';  // 影の色を設定する
    // 影のオフセットする量を設定する
    ctx.shadowOffsetX = 5;
    ctx.shadowOffsetY = 5;
    ＜中略＞
}
```

---

**■ Column**

### 文字列のfillとstroke

　Canvas2Dコンテキストには、テキストを描画するためのメソッドとして **fillText** のほかに、**strokeText** も用意されています。パスを利用した幾何学図形の描画がそうであったように、テキストを描画する場合にも、塗りつぶしで描画するのか、線で描画するのかを選択できます。

　テキストを **strokeText** メソッドで描画する場合、スタイルは **strokeStyle** の影響を受けます。また描画されるテキストは文字の輪郭を縁取りしたような形となり、シルエットだけがラインで描画されます。

## グラデーションとパターン　まずは効果を適用する実体のオブジェクトを生成

　Canvas2Dには塗りつぶしのスタイルである**fillStyle**プロパティと、ラインや輪郭線の描画に使われる**strokeStyle**プロパティがあり、これまではそれらのプロパティに「CSSスタイルの文字列」による色の設定を行ってきました。

　これらのスタイルに関するプロパティには、単色の色だけでなく「グラデーション」や「パターン」と呼ばれる色の設定を行うこともできます。グラデーションやパターンを利用する場合は、Canvas2Dコンテキストのメソッドを使ってまずはその実体を生成するところから始める必要があります。たとえばグラデーションを例に取ると、最初に「グラデーションオブジェクト」を生成し、そのオブジェクトに対してさらに設定を行います。最後に、設定を行ったグラデーションオブジェクトを**fillStyle**などのCanvas2Dコンテキストのスタイル系プロパティに対して設定します。

### ■⋯⋯⋯⋯グラデーション　線形グラデーション、円形グラデーション

　**canvas2d/011**はグラデーションを利用した実装例です。

　グラデーションには、線形グラデーション(*linear gradient*)と、円形グラデーション(*radial gradient*)があります。いずれの場合も、まずはグラデーションを生成する範囲を指定した後、その範囲のなかでどのようにグラデーションを行うのかをカラーストップ(*color stop*)によって指定します。カラーストップとは「色の区切り」のことで、たとえば「赤➡青」というように2つのカラーストップを設定すると、赤から青へと徐々に色が変わっていくようなグラデーションを生成できます。

　**線形グラデーション**はCanvas2Dコンテキストの**createLinearGradient**メソッドを利用して生成します。グラデーションオブジェクトが生成できたら、**addColorStop**メソッドでカラーストップを設定します。**リスト4.38**では3つのカラーストップ(赤➡黄➡青)を設定しています。カラーストップは0.0〜1.0の範囲で、対象のグラデーション全体にどのように色を配置するのか指定します。

**リスト4.38**　線形グラデーションオブジェクトの生成とカラーストップの設定例

```
let linearGradient = ctx.createLinearGradient(0, 0, 0, 200);  // 線形グラデーションを生成
// 生成した線形グラデーションに色を配置する
linearGradient.addColorStop(0.0, '#ff0000');  // 0%の位置に赤
linearGradient.addColorStop(0.5, '#ffff00');  // 50%の位置に黄色
linearGradient.addColorStop(1.0, '#0000ff');  // 100%の位置に青
```

　**円形グラデーション**はCanvas2Dコンテキストの**createRadialGradient**メソッドで生成できます(**リスト4.39**)。線形グラデーションよりも引数の個数が増えていますが、カラーストップの考え方は同じです。0.0〜1.0の範囲で、任意の色をカラーストップとして設定できます。

**リスト4.39**　円形グラデーションオブジェクトの生成とカラーストップの設定例

```
let radialGradient = ctx.createRadialGradient(250, 0, 50, 250, 0, 300);  // 円形グラデーションを生成
// 生成した円形グラデーションに色を配置する
radialGradient.addColorStop(0.0, '#006600');  // 0%の位置に暗い緑
radialGradient.addColorStop(0.5, '#ffff00');  // 50%の位置に黄色
radialGradient.addColorStop(1.0, '#ff00ff');  // 100%の位置にマゼンタ
```

　線形グラデーションも円形グラデーションも、いずれもCanvasエレメント全体の座標を元に設定されることに注意が必要です。たとえば、Canvas2Dコンテキストの**fillRect**メソッドを**リスト4.40**のように呼び出すことを想定している場合を考えます。

**リスト4.40**　矩形を描画することを想定した処理

```
// x：100、y：100の位置から200px四方の正方形を塗る
ctx.fillRect(100, 100, 200, 200);
```

　このとき、線形グラデーションの開始位置を**リスト4.41**のように指定してしまうと、グラデーションは**fillRect**によって塗られる矩形のなかには現れず、矩形は黒一色で塗りつぶされてしまいます（**図4.21**）。つまり、グラデーションとは**fillRect**などの個別に発行される描画に対して紐づく設定項目ではなく、あくまでもCanvasエレメント全体の座標を対象として設定されるものである、ということを覚えておきましょう。

**リスト4.41**　グラデーションの設定と矩形の描画を行う

```
// 線形グラデーションを生成する（y：0からy：100に向かってグラデーションする）
let linearGradient = ctx.createLinearGradient(0, 0, 0, 100);
// カラーストップを白➡黒で設定
linearGradient.addColorStop(0.0, '#ffffff');
linearGradient.addColorStop(1.0, '#000000');
// fillStyleにグラデーションを設定
ctx.fillStyle = linearGradient;
// x：100、y：100の位置から200px四方の正方形を塗る
ctx.fillRect(100, 100, 200, 200);  // 描画結果は黒一色の矩形になる
```

**図4.21**　設定内容とそれぞれの意味を表したイメージ

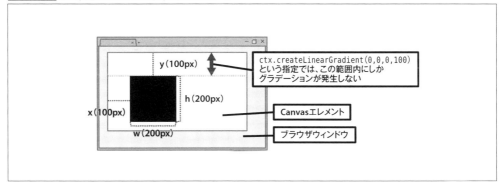

■············ **パターン** repeat、repeat-x、repeat-y、no-repeat

**パターン**（*pattern*）は、グラデーションと同様に **fillStyle** や **strokeStyle** に設定することが可能なスタイルのオブジェクトです。`canvas2d/012`で、実際にパターンを使った描画（**図4.22**）を行っています。

**図4.22** canvas2d/012の実行結果

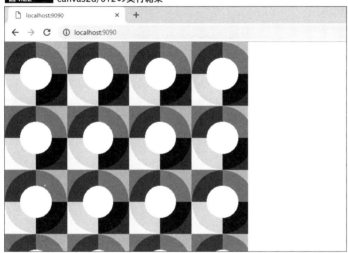

パターンは、Canvas2Dコンテキストで画像を使った矩形描画を行う **drawImage** とは異なり、タイル状に画像を敷き詰めた絵柄を塗りつぶしなどのスタイルとして設定する場合に利用します。既定の状態では縦方向にも横方向にも繰り返し画像が隙間なく敷き詰められます。

**リスト4.42** に示すように、パターンを生成する際の第2引数の指定により「画像の敷き詰め方のルール」を指定できます。画像の敷き詰め方のルールには **repeat**（水平／垂直の両方向に繰り返す）のほか、**repeat-x**（水平方向に繰り返す）、**repeat-y**（垂直方向に繰り返す）、**no-repeat**（繰り返さない）の4種類があります。

**リスト4.42** パターンオブジェクトの生成と敷き詰め方のルールの指定を行う

```
let image;

＜中略：画像を読み込む処理など＞

// 画像を使ってパターンを生成する
let imagePattern = ctx.createPattern(image, 'repeat');
```

## アルファブレンディング　アルファ値で、透明や半透明の描画処理

　Canvas2Dコンテキストでは透明度を変更し、半透明の図形や文字を描画できます。透明や半透明の描画を行う際は、**アルファ値**を設定します。アルファ値とは「不透明度」のことであり、不透明度を下げていくと、徐々に描画される図形や文字が透明に近づいていきます。このようなアルファ値によって透明や半透明の描画を行うことを一般に**アルファブレンディング**（*alpha blending*）と呼び、Canvas2Dコンテキストにもこれを実現するためのプロパティ（設定項目）があります。

　ドロップシャドウの設定や塗りつぶしなどのスタイルの設定は、一度設定するとCanvas2Dコンテキストによって描画されるあらゆる図形や文字に影響を与えました。これと同じように、Canvas2Dコンテキストに対して不透明度の設定を行うと、これはあらゆる描画処理に一律で影響を与えます。

　Canvas2Dコンテキストの不透明度の設定は、**リスト4.43**に示すように**globalAlpha**プロパティに対して行います。不透明度は0.0〜1.0の範囲で指定でき、既定値は1.0です（つまり完全な不透明）。`canvas2d/013`では、不透明度の設定を0.5に指定しているので、描かれる図形や文字の不透明度が50％になります。

**リスト4.43**　Canvas2DコンテキストのglobalAlphaプロパティに設定を行う

```
// グローバルアルファを設定する（不透明度50％の例）
ctx.globalAlpha = 0.5;
```

　**図4.23**のように、図形や文字が重なり合った部分では先に描画されていた図形などが透けて見える状態になっていることが確認できます。

**図4.23**　canvas2d/013の実行結果

## コンポジットオペレーション　さまざまな合成の種類

　Canvas2Dにはアルファブレンディングを可能にする**globalAlpha**プロパティ以外にも、描画処理を行った際の色に影響を与える項目として**コンポジットオペレーション**（*composite operation*）があります。コンポジットオペレーションは、図形や文字などが描画される際に、その描画する色をどのように現在のCanvas要素に合成するのかを指定します。

　合成方法には複数の種類があり、Canvas2Dコンテキストにどのような合成方法を指定しているかによって、同じ図形を描画する処理を実行しても描画結果がまったく違ったものになってしまうこともあります。ここでは設定できるオペレーションの種類と、その設定方法を簡単に解説します。

　canvas2d/014では、HTMLの**<select>**要素を利用して、動的にコンポジットオペレーションを変更できるようにしています。**リスト4.44**は、`canvas2d/014/script/script.js`内でコンポジットオペレーションの一覧を配列に格納している部分の抜粋です。

**リスト4.44**　コンポジットオペレーションの一覧

```
// 合成方法の一覧                'lighter',              'hard-light',
const OPERATION = [           'copy',                 'soft-light',
    'source-over',            'xor',                  'difference',
    'source-in',              'multiply',             'exclusion',
    'source-out',             'screen',               'hue',
    'source-atop',            'overlay',              'saturation',
    'destination-over',       'darken',               'color',
    'destination-in',         'lighten',              'luminosity'
    'destination-out',        'color-dodge',        ];
    'destination-atop',  ↗    'color-burn',    ↗
```

　上記のとおり、コンポジットオペレーションにはたくさんの種類があり、これらのうちどれが設定されているのかによって、描画結果は大きく影響を受けます。`canvas2d/014/index.html`をWebブラウザで開き、ドロップダウンリストを変更しながら描画結果を確認してみましょう（**図4.24**）。

■‥‥‥‥‥‥‥**コンポジットオペエレーションの設定**

　コンポジットオペレーションを実際にCanvas2Dコンテキストに対して設定する場合は、Canvas2Dコンテキストの**globalCompositeOperation**プロパティに文字列で設定するコンポジットオペレーションを設定します。

　canvas2d/014では**リスト4.45**に示したように、そのときのドロップダウンリスト（**<select>**要素）で選択されているコンポジットオペレーションが描画の際に設定されるようにしています。Webページ上でドロップダウンリストの選択状態が変化した際には、**addEventListener**で設定した**change**イベントが発生し、利用されるコンポジットオペレーションが切り替わります。

**図4.24** canvas2d/014の実行結果とドロップダウンリストの表示例

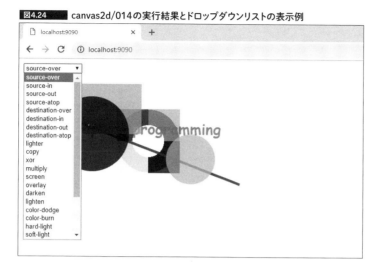

**リスト4.45** ドロップダウンリストの選択状態が変化した際に行う処理

```javascript
// 合成方法変更のためのドロップダウンリストを生成する
let dropdown = document.createElement('select');

＜中略＞

// リストの状態変化にイベントを設定しcanvasが再描画されるようにする
dropdown.addEventListener('change', (event) => {
    compositeOperation = dropdown.value;  // 選択されている項目をコンポジットオペレーションに設定する
    render();  // 再描画する
}, false);
```

# 4.4
## 本章のまとめ

　本章ではCanvas要素から取得することのできる、Canvas2Dコンテキストと、Canvas2Dコンテキストが持つさまざまな描画命令について解説しました。

　グラフィックスプログラミングにおいては、メソッドや関数が持つ引数の個数が多くなりやすいという傾向があります。ここで大切なことはメソッドや関数の引数を暗記することなどではなく、「Canvas2Dコンテキストを用いると何が実現可能なのか」をイメージできるようにしておくことです。なぜなら、後々何か実装を行う場面で描画に関する機能が必要となった際、それがCanvas2Dコンテキストによって実現できるのか、できないのかを判断できるようになっておけば、詳細は後から調べられるからです。

　本書のサンプルではコメント等で引数の意味などを極力詳細に記述していますので、まずはコメント等を参照しながら、実際にサンプルを動作させ、改造し、結果を確認してみるのがお勧めです。

# 第 **5** 章

# ユーザーインタラクションの
# プログラミング
## ゼロから作るシューティングゲーム❶

　ここまで、グラフィックスプログラミングにおいて有用な数学の基礎や、Canvas2Dコンテキストの主要なAPIを紹介してきました。これらの知識や技術は自らコードを書き、それを修正し、結果を確認するという「実践」のなかで身についていくものです。しかし、具体的なテーマや目的を見つけるといったスタートのハードルは意外と高く、実践しようにも何から始めたら良いのかわからないということはグラフィックスプログラミングに限らずよくあることなのではないでしょうか。

　ここからはゲームの作成を通じて、これまでに登場してきたさまざまな概念を実際に利用していきます。一度説明した概念が再度登場する場合でも、状況に応じて、さらに詳細な説明を加えます。ゲームを完成させるためのさまざまな作業を行いながら、グラフィックスプログラミングに必要となる基礎知識を身につけましょう。

## 5.1
## ［まずは準備から］シューティングゲームを作る
### ファイル構成とルール

　第5章から第7章で、シューティングゲームを作成していきます。ゲームを構成するいくつかの要素を、章ごとにテーマに沿って抜粋し、一つ一つ実装していきます。最終的に完成するゲームは実際にキーボードで操作することのできる、シューティングゲームの基本がすべて詰まったものになります。

## なぜ、ゲーム作り？　種々の関連技術の集合体で、小さなゴールを設定しやすい

　ゲームの作成には、グラフィックスプログラミングに必要となるさまざまな概念が登場します。
　ベクトルや三角関数などの数学の知識はもとより、画像を読み込んで描画したり、キャラクターの動作や生存状態の管理を行ったり、ユーザーの入力を受け取り描画結果に反映させたりと、グラフィックスプログラミングにおいて必要となる数多くの技術や知識がゲームの作成には登場します。
　また、プログラミングという作業において「小さなゴールを設定しやすい」ということも、ゲーム作成の優れた特徴だと言えます。グラフィックスプログラミングにはさまざまなテクニックが存在しますが、それらをただ雑然と学んだり、むやみに組み合わせたりするだけでは、思うように成果を感じられないこともあるでしょう。しかし、ゲームの作成では、キャラクターを動かすためのアルゴリズムや、衝突判定などのプログラミングのロジックなど、小さな粒度で実践できる要素がたくさん登場し、確実にその成果を実感しながら取り組めます。
　徐々にゲームの形ができあがっていくなかで、自然と、数学やJavaScriptの基礎が身についていることを意識できるはずです。

## 作成するゲームのファイル構成

　Canvas2Dコンテキストのサンプルと同様に、シューティングゲームのサンプルも、連番でディレクトリごとに分けて配置されています。各ディレクトリには**図5.1**のようにファイルが格納されており、最後までこのファイル構成は変わりません。

**図5.1**　シューティングゲームのサンプルのファイル構成

```
sample/stg
 ├001
 │ ├css
 │ │ └style.css
 │ ├image
 │ │ └画像ファイル
 │ ├script
 │ │ ├canvas2d.js
 │ │ └script.js
 │ └index.html
 │
 ├002
 │ ├css
 │ │ └style.css
 │ ├image
 │ │ └画像ファイル
 │ ├script
 │ │ ├canvas2d.js
 │ │ └script.js
 │ └index.html
 │
 : ＜以下略＞
```

index.html が、ブラウザでプレビューするためのHTMLファイルです。このHTMLファイルから参照されるスタイルシートとJavaScriptのファイルがあり、キャラクターなどを描画するための画像ファイル[*1]も一つのディレクトリにまとめて格納された形になっています。

第4章で扱ったCanvas2Dコンテキストの機能をラップした各種ユーザー定義関数群は、そのまま使えるように script/canvas2d.js として同梱しています。ゲームのロジックを実際に記述するのは script/script.js になります。また、ゲームの作成が進んでいくと、その処理の内容ごとにさらにファイルが増えることもあります。ファイルの構成が変更となる場合はその都度、ファイル名とその役割について言及します。

## 作成するゲームの枠組み　最低限のルールの定義

シューティングゲームと一口に言っても、さまざまなルールやスタイルがあります。シューティングゲームには、大別すると3D型のものと2D型のものがあります。3Dでは、奥に向かってひたすら進むものや広大な3次元空間を舞台としたものがあります。2D型には、縦スクロール型と横スクロール型、ほかにも全方位型などがあり、細かなルールの違いも含めると膨大なバリエーションが存在します。

代表的なところだけを抜粋しても、**図5.2**に示したようにさまざまなゲームのスタイルがあることがわかります。

**図5.2　シューティングゲームの分類**

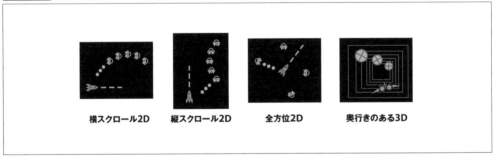

横スクロール2D　　縦スクロール2D　　全方位2D　　奥行きのある3D

本書で作成するシューティングゲームは、2D型の縦スクロールシューティングゲームで、比較的オーソドックスなルールのものになります。

敵キャラクターは一定のルールに従って画面内に登場し、ショットを放ち攻撃してきます。自機

---

[*1] サンプルゲームで利用する画像ファイルはPNG形式となっており、筆者自身が作成したシューティングゲームに登場するキャラクター画像が各サンプルごとにあらかじめ同梱されています。PNG形式は透明度を扱うことができる画像形式であることから、ゲームのキャラクターを描画するのに適しています。また、Webブラウザで利用できる画像形式としても一般的であり、多くのペイントソフトで標準でサポートされています。なお、Windowsに標準で搭載されている「ペイント」などでもPNG形式のファイルを作成/編集/保存が行えます。その他、無償で利用できるペイントソフトでも大抵の場合、PNG形式の読み込みや保存が可能です。

キャラクターはそれを回避しながら、やはり同様にショットを放って敵を攻撃します。敵キャラクターの登場パターンや攻撃パターンは、いくつかのバリエーションを用意し自由に組み合わせられるようにします。

　また、敵キャラクターの攻撃を仮に受けてしまった場合には、ゲームオーバーの演出を行うとともに、キーの入力によって復帰できるような仕組みを作ります。

　今回作成するゲームの最低限のルールと本書で扱う範囲を、まとめておきます。

- 縦スクロール型（上下に動かしながら表示する）
- 地形効果なし
- キーボード操作
- スコア集計あり
- ボスキャラクターを破壊すると最初に戻りループ（*loop*、繰り返す）する
- 敵キャラクターの登場パターンは複数用意する
- ゲームオーバー演出と再スタート（*restart*、リスタート / 復帰）を実装する

　シューティングゲームに必要となるごく基本的な枠組みを実装します。全体的にシンプルな構成で、拡張が行いやすいように工夫してあります。一度本書の内容に沿って実装を行った後、自身で自由に拡張 / 改造することもできるでしょう。

<br>

# 5.2
## ゲームの骨格を作る
### 土台となるプログラムの設計

　まずは、作成するシューティングゲームの骨格から作っていきます。HTMLファイルと、そこに適用するCSSのスタイルを設定し、舞台を作ります。その舞台の上で動作するJavaScriptでは、ゲームを構成する最も基本的処理となる、アニメーション処理を行うためのループ処理を記述します。ユーザーからのキーの入力を設定し、それが描画結果に反映させるような処理も併せて実装します。

## HTMLページとしての構造　ゲームの舞台となるCanvas要素のための設定

　シューティングゲームの舞台となるのは、HTMLページ上のCanvas要素です。このCanvasがそのままゲーム画面の役割を果たすことになるので、まずはその大きさや配置をHTMLとCSS、さらにJavaScriptも併用しながら設定します。**リスト5.1**は`stg/001/index.html`に記述されたHTMLの内容です。関連するCSSファイルやJavaScriptファイルを読み込むように設定します。

**リスト5.1** サンプルで利用するHTMLファイル

```html
<!DOCTYPE html>
<html>
    <head>
        <!-- 文字コードを指定 -->
        <meta charset="UTF-8">
        <!-- スタイルシートの読み込み -->
        <link rel="stylesheet" href="./css/style.css">
        <!-- JavaScriptファイルの読み込み -->
        <script src="./script/canvas2d.js"></script>
        <script src="./script/script.js"></script>
    </head>
    <body>
        <h1>my game</h1>
        <!-- ID属性を持つcanvasエレメント -->
        <canvas id="main_canvas"></canvas>
    </body>
</html>
```

**\<html\>** タグのなかは、大きく分けて2つのブロックに分かれています。まず先に現れる **\<head\>** タグは、実際に HTML ファイルをブラウザでプレビューした際の外見には一切現れませんが、この HTML ファイルで利用されている文字コードの指定のほか、HTML ファイルから参照する CSS ファイルや JavaScript ファイルに関する情報を記述します。

ここで注意しなければならないのは、HTML ファイルは**図5.3**に示したように、原則として「上の行から順番に解釈されていく」ということです。つまり、読み込もうとしている JavaScript ファイルが複数ある場合、その読み込まれる順番によって不整合が起こらないようにしなければなりません。

**図5.3** HTMLがWebブラウザによって読み込まれる順序のイメージ

```html
<!DOCTYPE html>
<html>
    <head>
        <!-- 文字コードを指定 -->
        <meta charset="UTF-8">
        <!-- スタイルシートの読み込み -->
        <link rel="stylesheet" href="./css/style.css">
        <!-- JavaScriptファイルの読み込み -->
        <script src="./script/canvas2d.js"></script>    ←先にcanvas2d.jsが読み込まれる
        <script src="./script/script.js"></script>
    </head>
    <body>
        <h1>my game</h1>
        <!-- ID属性を持つcanvasエレメント -->
        <canvas id="main_canvas"></canvas>
    </body>
</html>
```

本書のサンプルでは、HTML ページの読み込みが完了したことを意味する**load**イベントと、それを検出するための**addEventListener**を利用しています。**load**イベントが検出されると、そこではじ

めてJavaScriptのロジックが実行されるような仕組みになっていますので、実際には、**addEvent Listener**によって**load**イベントが検出されたときには、すべてのJavaScriptファイルの読み込みも確実に終わっていることが保証されています。

　しかし、HTMLページのロードとは無関係に、あらかじめ初期化処理を動かしておく必要がある場合など、JavaScriptファイルの読み込み順序が重要になる場面もないとは限りません。そういったケースでは**<head>**タグのなかでどのような順序でファイルを読み込めば良いのか、よく考えて記述するようにしましょう。

　**<body>**タグのなかに書かれた内容は、実際にHTMLファイルをWebブラウザでプレビューした際に表示されます。シューティングゲームのサンプルでは、ゲームのタイトルを表示するための**<h1>**タグと、ゲームの舞台となる**<canvas>**タグを配置しています。

　**<canvas>**タグには、JavaScriptから参照を行いやすくするために**main_canvas**というid属性を付与しています。このようにid属性が付与されたHTML要素は、JavaScriptから**document. getElementById**等を使うことで参照できます。

　このHTMLファイルの外見（スタイル）は、**<head>**タグ内に記述されているCSSファイルで制御しています。このCSSファイルの中身が**リスト5.2**です。

**リスト5.2** サンプルで利用するCSSファイル

```
@charset "utf-8";

* {
    margin: 0px;
    padding: 0px;
}

html, body {
    background-color: #555555;
    color: #f0f0f0;
    text-align: center;
    width: 100%;
    height: 100%;
    overflow: hidden;
}

canvas {
    margin: 0px auto;
}
```

　CSSファイル側では、＊（アスタリスク）を利用してすべてのHTML要素が余白を持たないように設定しています。その上で**<html>**要素と**<body>**要素の幅と高さを100％に設定し、ブラウザウィンドウ内全体を覆うように指定します。背景色を指定する**background-color**が設定されているのは、HTMLページ上で**<canvas>**要素が存在することをわかりやすくし、JavaScriptによる着色などが正しく行われているかどうかを判別しやすくするためです。**<canvas>**要素は画面の中央に配置するため、上下の余白は0pxになるように、左右の余白は自動で調節されるようにスタイルを設定します。

---

**Column**

## loadイベントとDOMContentLoadedイベント

　本書では、HTMLがWebブラウザによって解釈された後にJavaScriptの特定の処理を実行したい、という理由から**addEventListener**と**load**イベントを用いた処理を記述している箇所がいくつかあります。JavaScriptには、ページのロードに関係するイベントとして**load**イベントのほかにも**DOMContentLoaded**と呼ばれるイベントも存在します。両者の振る舞いは一見よく似ていますが、細部を見ていくと違いがあります。

　**DOMContentLoaded**イベントは、WebブラウザがHTMLを読み込み、それを解析完了したタイミングで発火します。この時点では、あくまでも「HTMLがどのような構造となっているか」のみが解析され明らかになっている状態です。一方で**load**イベントは、Webページ内のすべてのリソースが完全にロードされた際に発火します。もしも、大きな容量の画像ファイルなどがページ内に配置されており、その読み込みに時間が掛かってしまっている場合、当然ながら**load**イベントが発火するまでには長い待機時間が発生してしまうことになります。

　このように**load**イベントと**DOMContentLoaded**イベントには、発火するタイミングに関する違いがあります。HTMLがWebブラウザによって解釈された段階で実行したい処理については**DOMContentLoaded**イベントを検出して実行されるようにすれば良いでしょう。しかし、HTMLで記述されたページ内に画像などのリソースが含まれており、かつ、それらのロード完了まで待機したい場合に限っては**load**イベントを用いるのが適切だと言えます。

　本書では、わかりやすさを重視して**load**イベントのみを用いて解説しています。ただし、JavaScriptを用いて規模の大きなWebサービスの開発を行う場合や、読み込まれるリソースの量が多いWebサイトを実装する場合など、**load**イベントを用いてしまうと長いロード時間によってユーザー体験を損ねてしまう可能性も考えられます。これらのことを踏まえつつ、イベントの発火するタイミングに応じて適切にイベントの使い分けを行うことが大切です。

---

## class構文　独自の機能や属性を持つクラスを定義できる

　次に、JavaScriptについても見てみます。シューティングゲームのサンプルでは、第4章で解説したCanvas APIを扱うための機能をまとめた`canvas2d.js`という名前のファイルを読み込み、利用しています。この`canvas2d.js`の冒頭では、**リスト5.3**のように記述されています。

　ここでは、本書でははじめて登場する**class**構文が使われています。**class**構文は、ES2015以降で利用することができる、比較的新しいJavaScriptの構文です。開発者は**class**構文を用いることで独自の機能や属性を持つクラスを定義でき、機能をひとまとめにし、わかりやすく記述できます。

**リスト5.3** Canvas2DUtilityクラス（Canvas2D APIをラップしたユーティリティクラス）

```
class Canvas2DUtility {
    /**
     * @constructor
     * @param {HTMLCanvasElement} canvas - 対象となるcanvas element
     */
    constructor(canvas){
        /**
         * @type {HTMLCanvasElement}
         */
        this.canvasElement = canvas;
        /**
         * @type {CanvasRenderingContext2D}
         */
        this.context2d = canvas.getContext('2d');
    }

    ＜以下略＞
```

■⋯⋯⋯⋯**クラス再入門** クラスの概念を持つ言語、持たない言語

　**class**構文は、ES2015ではじめて利用できるようになりました。それ以前のJavaScriptでは、クラスを利用できなかったのでしょうか。答えは、実はYesでもNoでもありません。

　そもそもJavaScript（ECMAScript）には、昔も今も「クラスは存在しない」のです。ではどうして、ES2015では**class**構文がサポートされているのでしょう。このことをより深く理解するために、まず一般的にプログラミングにおいて「クラス」と呼ばれているものとは何なのか、というところから考えてみます。

　C++やJavaなど、**クラス**の概念を持つプログラミング言語では「クラスと呼ばれるオブジェクトの設計図」をコードの記述によって定義できます。その設計図を元に、実体のあるオブジェクトとして生成されたものを**インスタンス**と呼び、同じクラス（設計図）から生成されたインスタンス（実体）は、すべて同じようにメソッド（動作）やプロパティ（属性値）を持っています（**図5.4**）。

**図5.4** クラスとそのインスタンスのイメージ

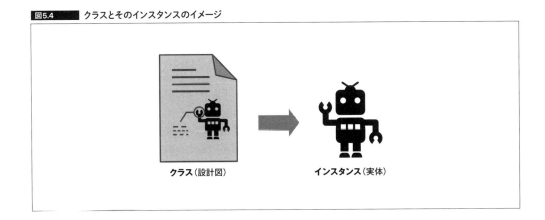

**クラス**（設計図）　　**インスタンス**（実体）

ここでは例として、ロボットの設計図をクラス（**Robot**クラス）、その設計図をもとに製造されたロボットそのものをインスタンスに例えて考えてみます。

**Robot**クラスには、あらかじめ「大きさ」や「重さ」など、そのクラス（設計図）から生成されたインスタンス（実体）が持っているべき属性値を定義できます。また「手を挙げる」のような、そのクラスから生成されたインスタンスが持つべき動作も、同様にクラスを使って定義できます。

もし**Robot**クラスに「色」という属性値が追加されると、このクラスから生成されるすべてのインスタンスに色という属性値が追加されます。実際に何色をしているのかは、インスタンスごとに異なる状態になることもあり得ます。ただし色という属性そのものは、どのインスタンスも漏れなく持つことになります。つまり、時と場合によって色の属性を持たないロボットが生まれてしまうようなことはありません。

また、**Robot**クラスに新しい動作として「走る」という処理を加えたいのであれば、クラスの定義のなかにその実装を加えます。すると、そのクラスから生成したインスタンスすべてが、同じように「走る」という動作を行えるようになります（**図5.5**）。クラスとはまさに、オブジェクトの設計図なのです。

**図5.5** クラスに新しい要素を加えるイメージ

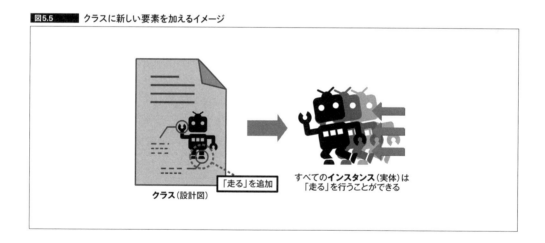

「走る」を追加

クラス（設計図）

すべての**インスタンス**（実体）は「走る」を行うことができる

■‥‥‥‥‥**プロトタイプとクラス** JavaScriptにクラスは存在しない

JavaScript（ECMAScript）には、ここで説明したようなクラスの概念は存在しません。これは、今も昔も、最新のECMAScriptであっても同様です。しかしJavaScriptには、クラスと似た概念として**プロトタイプ**（*prototype*）と呼ばれる別の仕組みが組み込まれています。プロトタイプは、クラスと同じように設計図を定義することのできる仕組みですが、クラスよりもやや柔軟な挙動になっています。

C++などのクラスは、あくまでも設計図であり、その設計図から生成されるインスタンスとは明確に概念が区別されています。以降これを**クラスベースの言語**と呼びます。一方でJavaScript（ECMAScript）には、前述のとおりクラスという概念はなく、プロトタイプという仕組みがあります。以降これを**プロトタイプベースの言語**と呼びます。

プロトタイプベースの言語であるJavaScriptでは、**null**と**undefined**を除くすべての値は、一見するとオブジェクトのように振る舞うことがあります。このことは実際に動作する様子と併せて説明したほうがわかりやすいでしょう。ここでは、**リスト5.4**のようなコードを考えてみます。

**リスト5.4** 数値型のデータがオブジェクトのように振る舞う様子

```
let numberOfString = (100).toString();

console.log(numberOfString);  // ➡"100"
```

これを実際にWebブラウザのコンソールなどで実行してみれば明らかですが、エラーが起こることはありませんし、ログ出力の結果は数値ではなく文字列になっています。単なる数値でしかなかったはずの**100**という値が**toString**という（自身を文字列に変換する）メソッドを呼び出せるのは、**100**という数値が内部的に暗黙で**Number**オブジェクトに変換され、**Number**オブジェクトが備えている**toString**メソッドが呼び出されているためです。

つまり、JavaScriptでは「**null**と**undefined**を除くすべての値」は、JavaScriptが内部的に暗黙で行う処理によって、オブジェクトのように振る舞う場合があります。**100**という数値が**toString**メソッドを呼び出せたのは、内部的に**Number**オブジェクトに変換されたことで、**Number**オブジェクトが「プロトタイプとして備えている機能」を呼び出すことが可能となったためだったのです。

このようなプロトタイプの特徴を見ると、C++などにおけるクラスと同じように、オブジェクトが決まったメソッドやプロパティを持つことができるので、両者はまったく同じもののように感じられるかもしれません。しかし、プロトタイプベースの言語では、そもそもクラスベースの言語のように「クラス」と「インスタンス」というように状態を区別することはせず、「そのオブジェクトがどのようなプロトタイプを持っているのか」というように考えます。

たとえば、JavaScriptの配列は、すべて**Array**オブジェクトのプロトタイプを備えています。言い換えると、最初からインスタンス（実体）なのです。設計図の役割をする「クラス」があるのではなく、オブジェクトそのものが設計図の役割も同時に果たします。すべての配列が最初から**Array.push**や**Array.map**などのメソッドを等しく同じように利用できるのはそのためです。試しに、Webブラウザのコンソールに**Array.prototype**と入力して Enter キーを押すと、**図5.6**のようにプロトタイプとして実装されているメソッドやプロパティの一覧を確認できます。

■⋯⋯⋯⋯**[まとめ]クラスベースとプロトタイプベース**

まとめると、**クラスベースの言語**と**プロトタイプベースの言語**には次のような違いがあります。

- クラスベースの言語では、クラスが設計図であり、インスタンスはその実体である
- プロトタイプベースの言語には、クラスとインスタンスという区別がそもそも存在しない
- プロトタイプベースの言語では、すべてのオブジェクトはプロトタイプを持つ
- プロトタイプベースの言語では、オブジェクトが（プロトタイプごと一緒に）複製されて新しいインスタンスになる
- 同じプロトタイプを持つオブジェクトは、同じメソッドやプロパティを備えている

図5.6　コンソールに出力されたArrayオブジェクトのプロトタイプ

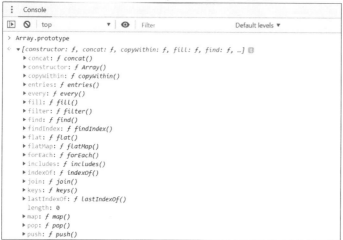

■‥‥‥‥‥ **プロトタイプベースの言語の記述と振る舞い**　prototype、new演算子、コンストラクタ関数

　プロトタイプベースの言語では、オブジェクトを定義し、そのオブジェクトにプロトタイプとして「備えておきたいメソッドやプロパティ」をあらかじめ与えておき、それを次々と複製することでクラスのように振る舞わせています。

　これを簡単なコードの例で示したものが**リスト5.5**です。ここでは、先ほどのクラスベースの言語の例と同じように**Robot**という名前のオブジェクトを定義し、そこにさまざまなプロトタイプを設定しています。

リスト5.5　プロトタイプを用いたコードの記述例

```
let Robot = function(){};  // 関数オブジェクトを最初に作る

// プロトタイプとしてプロパティ（属性値）を与える
Robot.prototype.size = 100;
Robot.prototype.weight = 10;

// プロトタイプとしてメソッド（動作）を与える
Robot.prototype.walk = function(){
    console.log('walking!');
};

// Robot オブジェクトのプロトタイプを持つ新しいインスタンスを作る
let myRobot = new Robot();
console.log(myRobot.size);  // ➡100
myRobot.walk();  // ➡walking!
```

　リスト5.5で示したように、オブジェクトのプロトタイプを設定するには**prototype**を利用します。あらかじめオブジェクトがプロトタイプとして持っておくべきプロパティやメソッドを**prototype.**

**xxxx**というように、ピリオドに続けて定義できます。

そして**new**演算子を用いることで、新たなインスタンスが生成できます。クラスベースの言語でも、同様に**new**に続けてクラス名を記述するような書き方がなされる場合がありますが、JavaScriptの場合、ここではクラスからインスタンスが作られているのではなく、同じプロトタイプを持つオブジェクトが作られています。

JavaScriptにあらかじめ備わっている**Date**などの場合も、やはり**new**演算子を用いてインスタンスを生成できますが、これとまったく同じ仕組みによるものです。これら**Date**や、先ほど例として示した**Robot**オブジェクトのように、新しいインスタンスを生成できる関数のことを**コンストラクタ関数**と呼びます。コンストラクタ関数を持つオブジェクトは、慣例としてその名前の最初の1文字を大文字のアルファベットで表記するのが一般的です。

■············**class構文の使い方** プロトタイプの記述をわかりやすくする

JavaScript（ECMAScript）がプロトタイプベースの言語であるならば、ES2015で追加された**class**構文とは、いったいどのようなものなのでしょうか。

近年、JavaScriptは規模の大きなアプリケーションを記述する用途にも用いられるようになり、より簡潔に、わかりやすく記述できることに対する要望が強くなりました。**class**構文は、実際にクラスベース言語の「クラス」を生成するものではなく、あくまでも「プロトタイプの記述をよりスマートにわかりやすくするため」に生まれた構文です。

それらのことを踏まえて、シンプルな**class**構文の例を見てみます。先ほど**prototype**を用いて記述した**Robot**オブジェクトを、**class**構文を利用して書き直したものが**リスト5.6**です。

**リスト5.6** class構文を用いたオブジェクトの定義の例

```
class Robot {
    constructor(){
        this.size = 100;
        this.weight = 10;
    }
    walk(){
        console.log('walking!');
    }
}

let myRobot = new Robot();
console.log(myRobot.size);  // ➡100
myRobot.walk();  // ➡walking!
```

**class**構文を用いた記述では、**prototype**を用いた記述よりも簡潔に、メソッドやプロパティを構造化してコードが記述できるようになっていることがわかります。

オブジェクトが持つ属性値、すなわちプロパティは、**constructor**という特別な名前を持つ関数のなかで初期化できます。**constructor**は**new**演算子を用いてオブジェクトの新しいインスタンスを作成する際に自動的に実行される関数で、値の初期化などに利用できます。また、オブジェクトが

持つ動作、すなわちメソッドは**class**構文のブロックのなかでメソッド名を直接記述することで定義できます。リスト5.6で言えば**walk**がメソッドに該当します。このように、**prototype**を用いることなくコンストラクタ関数を定義できるのが**class**構文です。

　勘違いを生みやすい点として、この**class**構文を利用したからといって、JavaScriptの言語仕様そのものがクラスベースに変化するわけではないことに注意しましょう。あくまでも、JavaScriptはプロトタイプベースの言語であり、コードの記述方法によってこの原則が変わることはありません。また、基本的に**class**構文を用いることによるデメリットはありません。本書においても、サンプルで**class**構文を利用する場面が登場します。**class**構文が持つより詳細な機能や構文については、本書内でそれらが登場したタイミングでさらに詳しく解説します。

---

**Column**

## プロトタイプは拡張できる　　ただし、注意点も

　JavaScriptに不慣れなうちは、クラスベースの言語におけるクラスと、JavaScriptのプロトタイプとの違いは、非常にわかりにくいものに感じられます。しかし、プロトタイプなら実現できるが、クラスでは実現できないこと、というのもあります。

　それがプロトタイプの拡張です。クラスベースの言語におけるクラスは、常に静的なものです。クラスから生成したインスタンスに、あとから新しくメソッドを動的に追加することはできず、あくまでも設計図どおりのオブジェクトとしてインスタンスは振る舞います。一方で、プロトタイプベースの言語では、どのようなタイミングでも自由にプロトタイプを拡張できます。つまり設計図は、後から自由に書き換えられるのです。その証拠に、以下のコードは意図したとおりに動作します。

```
ビルトインオブジェクトであるArrayのプロトタイプを拡張する
Array.prototype.customMethod = function(){
    console.log('custom method!');
};

[].customMethod();  // ➡custom method!
```

　一般に、上記のようにJavaScriptにはじめから組み込まれているビルトインオブジェクトのプロトタイプを拡張することは好ましくなく、このような処理を記述するべきではありません。既存のメソッドやプロパティを破壊してしまう危険性がありますし、影響範囲が広大になるため、推奨されません。しかし、言語仕様上は、このようなことも実際に可能なのです。これと同様に、独自に定義した、プロトタイプを持つユーザー定義のオブジェクトも、後から任意に拡張できます。

　常に一つの静的な設計図からインスタンスを生成するクラスベース言語と、柔軟にオブジェクトの持つプロトタイプを引き継ぎながらインスタンスを生成するプロトタイプベースの言語。両者の違いは最初はどうしてもわかりにくいものですが、その原理を理解し、正しく利用することが大切です。

## canvas2d.jsに記述したCanvas2DUtilityオブジェクト　class構文で定義

**class**構文の説明のために少々話が逸（そ）れましたが、改めてシューティングゲームのサンプルについて詳細に見ていきます。シューティングゲームのサンプルではJavaScriptのファイルとして、

- メインの処理を記述する**script.js**
- Canvas2Dコンテキストの補助機能をまとめた**canvas2d.js**

という2つのファイルを読み込む構成になっています。

`stg/001/script/canvas2d.js`には、**class**構文で定義したオブジェクトが1つだけ記述されています。それが**Canvas2DUtility**オブジェクトです。このオブジェクトは、第4章で取り上げたCanvas2Dの機能を扱いやすくするための各種関数を1つのオブジェクトにまとめたものです。実際に利用する際には、**リスト5.7**のようにコンストラクタ関数として呼び出します。

**リスト5.7**　Canvas2DUtilityクラスのインスタンス化を行う

```
// Canvas2DUtilityクラスのインスタンス化
let util = new Canvas2DUtility(document.body.querySelector('#main_canvas'));
```

### ■ コンストラクタ関数でインスタンスを生成できるオブジェクト　便宜上の「クラス」

また、これ以降、サンプル内のコメントも含め、本書では「コンストラクタ関数でインスタンスを生成できるオブジェクト」のことを、便宜上「クラス」と記載します。繰り返しになりますが、JavaScriptには厳密な意味ではC++などの言語におけるクラスはありません。しかし、毎回「コンストラクタ関数でインスタンス化できるオブジェクト」のように説明するのは冗長に過ぎるため、あくまでもわかりやすさを重視して「クラス」という名前で呼ぶこととします。

この**Canvas2DUtility**クラスには、いくつかのメソッドとプロパティがあります。それらの記述を引用しながら、**class**構文を用いたクラス定義についてもう少し踏み込んでみましょう。以下では、**class**構文を構成する要素の、

- constructor（コンストラクタ）
- property（プロパティ）
- method（メソッド）

を取り上げます。

### ■ constructor（コンストラクタ）

**class**構文で用いられる**constructor**という名前の関数は、特殊な関数です。これはコンストラクタ関数が**new**演算子とともに呼び出され、新しいインスタンスを生成する際に必ず「自動的に」呼び出される関数であるためです。あえて**Canvas2DUtility.constructor()**のように名前付きで呼び出すことは原則としてありません。

　**constructor** は、インスタンスが持っておくべきプロパティの設定や、インスタンスを生成する際に必要となる初期化処理などを記述するためのものです。**リスト5.8** は、**Canvas2DUtility** クラスの実際の **constructor** です。

**リスト5.8**　Canvas2DUtilityクラスのconstructor

```
class Canvas2DUtility {
    /**
     * @constructor
     * @param {HTMLCanvasElement} canvas - 対象となるcanvas element
     */
    constructor(canvas){
        /**
         * @type {HTMLCanvasElement}
         */
        this.canvasElement = canvas;
        /**
         * @type {CanvasRenderingContext2D}
         */
        this.context2d = canvas.getContext('2d');
    }
    <以下メソッド定義が続く>
```

　これを見るとわかるように、**constructor** はその呼び出しに際して引数を受け取ることができます。引数は **new Canvas2DUtility(引数)** のように、コンストラクタ関数が呼び出される際に指定された引数がそのまま渡されます。また、クラス内部で **this** を利用することで、そのインスタンス自身に紐づくプロパティを持つことができます。リスト5.8の例では、**constructor** は引数として受け取ったCanvas要素を、自身のプロパティ **this.canvasElement** に代入しています。こうすることで、クラス内で **this.canvasElement** を参照すれば、いつでもこのCanvas要素を取り出せます。

■……… property（プロパティ）

　クラス内での **this** は、そのインスタンス自身を指す特殊な変数です。**constructor** の内部で **this.** 任意のプロパティ名 = 何かのデータ のように、自由にプロパティを定義できます。

　たとえばゲームのキャラクターを管理するクラスを設計しているのであれば、そのキャラクターのインスタンスが持つべきX座標やY座標などの位置情報、あるいは生存状態を表す真偽値など、必要に応じて自由にプロパティを設定できます。

■……… propertyとgetter（プロパティとゲッター）　プロパティを取得する際に関数を実行したい

　**Canvas2DUtility** クラスの定義を見ると、**get** というキーワードが使われている箇所があります。これはそのクラスが持つ「プロパティのgetter」を定義するためのものです。

　getterは、その語感からも推測できるとおり「クラスを利用するプログラム」が、そのクラスの持つ「プロパティを得るための手段」を提供します。ややわかりにくいので、実際に **Canvas2DUtility** クラスがどのようなgetterを持ち、それがどのように使われるのかを **リスト5.9** に示します。

リスト5.9　Canvas2DUtilityクラスのgetter

```
class Canvas2DUtility {
    /**
     * @constructor
     * @param {HTMLCanvasElement} canvas - 対象となるcanvas element
     */
    constructor(canvas){
        ＜中略＞
    }

    /**
     * @return {HTMLCanvasElement}
     */
    get canvas(){return this.canvasElement;}  // ✿
    /**
     * @return {CanvasRenderingContext2D}
     */
    get context(){return this.context2d;}
    ＜中略＞
}

// クラスをインスタンス化
let util = new Canvas2DUtility(document.body.querySelector('#main_canvas'));

// ✿のgetterを使ってクラスのプロパティを取得する
let cvs = util.canvas;
```

　ここで重要なポイントは、**get**キーワードを用いてgetterを定義している箇所では、関数として値を返すような記述がなされているにもかかわらず、getterを利用してプロパティにアクセスする際には、それが「関数の呼び出しにはなっていない」ということでしょう。これは少し紛らわしいので、丁寧に見ていきます。

　通常、クラスの持つプロパティには、**リスト5.10**のようにもアクセスできます。**constructor**のなかで**this.canvasElement = canvas;**のように**this**に続けて定義したプロパティは、インスタンスを格納した変数に続けて、.（ピリオド）とプロパティ名を記述すればその中身を取得できます。通常は、これでもまったく問題はありません。

リスト5.10　Canvas2DUtilityクラスの持つプロパティを直接参照する

```
// クラスをインスタンス化
let util = new Canvas2DUtility(document.body.querySelector('#main_canvas'));

// Canvas2DUtilityのconstructor内で定義したthis.canvasElementを直接取得する
let cvs = util.canvasElement;
```

　しかし、たとえば**Array.length**のように、時と場合に応じてプロパティの中身が変化する可能性がある場合、プロパティが参照された際に関数を実行してから値を返却したいという場面も考えられます。これを実現するのがgetterです。つまり、プロパティに「関数の実行とその戻り値を紐付ける」ことができるのです。getterは、クラス内で**get**のキーワードとともに記述し、通常の関数と同

じように**return**を使って値を返却します。getterを利用する場面では関数呼び出しのように括弧がつくことはありませんが、クラスを定義する側では、そのプロパティへのアクセスがあった際に実行される関数として記述します。

**Canvas2DUtility**クラスの場合は、getterを使ったアクセスの際に、とくに何か処理や加工を行わずにそのまま値を返却しているので、厳密にはgetterである必要はなさそうにも思えます。サンプルでこのような実装がなされているのは**Canvas2DUtility**が持っているCanvas要素にアクセスする際に、**util.canvasElement**と書かなくても、**util.canvas**と別名（*alias*、エイリアス）でCanvas要素にアクセスできるようにするためです。

本書でこのような実装を行っている意図は、長過ぎる名前や紛らわしい名前ではなく、より「シンプルな名前でクラスの持つプロパティにアクセスできるように」するためです。挙動がやや紛らわしいですが、**リスト5.11**を参考にgetterの挙動を確認しておきましょう。

---

**Column**

### setter（セッター）　プロパティを設定する際に関数を実行したい

JavaScriptでは、プロパティを取得するためのgetterだけでなく、プロパティを設定するためのsetterも定義できます。

setterも、getterと同じように「プロパティを操作する際に関数の実行を行いたい」というケースでその力を発揮します。該当するクラスを利用するプログラムから、何かしらのプロパティが設定されようとするとき、単純に代入するのではなく事前に処理を行ってからプロパティを設定したい場合などに、setterが役に立ちます。

**Canvas2DUtility**クラスにはsetterは実装されていませんが、たとえば「数値が設定されると自動的に単位が付加されるプロパティ」を実現しようと考えた場合にはsetterの仕組みが必要になります。

簡単な例を示すと以下のとおりです。このように、プロパティを外部から設定される際に自動的に実行される処理が必要な場合は、setterの利用を検討してみましょう。

値が設定されると自動的に単位を付加するプロパティの実装例
```
class Book {
    constructor(){
        this.bookCount = `0冊`;
    }

    set count(number){
        this.bookCount = number + '冊';
    }
}

let b = new Book();
b.count = 10;
console.log(b.bookCount);  // ➡10冊

// Book.countに数値を設定すると自動的に「冊」が付与された文字列になる
```

**リスト5.11** getterを利用して別名でプロパティを参照する

```javascript
// 例として簡単なクラスで説明
class Robot {
    constructor(name){
        // とても長いプロパティ名
        this.veryLongPropertyName = name;
    }

    get name(){
        return this.veryLongPropertyName;
    }
}

let r = new Robot('R1');

// どちらも結果は同じだが、nameというエイリアスがあることでシンプルなプロパティ名でアクセスできる
console.log(r.veryLongPropertyName);  // ➡R1
console.log(r.name);  // ➡R1
```

　このように、getterを利用すると外部（クラスを利用している側）からプロパティに対するアクセスがあった際に、何かしらのロジックを含む関数を実行してから値を返却したり、別名を使ってプロパティにアクセスさせたり、といったことが実現できます。

　JavaScriptでは完全にプライベートなプロパティをクラスに対して設定する構文や仕組みはありませんが、getterを用いることで、より扱いやすいクラスの実装となるよう工夫することは可能です。getterはクラスの設計に必須というものではありませんが、覚えておくと良いでしょう。

■⋯⋯⋯⋯**method（メソッド）** オブジェクトが持っている関数

　オブジェクトが持つ変数がプロパティであるとすれば、オブジェクトが持つ関数がメソッドです。**class**構文では、メソッドを定義する場合も**ClassName.prototype.methodName**のように**prototype**を利用する必要はなく、メソッド名の記述だけでそのクラスの持つメソッドを定義できます。

**Column**

### プロトタイプを用いるメリット プロトタイプチェーン

　**class**構文あるいは**prototype**を用いて、オブジェクトのプロトタイプを定義することには、さまざまなメリットがあります。JavaScriptはとても柔軟な言語であり、実はプロトタイプの仕組みを使わなくても、似たような挙動を実現できてしまいます。以下の例を見てみましょう。

**プロトタイプを用いていない**

```javascript
function Robot(){
    this.name = 'David';

    this.sayName = function(){
        console.log(this.name);
    };
```

```
}
let r = new Robot();
r.sayName();  // ➡"David"
```

　上記ではプロトタイプを用いていないにもかかわらず、プロトタイプを用いたときと同じように、**sayName**というメンバの内部で**this.name**が問題なく参照できています。一見、プロトタイプのようなややこしいものを持ち出してこなくても、これで十分に実用に足りるようにも思えます。

　しかし、プロトタイプでは実現できて、この方法にはできないことがあります。次の例を見てください。

```
オブジェクトに後からプロパティを追加する
function Robot(){
    this.name = 'David';

    this.sayName = function(){
        console.log(this.name);
    };
}
let r = new Robot();
r.sayName();  // ➡"David"

// Robotにプロパティを追加する
Robot.size = 10;

// すでに生成されてしまったインスタンスは影響を受けない
console.log(r.size);  // ➡undefined
```

　このように、プロトタイプを用いていない方法では、設計図の役割を果たすコンストラクタ関数に加えられた変更は、すでに生成されてしまっているインスタンスには影響を与えません。少々違った言い方をすると、プロトタイプを用いていない場合の**new**演算子によるインスタンスの生成では、その瞬間のオブジェクトの状態がまるごと新しく作り直され、複製されています。これに対してプロトタイプを用いる方法では、新しくオブジェクトが作られるという点は同様ですが、それに加えて「どのプロトタイプから作られたオブジェクトなのか」という情報が受け継がれます。

　JavaScriptでは、**object.method()**や**object.property**のようにメソッドやプロパティが参照された際、そのオブジェクト自身が該当するメソッドやプロパティを持っているかがまずチェックされます。この時点で該当のメソッドやプロパティが見つかれば、それがそのまま使われます。しかし、もしここで該当するメソッドやプロパティが見つからなかった場合は「プロトタイプをさかのぼって該当するものがあるかどうか」がチェックされます。

　つまり、そのオブジェクト自身が該当するメソッドやプロパティを持っていなかったとしても、そのオブジェクトのプロトタイプとなったオブジェクトが、同名のメソッドやプロパティを持っている場合はそれが代わりに呼び出されるのです。これを図解すると**図5.a**のようになります。

　このように、プロトタイプをさかのぼって該当するメソッドやプロパティが存在するか次々とチェックしていくことができるのは、プロトタイプを用いている場合のみです。このような仕組みは**プロトタイプチェーン**（*prototype chain*）と呼ばれ、JavaScriptの根幹を支える重要な概念だと言えます。

　プロトタイプを用いれば、プロトタイプチェーンの仕組みによって、元となったオブジェクトの情報をさかのぼって利用できます。これはつまり、インスタンスが生成された際にすべての関数（メソッド）

や変数（プロパティ）を複製するために「その都度メモリーを消費することはせず」に、「どのプロトタイプを参照すれば良いかという情報だけ」を複製しているということでもあります。

　たとえばJavaScriptで配列を用いる際、すべての配列は**push**や**map**などのメソッドをはじめから持っていますし、もちろんそれらのメソッドを使えます。このとき、もし配列自身が個別に**push**や**map**を持っているとしたら、配列を1つ作るたびに「メソッド（関数）を複製するためにメモリーを消費してしまう」ということになってしまいます。しかし実際には、配列は**Array.prototype**を継承しているので、配列自身がすべてのメソッドを自ら持っていなくても、元となった**Array**のプロトタイプに定義されたメソッドが呼び出され、問題なく利用できるのです。

　つまり、メモリーの消費はプロトタイプとして定義された**Array.push**や**Array.map**に対して発生するのみで、個別に生成された配列のインスタンスは、メモリーを消費することなく、プロトタイプの持つ豊富な機能をそのまま利用できるのです。

　まとめると、再利用性が高く、何度もインスタンスを生成するようなオブジェクトの場合、プロトタイプの仕組みを活用し無駄にメモリーを消費しないように設計するのが好ましいと言えます。また、プロトタイプをあえて使わないことによるメリット、というのは基本的にありません。普段からプロトタイプを意識したコードを書くようにしておくことで、どのような状況にも広く対応できる技術を身につけられるでしょう。

**図5.a** オブジェクトとプロトタイプとの関係

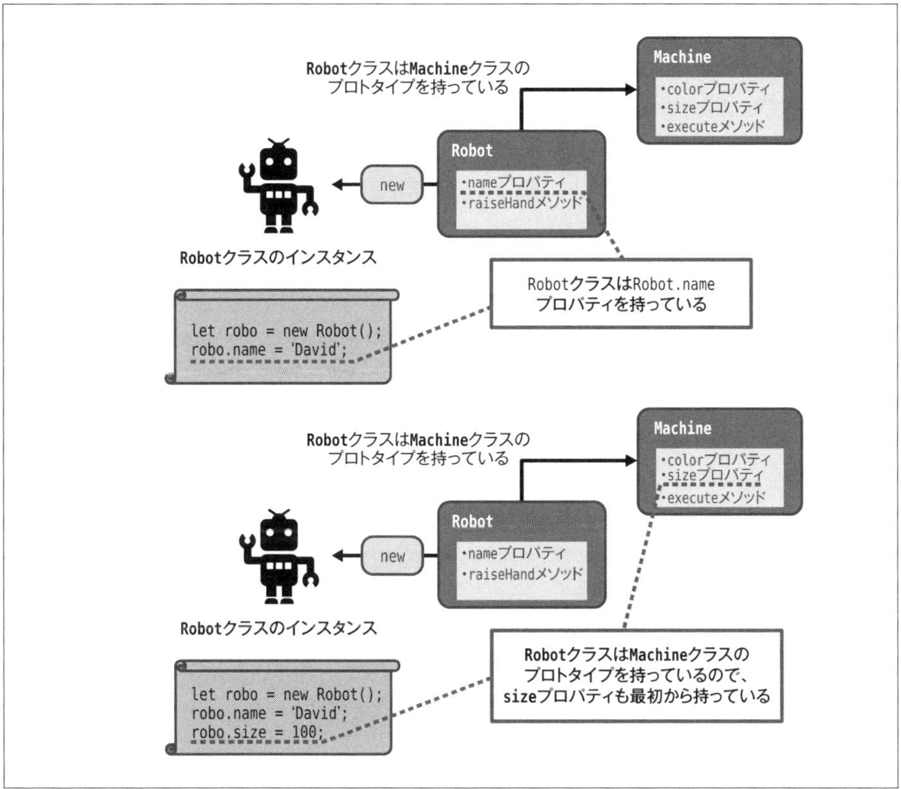

　メソッドの定義では、単にメソッド名を記述し、引数を受けるための**( )**に続けてブロックを記述します。**リスト5.12**は**Canvas2DUtility**クラスでメソッドを定義している箇所を抜粋したものです。

　Canvas2DUtilityクラスのメソッド定義

```
class Canvas2DUtility {
    ＜中略＞

    /**
     * 矩形を描画する
     * @param {number} x - 塗りつぶす矩形の左上角のX座標
     * @param {number} y - 塗りつぶす矩形の左上角のY座標
     * @param {number} width - 塗りつぶす矩形の横幅
     * @param {number} height - 塗りつぶす矩形の高さ
     * @param {string} [color] - 矩形を塗りつぶす際の色
     */
    drawRect(x, y, width, height, color){
        // 色が指定されている場合はスタイルを設定する
        if(color != null){
            this.context2d.fillStyle = color;
        }
        this.context2d.fillRect(x, y, width, height);
    }
    ＜以下略＞
```

　メソッドを呼び出す際には、インスタンスを格納した変数に続けて**.**（ピリオド）を打ち、メソッド名を記載します。リスト5.12を見るとわかるように、インスタンスの持つメソッドの定義内では、自分自身（インスタンス自身）を**this**を使って参照できます。

## script.jsに記述されたメインプログラム　シューティングゲーム作成のひな形

　`stg/001/script/canvas2d.js`には**Canvas2DUtility**クラスだけが記述されている形ですが、`stg/001/script/script.js`では、それを利用したメインとなるプログラムを記述していきます。
　冒頭で、いくつかの変数を定義します。本書のシューティングゲームのサンプルでは、プログラムの実行中に変更を加えない変数は「定数」とみなし、そのことがコード上でもわかりやすいようにすべて大文字のアルファベットで記述しています。該当する箇所の抜粋が**リスト5.13**です。

　script.js内での定数の定義

```
/**
 * canvasの幅
 * @type {number}
 */
const CANVAS_WIDTH = 640;
/**
 * canvasの高さ
 * @type {number}
 */
const CANVAS_HEIGHT = 480;
```

**const**を用いて宣言した変数は、値の再代入が行えなくなります。そのことを変数名だけを見ても
わかりやすくするために、大文字のアルファベットのみで構成された名前としています。ここで
はCanvas要素の幅と高さを定義しています。

次に、HTMLページの読み込みが完了した際に発火する**load**イベントを検出して処理が開始され
るように、**リスト5.14**のようにイベント処理を記述します。このような構成は第4章で扱った
Canvas2Dコンテキストのサンプルと同様のものです。

**リスト5.14** ページのロード完了後に処理を開始するloadイベント

```
window.addEventListener('load', () => {
    // ユーティリティクラスを初期化
    util = new Canvas2DUtility(document.body.querySelector('#main_canvas'));
    // ユーティリティクラスからcanvasを取得
    canvas = util.canvas;
    // ユーティリティクラスから2dコンテキストを取得
    ctx = util.context;

    // 最初に画像の読み込みを開始する
    util.imageLoader('./image/viper.png', (loadedImage) => {
        // 引数経由で画像を受け取り変数に代入しておく
        image = loadedImage;
        // 初期化処理を行う
        initialize();
        // 描画処理を行う
        render();
    });
}, false);
```

上から順番に、何が行われているのかを見てみると、最初に**Canvas2DUtility**クラスのインスタ
ンスを作っています。そして**Canvas2DUtility.imageLoader**メソッドを使って、画像ファイルを読
み込みます。画像ファイルの読み込みが完了すると、コールバック関数に読み込んだ画像のインス
タンスが引数**loadedImage**として渡されてきます。その後、初期化処理をまとめた関数である
**initialize**を呼び出し、最後に描画処理を行う関数**render**を呼び出します。

**リスト5.15**は**initialize**関数の中身です。ここでは単に、Canvas要素の大きさを設定しています。

**リスト5.15** initialize関数（canvasやコンテキストを初期化）

```
function initialize(){
    // canvasの大きさを設定
    canvas.width = CANVAS_WIDTH;
    canvas.height = CANVAS_HEIGHT;
}
```

次に**render**関数ですが、こちらも`stg/001/script/script.js`の場合は極めてシンプルなもので
す。**Canvas2DUtility**クラスの**drawRect**メソッドを使って背景色を明るいグレーで塗りつぶしてク
リアした後、Canvas2Dコンテキストのメソッド**drawImage**で先ほど読み込んだ画像を描画していま
す。**リスト5.16**で示したように、画像はCanvas要素の左角から、縦横100pxの位置に描かれます。

**リスト5.16** render関数（描画処理を行う）

```
function render(){
    // 描画前に画面全体を不透明な明るいグレーで塗りつぶす
    util.drawRect(0, 0, canvas.width, canvas.height, '#eeeeee');
    // 画像を描画する
    ctx.drawImage(image, 100, 100);
}
```

　この**stg/001**のサンプルは、今の時点ではキャラクターが動いたりすることもなく、絵が1枚描画されるだけのシンプルな構成です（**図5.7**）。これが、シューティングゲームを作っていくためのひな形になります。ここから、徐々に機能を追加/修正しながら、ゲームの完成に向けて取り組んでいきましょう。

**図5.7** stg/001の実行結果

## メインループ　アニメーション処理のための基盤を実装

　**stg/001**では、決まった位置にキャラクターが配置されるだけでした。しかも、このキャラクターの配置は初期化処理と同時に行われる1回きりの描画によってCanvas上に描かれており、勝手にキャラクターが動いたりはしません。まずは、**stg/002**でキャラクターがなめらかに動くように、アニメーション処理のための基盤を実装します。

　アニメーション処理は素早く描画処理を何度も行うことによって、あたかもキャラクターが動いているかのように見せます。その仕組みから、アニメーション処理を語る文脈ではパラパラ漫画がたびたび例として取り上げられます。プログラムによってアニメーションを実装する場合も、やはりパラパラ漫画同様に、ほんの少しずつ動かしたキャラクターを何度も繰り返し描画することによりアニメーションが実現できます。

■⋯⋯⋯⋯ **タイムスタンプの格納と取得**

リスト5.17に示したように、stg/001と比較するとstg/002には新しく**startTime**という変数が追加されています。この変数は、描画が開始された瞬間のタイムスタンプを確保しておくための変数です。

**リスト5.17** startTime変数の宣言

```
/**
 * 実行開始時のタイムスタンプ
 * @type {number}
 */
let startTime = null;
```

タイムスタンプは、時刻の経過を整数で表現したものです。単位はミリ秒（1/1000秒）であり、1970年1月1日の午前0時からの経過時間を表します。描画が開始された瞬間のタイムスタンプを変数**startTime**に確保しておくと、任意の瞬間のタイムスタンプと比較することで、どのくらい時間が経過しているのかを知ることができます。

stg/002のサンプルでは、描画処理が始まる瞬間に**startTime**にタイムスタンプを確保した後、描画処理を繰り返し呼び出すたびに、その瞬間のタイムスタンプと比較することで経過時間を計測しています。最初に変数**startTime**にタイムスタンプを格納しているのが**リスト5.18**の部分です。

**リスト5.18** 変数startTimeへの値の設定を行う（ページのロード完了時に発火するloadイベント）

```
window.addEventListener('load', () => {
    // ユーティリティクラスを初期化
    util = new Canvas2DUtility(document.body.querySelector('#main_canvas'));
    // ユーティリティクラスからcanvasを取得
    canvas = util.canvas;
    // ユーティリティクラスから2dコンテキストを取得
    ctx = util.context;

    // 最初に画像の読み込みを開始する
    util.imageLoader('./image/viper.png', (loadedImage) => {
        // 引数経由で画像を受け取り変数に代入しておく
        image = loadedImage;
        // 初期化処理を行う
        initialize();
        // 実行開始時のタイムスタンプを取得する
        startTime = Date.now();
        // 描画処理を行う
        render();
    });
}, false);
```

ページのロードが完了したことを**window.addEventListener**が検出した後、**Canvas2DUtility**クラスの初期化や画像の読み込みが行われます。画像の読み込みが完了したら、初期化処理を行う**initialize**関数を呼び出してやり、いざ描画を開始しようとするその直前に**startTime**に現在時のタイムスタンプを格納します。JavaScriptで現在時刻のタイムスタンプを取得するには、リスト5.18にあるように**Date.now()**を利用するのが便利です。

■⋯⋯⋯⋯ **描画処理**　塗りつぶし、経過時間の計測、画像の描画、描画処理の再帰呼び出し

　次に、**render**関数が呼び出されると、ここで描画処理がスタートします。**render**関数の内部では、**リスト5.19**に示したように、差分を計算することによる経過時間の算出が行われています。

**リスト5.19** render関数（描画処理を行う）

```
function render(){
    // 描画前に画面全体を不透明な明るいグレーで塗りつぶす
    util.drawRect(0, 0, canvas.width, canvas.height, '#eeeeee');

    // 現在までの経過時間を取得する（ミリ秒を秒に変換するため1000で除算）
    let nowTime = (Date.now() - startTime) / 1000;
    // 時間の経過が見た目にわかりやすいように自機をサイン波で動かす
    let s = Math.sin(nowTime);
    // サインやコサインは半径1の円を基準にしているので、得られる値の範囲が
    // -1.0～1.0になるため、効果がわかりやすくなるように100倍する
    let x = s * 100.0;

    // 画像を描画する（canvasの中心位置を基準にサイン波で左右に往復するようにする）
    ctx.drawImage(image, CANVAS_WIDTH / 2 + x, CANVAS_HEIGHT / 2);

    // 恒常ループのために描画処理を再帰呼び出しする
    requestAnimationFrame(render);
}
```

　まず**render**関数の冒頭では、描画を始める前にまずCanvas要素全体を明るいグレーで塗りつぶしています。こうすることで、直前の描画処理でCanvas要素上に描かれていたものがすべて上書きされます。この最初の塗りつぶし処理を行わないと、直前の描画結果が残ったままになってしまい、**図5.8**の例のように、残像が現れたかのような不自然な描画結果になってしまうので気をつけましょう。

**図5.8**　直前の描画結果が残ってしまっている場合のイメージ

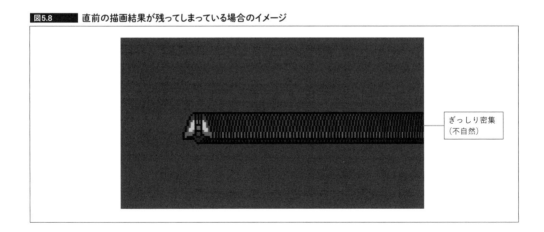

ぎっしり密集
（不自然）

　塗りつぶしによるCanvas要素の外見上のクリア処理が終わったら、そこで経過時間を計測します。**(Date.now() - startTime) / 1000**という計算では、現在の時刻から描画開始時の時刻を減算

して差分を検出しています。それを1000で割っているのは、タイムスタンプがミリ秒単位であり、そのまま差分を利用するには単位が細か過ぎるためです。1秒は1000ミリ秒に相当するので、1000で割ることによって秒単位に変換しています。

　`stg/002`では、計測した経過時間を`Math.sin`の引数として利用しています。サインの計算結果は、-1〜1の範囲を振動するように行き来する結果になるため、時間の経過をそのままラジアンに見立てて`Math.sin`に与えると、サイン波として利用できます。ここでは、得られたサイン波でキャラクターの位置が動くような記述になっています。

　そして、アニメーション処理のポイントの一つとなる「繰り返し描画処理を呼び出す」ための記述が、`render`関数の最後の`requestAnimationFrame`の呼び出しです。`requestAnimationFrame`は、ディスプレイの**リフレッシュレート**（*refresh rate*）に応じて自動的に描画処理を呼び出してくれる関数です。一般的なディスプレイやモニターは、通常1秒間に60回画面を更新しています。これをリフレッシュレートと呼びます。リフレッシュレートが低いと、それだけアニメーションが途切れ途切れに見え、リフレッシュレートが高いと、なめらかに動いているように見えます。オブジェクトがジャンプする動作を例にした、**図5.9**に描かれた様子を見ながら考えるとわかりやすいでしょう。

**図5.9**　リフレッシュレートの違いによる変化

　また、ディスプレイのリフレッシュレートが秒間60回であるとすると、仮にJavaScript側からそれ以上の速さで高速に描画処理を行ったとしても、それらすべてが「必ずしも画面に表示されるわけではない」ということになってしまうのがわかります。`requestAnimationFrame`は、ディスプレイのリフレッシュレートに応じて描画の間隔を調整してくれる役割があり、引数に与えられた関数を、ディスプレイの更新に合わせて自動的に（最適なタイミングで）呼び出してくれます。

　したがって、**リスト5.20**に示したように`requestAnimationFrame`の引数に`render`関数を与えておくと、次の画面の更新に同期する形で自動的に`render`が再帰的に呼び出されます。

**リスト5.20**　requestAnimationFrameの引数にrender関数を指定する

```
function render(){

    ＜中略＞

    // render関数自身が、render関数の呼び出しを
    // requestAnimationFrameに登録して終わる形になっている
    requestAnimationFrame(render);
}
```

ディスプレイのリフレッシュレートをJavaScriptで正確に計測する方法は基本的にありません。ですから開発者がJavaScriptでディスプレイのリフレッシュレートを計測し、自身で描画頻度をそれに合わせて制御することはできないと考えて良いでしょう。しかし**requestAnimationFrame**を利用してアニメーション処理を記述しておけば、Webブラウザが自動的にリフレッシュレートとの同期を行ってくれるのです。

## ユーザーインタラクション　ユーザーの入力とaddEventListener

`stg/002`でアニメーションするためのループ処理を実装しましたので、今後はプログラムした結果をリアルタイムに描画結果として確認できるようになりました。

`stg/003`では、ユーザーの操作を受け付け、インタラクティブに操作できるようにプログラムを拡張してみます。本書で作成するシューティングゲームでは、ユーザーの入力として「キーボードでのキー入力」を利用します。ユーザーのインタラクティブな操作を受け取るための仕組みは、本書でもすでにたびたび利用してきた**addEventListener**を利用します。ユーザーのキー操作を検出できるイベントには、**表5.1**に示したようにいくつか種類があります。

**keydown**と**keypress**は一見すると違いがわかりにくいですが、イベントが発生した際に取得できる情報や、どのキーに対して発生するのかなどが異なります。たとえば Shift キーが押された際に**keydown**は発生する一方、**keypress**は発生しないなどの違いがあります。**keyup**はキーが離されたときにのみ発生します。

通常、ゲームなどをJavaScriptで作成する場合には**keydown**と**keyup**を用いるのが良いでしょう。キーを押し込みそのまま指を離さずに押しっぱなしにしていると、**keydown**や**keypress**は何度も連続して発生します。これらのことを踏まえて、ゲームにキーの入力に応じた処理が実行される仕組みを導入します。

`stg/003`では、新たに変数を追加しています。該当する変数の宣言が行われている箇所の抜粋が**リスト5.21**です。

**表5.1**　stg/003で追加された変数の宣言

| イベント名 | 意味 |
|---|---|
| keydown | キーが押された |
| keypress | キーが押された |
| keyup | キーが離された |

**リスト5.21**　stg/003で追加された変数の宣言

```
/**
 * 自機のX座標
 * @type {number}
 */
let viperX = CANVAS_WIDTH / 2;  // ここでは仮でcanvasの中心位置
/**
 * 自機のY座標
 * @type {number}
 */
let viperY = CANVAS_HEIGHT / 2;  // ここでは仮でcanvasの中心位置
```

　シューティングゲームの自機キャラクターは、プログラム側では「viper」と命名しました。その自
機キャラクターの座標を、キーの入力に応じて動かすようにするために、自機キャラクターのX座
標とY座標を格納するための変数として **viperX**、**viperY** の2つの変数を追加しています。

　次に、ユーザーがキーの入力を行ったことを検出するために **addEventListener** を利用した記述を
追加します。イベントに関する処理は、対応するイベントの種類が増えてくると煩雑になりがちで
す。ここでは、イベントに関連した処理を一つにまとめて関数として記述します。**リスト5.22** のよ
うに、イベントの登録などを行うための関数を用意して、ゲームの初期化処理のタイミングで一度
だけ呼び出すように実装してみましょう。

**リスト5.22** eventSetting関数

```
/**
 * イベントを設定する
 */
function eventSetting(){
    // キーの押下時に呼び出されるイベントリスナーを設定する
    window.addEventListener('keydown', (event) => {
        // 入力されたキーに応じて処理内容を変化させる
        switch(event.key){
            case 'ArrowLeft':  // ←：左矢印キー
                viperX -= 10;
                break;
            case 'ArrowRight':  // →：右矢印キー
                viperX += 10;
                break;
            case 'ArrowUp':
                viperY -= 10;  // ↑：上矢印キー
                break;
            case 'ArrowDown':
                viperY += 10;  // ↓：下矢印キー
                break;
        }
    }, false);
}
```

　今回のサンプルゲームでは、ブラウザウィンドウ全体でキーの入力を検出できるようにするため
に、**window** に対して **addEventListener** を設定します。対応するイベントとしては **keydown** を利用し、
ユーザーがキーを押した瞬間に、イベントが発生するようにします。

　イベントが発生したときに呼ばれるコールバック関数部分を見ると、引数として受け取った **event**
という名前の変数を利用して、何か処理を行っているのがわかります。この引数 **event** には、キー
ボード操作に関するさまざまな情報を持った **KeyboardEvent** という名前のオブジェクトが渡されて
きます。**KeyboardEvent** オブジェクトの **key** プロパティを参照すると、イベントの発生のトリガーと
なったキーの種類を、文字列で取得できます。S キーであれば **KeyboardEvent.key === 's'** ですし、
Enter キーなどの場合でも、それを表す文字列が **KeyboardEvent.key === 'Enter'** のような形であ
らかじめ設定された状態になっています。

リスト5.22では、キーボードの矢印キー（*arrow key*、アローキー）の入力を検出するため、**ArrowLeft**などの、4つの矢印キーの入力があったかどうかを**switch**構文を使ってチェックしています。それぞれ、キーの入力があった場合は、方角に応じて自機キャラクターの位置を変化させるような処理を行っています。

実際に**stg/003**のサンプルをブラウザで実行すると、矢印キーを押した瞬間に、自機キャラクターの位置が変化する様子を観察できます（**図5.10**）。

**図5.10** stg/003の実行結果

## キー入力系イベントの発生順序とリピート

JavaScriptで検出可能なキーボードのイベントには**keydown**、**keypress**、**keyup**の3種類がありますが、それぞれの発生順序は決まっています。

キーの押下があった際、最初に発生するのが**keydown**イベントです。続いて間を置かずに**keypress**イベントが発生し、キーを離すと**keyup**イベントが発生します。もし、キーを押しっぱなしにしたままにしていると、一般的なキーボードの文字入力などと同様に、キーのリピートが発生します。つまり、キーを離すまでの間は常に**keydown**と**keypress**が順番に連続して発生することになります。

キーのリピートする速度は、OSやWebブラウザの種類／設定によってさまざまなケースが考えられるため、一定の仕様によって定まったイベントの発生間隔は存在しません。**stg/003**のサンプルでは、**keydown**イベントの発生に応じて自機キャラクターの位置が変化するようになっていますが、シューティングゲームのキャラクターの操作としては、やや不自然な動きになってしまいます。これについてはいずれ、キーが押されているかどうかをフラグとしてゲームプログラム内で管理するようにして、そのフラグに応じてキャラクターが操作できるように修正を加えていきます。

## シーン構成を整える　各種シーンの状態管理の基盤

　本章の仕上げとして、最後にゲームのシーン構成の基盤を作成しましょう。ここで言うシーン構成とは、ゲーム開始直後に「自機キャラクターが登場してくるシーン」と、「自機キャラクターを操作できる通常シーン」という、2つの状態を管理することを指します。

　実際に商用で発売されているゲームなどを思い浮かべるとわかりやすいですが、ゲームを開始するとまずタイトルシーンがあり、キャラクター選択のシーンや、チュートリアルのシーンがあり、ゲームプレイ中のシーン、ゲームオーバーのシーンなど、さまざまなシーンの状態が考えられます。

　本書のサンプルゲームでも、いくつかのシーンの状態を実装していきますが、stg/004 でははじめに「自機キャラクターが登場してくるシーン」を考えてみます。まず、シーンの状態を管理するために、新しい変数を宣言しておきます。**リスト5.23**にあるように、2つの変数を追加します。

**リスト5.23**　stg/004で追加された変数の宣言

```
/**
 * @type {boolean} - 自機が登場中かどうかを表すフラグ
 */
let isComing = false;
/**
 * @type {number} - 登場演出を開始した際のタイムスタンプ
 */
let comingStart = null;
```

　「自機キャラクターが現在登場中かどうか」を判定するための**isComing**には、真偽値の値を格納します。また、自機キャラクターの登場シーンが始まってからの経過時間を管理するために、変数**comingStart**を用いてタイムスタンプとの差分が取れるようにしておきます。

　これらの変数が実際に使われている箇所は、初期化処理を行うための**initialize**関数のなかと、アニメーションループで描画処理を行う**render**関数のなかにそれぞれ存在します。はじめに**initialize**関数の中身です。ここでは**リスト5.24**にあるように、先述の新しく追加された変数に初期状態を設定します。

**リスト5.24**　initialize関数

```
/**
 * canvasやコンテキストを初期化する
 */
function initialize(){
    // canvasの大きさを設定
    canvas.width = CANVAS_WIDTH;
    canvas.height = CANVAS_HEIGHT;

    // 登場シーンからスタートするための設定
    isComing = true;             // 登場中フラグを立てる
    comingStart = Date.now();    // 登場開始のタイムスタンプを取得する
    viperY = CANVAS_HEIGHT;      // 画面外（下端の外）を初期位置にする
}
```

　自機キャラクターが登場するところからゲームをスタートするために、変数 **isComing** には **true** を設定します。また、登場してからどれくらいの時間が経過しているかを後々利用することになるので、この時点のタイムスタンプを、変数 **comingStart** に入れておきます。

　自機キャラクターは、画面の外側から内側に向かって徐々に登場してくるようにしたいので、自機キャラクターのY座標の初期値を、Canvas要素の高さと同じにしておきます。これは、図解すると**図5.11**のような位置に自機キャラクターを置いていることと同じです。

図5.11　CANVAS_HEIGHTのイメージ

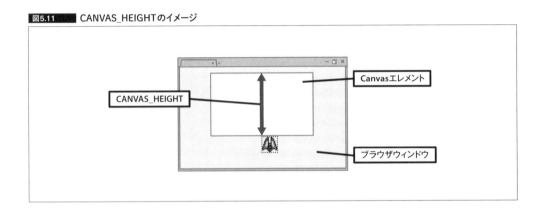

　ゲームがスタートし、**requestAnimationFrame** によって次々と **render** 関数が呼び出される状態になったときのことも考えてみましょう。**render** 関数の中身では、自機キャラクターが「登場中であるかどうか」によって処理を分岐させます。つまり、変数 **isComing** が **true** なら登場中とみなすことができ、逆に **false** になっていたら、登場シーンは終わっていると判断できます。**リスト5.25** は、実際の stg/004/script/script.js に記述された **render** 関数です。

　やや長いですが、ポイントは変数 **isComing** を利用した分岐処理の中身です。**isComing** が **true** の場合、登場シーンの最中であるとみなして、自機キャラクターを登場させる演出の処理を行います。

　自機キャラクターが登場し始めてからどれくらいの時間が経過しているのかは、ゲーム自体の経過時間を計測したのと同じ方法で調べられます。**(justTime - comingStart) / 1000** の部分で、登場開始からの経過時間を算出し、その経過時間に応じて、自機キャラクターが画面の下方から徐々に画面の上のほうに向かって移動していくようになっています。時間が経過すればするほど、自機キャラクターの位置は上に移動していきます。

　もし、自機キャラクターの位置が一定よりも上に移動していたら、その時点で **isComing** の値を **false** にします。こうすることで、自機キャラクターが特定の位置まで移動した際に、自動的に「登場中というシーンの状態」が解除されるようになっています。ここで大事なことは、変数 **isComing** を見れば、いつでも「シーンが登場中であるかどうか」を判定できる、ということです。たとえば、登場中のシーンの最中に、キーボードの入力で自機キャラクターを動かすことができてしまっては、演出として不自然です。

**リスト5.25** render関数

```
/**
 * 描画処理を行う
 */
function render(){
    // グローバルなアルファを必ず1.0で描画処理を開始する
    ctx.globalAlpha = 1.0;
    // 描画前に画面全体を不透明な明るいグレーで塗りつぶす
    util.drawRect(0, 0, canvas.width, canvas.height, '#eeeeee');
    // 現在までの経過時間を取得する（ミリ秒を秒に変換するため1000で除算）
    let nowTime = (Date.now() - startTime) / 1000;

    // 登場シーンの処理
    if(isComing === true){
        // 登場シーンが始まってからの経過時間
        let justTime = Date.now();
        let comingTime = (justTime - comingStart) / 1000;
        // 登場中は時間が経つほど上に向かって進む
        viperY = CANVAS_HEIGHT - comingTime * 50;
        // 一定の位置まで移動したら登場シーンを終了する
        if(viperY <= CANVAS_HEIGHT - 100){
            isComing = false;              // 登場シーンフラグを下ろす
            viperY = CANVAS_HEIGHT - 100;  // 行き過ぎの可能性もあるので位置を再設定
        }
        // justTimeを100で割ったとき余りが50より小さくなる場合だけ半透明にする
        if(justTime % 100 < 50){
            ctx.globalAlpha = 0.5;
        }
    }

    // 画像を描画する（現在の自機の位置に準じた位置に描画する）
    ctx.drawImage(image, viperX, viperY);

    // 恒常ループのために描画処理を再帰呼び出しする
    requestAnimationFrame(render);
}
```

　そこで、キーボードの入力を検出する**keydown**イベントの処理では、変数**isComing**がもし**true**に設定されていた場合には、キーの入力を無視するようにしています（**リスト5.26**）。

**リスト5.26** eventSetting関数

```
/**
 * イベントを設定する
 */
function eventSetting(){
    // キーの押下時に呼び出されるイベントリスナーを設定する
    window.addEventListener('keydown', (event) => {
        // 登場シーンなら何もしないで終了する
        if(isComing === true){return;}

        ＜中略＞
}
```

変数**isComing**が**true**である場合、登場シーンの最中であるとみなして即座に**return**しているのがわかります。

また、シーンの概念は、プログラムの内部的な処理の変化だけでなく、実際にユーザーが目にすることになる外見にも反映させるようにするべきです。**stg/004**では、登場中のシーンでは自機キャラクターが点滅したような見た目になるようにしており、これによって、ユーザーに対して「今は操作ができない登場中という特殊な状態である」ということを伝えています。

点滅するような外見を実現しているのは、**render**関数の最後のほうに書かれた一連の処理です。該当する**リスト5.27**の箇所では、キャラクターを描画する際の不透明度を、時間の経過に応じて変化させています。

**リスト5.27** 時間の経過に応じて不透明度を変更する記述

```
// justTimeを100で割ったとき余りが50より小さくなる場合だけ半透明にする
if(justTime % 100 < 50){
    ctx.globalAlpha = 0.5;
}
```

変数**justTime**には、その時点の**Date.now()**で得られたタイムスタンプがそのまま格納されています。これを100で割った余りということになると、これは常に0〜99のいずれかの数値になります。もし、この余りの数値が50よりも小さかった場合にだけ、Canvasコンテキスト全体の不透明度を半分にしてから描画することで、まるで自機キャラクターが点滅しているかのように見えるというわけです。

実際に**stg/004**をWebブラウザで開いて実行すると、実行開始直後に、自機キャラクターが画面の下のほうから徐々に点滅しながら現れ、一定の位置に達すると、キーボードでの操作が可能となることが確認できるはずです（**図5.12**）。

**図5.12** stg/004の実行結果

# 5.3
## 本章のまとめ

　本章では、ユーザーの入力を受け付け、それに応じて状態が変化するゲームとしての基盤となる部分を作成しました。途中、JavaScriptの**class**構文やプロトタイプの仕組みを解説しましたが、ゲームに限らず、プログラムを構築していく上で、土台となる部分をしっかりと設計しておくことは、後々大きなアドバンテージになります。

　**class**構文を利用してオブジェクトを設計したり、真偽値を見てシーンの状態を変化させたり、ユーザーの入力を検出するイベント処理を一つの関数にまとめたりといった、コードを書いていく上で必要となる細かな工夫は、ただその概念を紙面上で眺めているだけではなかなか身につきません。本書のサンプルではあらかじめそれらが実装された状態になっていますが、それを参考にしながら、自分なりに拡張できる部分がないか、検討してみるのも良いでしょう。ぜひ実際に手を動かして、プログラミングに取り組んでみてください。

　JavaScriptのプロトタイプの仕組みは、最初はどうしてもややわかりにくく感じてしまう部分です。しかし、シンプルな構造から作り始め、ゲームの実装に合わせて少しずつ拡張していくことで、その特徴や利便性が徐々に目に見える形として意識できるようになっていきます。少しずつですが確実に、ゲームは完成に向かっていきます。最終的に見通しの良いプログラムを完成させることができるよう、土台となる本章の内容をしっかりと理解しておきましょう。

# 第6章

# キャラクターと動きのプログラミング

ゼロから作るシューティングゲーム❷

第5章でゲームの土台となる基盤部分を構築できたので、本章からはゲームの中心的存在となるキャラクターの実装を行っていきます。

ゲームのプログラミングにおけるキャラクターの状態管理は、グラフィックスプログラミングにもそのまま応用できる概念です。プログラムによってオブジェクトを動かしたり、そのオブジェクトの持つパラメーターを変化させたりといった、動きのあるプログラミングに特有の目まぐるしい状態変化をいかにして管理するのか。本章の内容を通じて、まずはその感覚を掴みましょう。

## 6.1
## キャラクターの実装
キャラクター管理クラス、キーの入力によるインタラクティブな移動

`stg/004`までは、キャラクターに関するパラメーターは、自機キャラクターのＸ座標とＹ座標といった程度のシンプルなものでした。

しかし、実際にゲームを完成させるためには「自機キャラクター」一つをとっても多くのさまざまなパラメーターを管理する必要性が出てきます。まずは、自機キャラクターを効率良く、また拡張しやすい形で管理するためのキャラクター管理クラスの実装を行いましょう。

### クラスの抽象化　共通して必要となるパラメーターをまとめて管理

グラフィックスプログラミングにおいては、画面やディスプレイ上にさまざまなオブジェクトた

ちが描き出されます。これらの各種オブジェクトは、いずれも何かしらの座標を持っていることが
ほとんどです。ここで言う「座標」は、2Dのプログラムであれば XY 座標、3D のプログラムであれば
XYZ 座標といったように、複数の軸に沿った値を組み合わせて表現されるのが一般的です。このよ
うな軸ごとの値を組み合わせた座標の表現方法は「デカルト座標」（直交座標系）と呼ばれ、その扱い
やすさや直感的な使い勝手から、プログラミングの世界でも広く使われています。

　シューティングゲームのプログラミングにおいても、自機キャラクターや敵キャラクター、ある
いはキャラクターが放つショットなどのオブジェクトについても、やはりそのオブジェクトが存在
している座標（位置）を管理する必要性が出てきます。

　このような「複数のオブジェクトに共通して必要となるパラメーター」は、一つのクラスを使い回
すことができるように汎用化しておくことで、効率良く、またわかりやすくプログラムを記述でき
ます。`stg/005` からは、汎用的に使うクラスを、まとめて記述するための JavaScript ファイルを追加
します。座標を管理するためのクラスなど、汎用的な機能はこのファイルにまとめて実装していき
ます。`stg/005/script` 以下に `character.js` というファイルが追加されていますので、その内容を確
認していきましょう。

```
サンプルデータを展開した際のファイル構成
sample/stg
 ├001
 ├002
 │＜中略＞
 ├005
 │ ├css
 │ │ └style.css
 │ ├image
 │ │ └画像ファイル
 │ ├script
 │ │ ├canvas2d.js
 │ │ ├character.js
 │ │ └script.js
 │ └index.html
 │
 ：＜以下略＞
```

■⋯⋯⋯⋯⋯ **Position クラス**　　座標を管理するためのクラス

　`stg/005/script/character.js` の冒頭で、最初に記述されているのが座標を管理するための
**Position** クラスです。このクラスは「2D 座標を汎用的に扱うためのクラス」で、今後も必要に応じ
て随時機能を拡張していきます。

　今の段階では、単に座標を格納できる役割だけを持ったシンプルな構造になっています。**リスト
6.1** を見ると、コンストラクタで XY 座標を初期化できるようになっていることと、**set** というメソッ
ドを使うことで XY 座標を更新できることがわかります。この **Position** クラスのような、汎用的な
役割を持つクラスを実装しておくと、どのようなメリットがあるのでしょうか。

リスト6.1 Positionクラス

```
/**
 * 座標を管理するためのクラス
 */
class Position {
    /**
     * @constructor
     * @param {number} x - X座標
     * @param {number} y - Y座標
     */
    constructor(x, y){
        /**
         * X座標
         * @type {number}
         */
        this.x = x;
        /**
         * Y座標
         * @type {number}
         */
        this.y = y;
    }

    /**
     * 値を設定する
     * @param {number} [x] - 設定する X座標
     * @param {number} [y] - 設定する Y座標
     */
    set(x, y){
        if(x != null){this.x = x;}
        if(y != null){this.y = y;}
    }
}
```

　たとえばゲームを作っていくなかで、キャラクターAは**set(x, y)**というように「座標を更新するためのメソッド」を使うことができるが、キャラクターBは座標を配列で扱っていて**v[0] = x; v[1] = y;**というように「配列の要素への代入」として記述しなくてはならない、といった状況が発生してしまうと、統一感がなく、わかりにくいコードになってしまうことが想像できます。

　また、**Position**クラスのような汎用的なクラスを作っておくと、**Position**クラスに新しい機能を追加するだけで、**Position**クラスを使っているすべてのオブジェクトやキャラクターがその新機能を漏れなく使えるようになる、というメリットがあり、先の例のように「同じことをしたいだけなのに表記方法が異なる」といった紛らわしい状況も防ぐことができます。

　複数のオブジェクトに共通するような機能は、小さなクラスとして汎用化しておくことでさまざまなメリットが生まれます。この考え方に則って、次は「キャラクター」を管理するための、汎用的なクラスを作ってみます。

Column

# コンストラクタによる値の代入

**Position**クラスの**constructor**では、その引数から受け取ったX座標とY座標を**this.x = x**というように値を直接代入して初期化しています。このような記述は決して間違いではありませんが、たとえば以下のように**Position.set**メソッドをコンストラクタの内部で利用した記述を行うこともできます。

```
コンストラクタで自身のメソッドを呼び出す
constructor(x, y){
    /**
     * X座標
     * @type {number}
     */
    this.x = null;
    /**
     * Y座標
     * @type {number}
     */
    this.y = null;

    // setメソッドを使って値を設定
    this.set(x, y);
}

set(x, y){
    if(x != null){this.x = x;}
    if(y != null){this.y = y;}
}
```

**Position.set**メソッドでは、引数として渡された値が**null**でないかどうかを、代入を行う前に**if**文を利用してチェックしています。つまり、「コンストラクタ内部で直接値を代入する場合」と「**Position.set**メソッドを使って値を設定する場合」とでは、値を代入するという意図は変わりませんが、事前に値がチェックされるかどうかという点で挙動が異なっていることになります。

　たとえば、将来的に**this.x**や**this.y**に設定できる値を特定の範囲に限定したいなど、新たな要望が出てきた場合のことを考えてみましょう。**Position.set**メソッドに対して、新たな要望に応じられるように機能を拡張したとしても、コンストラクタで直接値を代入している箇所が残ったままになっていては、そこではチェックが働かないということになってしまいます。その点、必ず**Position.set**メソッドを利用して座標が設定されるようになっていれば、**Position.set**メソッドだけをしっかりと機能拡張しておけば、結果的にコンストラクタ側でもチェックの機構が働くことになります。

　ここで示した例のように、変数やプロパティを上書きするなどの「状態の変化」が発生する箇所は、まとめて一元管理されていることが好ましいと言えます。同じ変数やプロパティが上書きされる可能性が複数の箇所に分散していると挙動が一致しないケースが増え、結果的に不具合を誘発しやすくなります。クラスを設計する場面に限りませんが、変数やプロパティの初期化処理一つを取っても、ここで示した例のようにさまざまな工夫を凝らすことができます。また、それらの小さな工夫の積み重ねによって、優れた設計のプログラムができあがっていくのです。

■⋯⋯⋯⋯ **Characterクラス**　キャラクターのベースとなる汎用的なクラス

　ゲームのプログラミングには、さまざまなキャラクターが登場します。プレイヤーが操作する自機キャラクター、その自機キャラクターを攻撃する敵キャラクター、さらには巨大なボスキャラクターやプレイヤーを助けるアイテムポッドなど、そのバリエーションは本当に様々です。

　これらの各種キャラクターは、共通する部分も多くあります。そこで、キャラクターそのもののベースとなる、汎用的なクラスとして **Character** クラスを実装します。**Character** クラスは **Position** クラス同様に **stg/005/script/character.js** に記述されています。

　**リスト6.2**を見ると、このクラスは自身の座標や生存フラグなどをプロパティとして持ち、自身を Canvas 要素上に描画するためのメソッド **draw** が実装されていることがわかります。

　**Character** クラスを利用するときは **new Character(ctx, x, y, 0, image)** のように、XY座標や生存フラグ、描画に使われる Canvas2D コンテキストや画像を引数に与えます。**Character.draw()** というようにメソッドを呼び出せば、あらかじめ設定されている座標にキャラクターが描かれるようになる仕組みです。

　このキャラクターを管理するためのクラスも、座標を管理するためのクラスである **Position** と同じように、今後さまざまな形で拡張されていくことになります。

■⋯⋯⋯⋯ **クラスの継承と自機キャラクタークラス**　class構文のextendsと、super

　キャラクターを管理するための基盤となるクラス **Character** を作ったので、これを実際に使う「自機キャラクター」のためのクラスを実装しましょう。自機キャラクターは、汎用性を考えて作った **Character** クラスをベースにしつつ、独自のプロパティを持つこともできるように設計します。これには、JavaScript の **class** 構文の機能である **継承**を利用します。

　第5章で触れたように、JavaScript には C++ などのクラスベース言語と同じクラスの仕組みはありません。ですから、ここで言う「継承」は、厳密にはクラスベースの言語における継承と同じものというわけではありません。しかし、プロトタイプベースの言語である JavaScript においても「あるオブジェクトのプロトタイプを引き継いだオブジェクトを作る」という意味で、継承というキーワードを用いて説明することは自然です。本書では、読みやすさやわかりやすさを重視して、継承という言葉を使って説明します。

　**class** 構文にはプロトタイプを継承するための構文があり、これには**リスト6.3**に示したように **extends** というキーワードを利用します。この例では **MyClass** という名前の独自のクラスが、**BaseClass** というクラスのプロトタイプを継承している、と読み解くことができます。

**リスト6.3**　クラスを継承して別のクラスを定義するextends

```
class MyClass extends BaseClass {
    constructor(){
        super();
    }
}
```

**リスト6.2** Characterクラス

```javascript
/**
 * キャラクター管理のための基幹クラス
 */
class Character {
    /**
     * @constructor
     * @param {CanvasRenderingContext2D} ctx - 描画などに利用する2Dコンテキスト
     * @param {number} x - X座標
     * @param {number} y - Y座標
     * @param {number} life - キャラクターのライフ（生存フラグを兼ねる）
     * @param {Image} image - キャラクターの画像
     */
    constructor(ctx, x, y, life, image){
        /**
         * @type {CanvasRenderingContext2D}
         */
        this.ctx = ctx;
        /**
         * @type {Position}
         */
        this.position = new Position(x, y);
        /**
         * @type {number}
         */
        this.life = life;
        /**
         * @type {Image}
         */
        this.image = image;
    }

    /**
     * キャラクターを描画する
     */
    draw(){
        this.ctx.drawImage(
            this.image,
            this.position.x,
            this.position.y
        );
    }
}
```

　また、`constructor`のなかで**super**という名前の関数が呼び出されていることがわかります。この**super**は、継承元のプロトタイプのコンストラクタ関数を呼び出すためのものです。クラスベースの言語では、継承元（つまり親）となるクラスのことを「スーパークラス」と呼ぶことがあります。JavaScriptでもこれにならい、継承元のプロトタイプを引き継ぐための関数として**super**が用意されています。

　ややわかりにくいので、実際に`stg/005/script/character.js`で、自機キャラクター管理用のクラスがどのように記述されているのかを見てみましょう。

リスト6.4は、自機キャラクターを管理するためのクラス**Viper**の冒頭部分を抜粋したものです。

**リスト6.4** Viperクラスの冒頭を抜粋

```
/**
 * viper クラス
 */
class Viper extends Character {
    /**
     * @constructor
     * @param {CanvasRenderingContext2D} ctx - 描画などに利用する2Dコンテキスト
     * @param {number} x - X座標
     * @param {number} y - Y座標
     * @param {Image} image - キャラクターの画像
     */
    constructor(ctx, x, y, image){
        // Characterクラスを継承しているので、まずは継承元となる
        // Characterクラスのコンストラクタを呼び出すことで初期化する
        // （superが継承元のコンストラクタの呼び出しに相当する）
        super(ctx, x, y, 0, image);
    <以下略>
```

はじめの**class Viper**で、このクラスの名前は**Viper**であることがわかります。続けて**extends Character**とあるので、この**Viper**クラスは**Character**クラスを継承していることが読み取れます。

そして**Viper**クラスの**constructor**の内部で**super**が呼び出されています。**Character**クラスのコンストラクタの定義は**constructor(ctx, x, y, life, image)**となっていました。**Viper**クラスのコンストラクタも、やはり同様の引数を受け取るような設計になっていて、それら引数から得られた値をそのまま**super**の引数に与えています。

このように**super**を呼び出しておけば、継承元（つまり親）となった**Character**クラスのプロトタイプがそのまま**Viper**に引き継がれます。これはつまり、**Viper**クラスは最初から**Character.draw()**と同じように**Viper.draw()**を使うこともできるし、**Viper.x**でX座標を参照したりもできる、ということです。

**extends**キーワードを利用することで、継承元のオブジェクトが持つプロトタイプのメソッドやプロパティを、そのまま引き継ぐことができるのです。

## 自機キャラクタークラスを利用したメインプログラム

メインのプログラムを記述している`stg/005/script/script.js`の側も、自機キャラクター管理用のクラス**Viper**を利用する形に修正していきます。これまでは、`script.js`のなかで**viperX**や**viperY**のような変数を定義し、そこに自機キャラクターを描画する際に利用する座標を格納するようになっていました。`stg/005`では、これらの座標もクラスのプロパティとして管理できるようになっていますので、変数を宣言して値を保持するのではなく、クラス（のプロパティ）に対して値を設定する形に変更します。

まず`stg/005/script/script.js`の変数を宣言しているセクションを見てみます。**リスト6.5**を見

ると、**Viper**クラスのインスタンスを保持するための変数が追加されているのがわかります。ここで登場した変数**viper**に、**Viper**クラスのインスタンスを格納します。

**リスト6.5**　script.js冒頭の変数宣言箇所

```
(() => {
    /**
     * canvasの幅
     * @type {number}
     */
    const CANVAS_WIDTH = 640;

    <中略>

    /**
     * 自機キャラクターのインスタンス
     * @type {Viper}
     */
    let viper = null;
```

　実際にインスタンスを生成しているのは、初期化処理を行う**initialize**関数です。**リスト6.6**を見るとわかるように、**Viper**クラスのインスタンスを生成するのと同時に、画面の外から自機キャラクターが登場することができるよう、登場シーン用に座標の指定も**setComing**メソッドを使って同時に行っています。

**リスト6.6**　initialize関数

```
/**
 * canvasやコンテキストを初期化する
 */
function initialize(){
    // canvasの大きさを設定
    canvas.width = CANVAS_WIDTH;
    canvas.height = CANVAS_HEIGHT;

    // 自機キャラクターを初期化する
    viper = new Viper(ctx, 0, 0, image);
    // 登場シーンからスタートするための設定を行う
    viper.setComing(
        CANVAS_WIDTH / 2,        // 登場演出時の開始X座標
        CANVAS_HEIGHT,           // 登場演出時の開始Y座標
        CANVAS_WIDTH / 2,        // 登場演出を終了とするX座標
        CANVAS_HEIGHT - 100      // 登場演出を終了とするY座標
    );
}
```

　ここで呼び出されている**Viper.setComing**は、登場シーンを設定するためのメソッドです。コードの記述だけを見ると、設定されている座標がややわかりにくく感じられるかもしれません。これは**図6.1**を見ながら考えると良いでしょう。

図6.1 Viper.setComingに設定されている引数（イメージ）

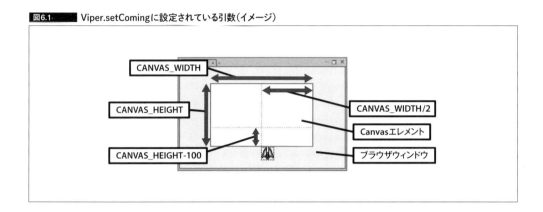

Viper.setComingメソッドによってどのような座標が設定されているかが理解できたら、実際に Viper.setComingがどのような記述になっているのかを見てみます。該当する箇所を抜粋したものが**リスト6.7**です。Viper.setComingメソッドの引数として与えられた各種座標が、自機キャラクターの持つプロパティへの設定やメソッドの呼び出しに利用されていることがわかります。

リスト6.7 Viper.setComingメソッド

```
/**
 * 登場演出に関する設定を行う
 * @param {number} startX - 登場開始時のX座標
 * @param {number} startY - 登場開始時のY座標
 * @param {number} endX - 登場終了とするX座標
 * @param {number} endY - 登場終了とするY座標
 */
setComing(startX, startY, endX, endY){
    this.isComing = true;  // 登場中のフラグを立てる
    this.comingStart = Date.now();  // 登場開始時のタイムスタンプを取得する
    this.position.set(startX, startY);  // 登場開始位置に自機を移動させる
    this.comingEndPosition = new Position(endX, endY);  // 登場終了とする座標を設定する
}
```

Viperクラスには、登場シーンの最中であるかどうかを表すViper.isComingや、登場シーンを開始した時点のタイムスタンプを格納するViper.comingStart、さらに登場シーンが終了となる座標を格納するViper.comingEndPositionなどのプロパティがあります。これらは、実際のコードの上ではthis.xxxxというようにthisを利用してViperクラスのインスタンス自身を参照しています。

Viper.comingEndPositionは、Positionクラスのインスタンスになっているのでthis.comingEndPosition.xのように、xやyといったプロパティ名を使ってXY座標にアクセスできます。

以上を踏まえつつ、登場シーンをどのように処理しているのか、stg/005/script/script.jsのrender関数と、イベント処理を行うeventSetting関数を見てみましょう。該当する箇所を抜粋したものが**リスト6.8**になります。

**リスト6.8** render関数とeventSetting関数

```
/**
 * イベントを設定する
 */
function eventSetting(){
    // キーの押下時に呼び出されるイベントリスナーを設定する
    window.addEventListener('keydown', (event) => {
        // 自機が登場シーン中なら何もしないで終了する
        if(viper.isComing === true){return;}
        // 入力されたキーに応じて処理内容を変化させる
        switch(event.key){
            case 'ArrowLeft':  // ←：左矢印キー
                viper.position.x -= 10;
                break;
            case 'ArrowRight':  // →：右矢印キー
                viper.position.x += 10;
                break;
            case 'ArrowUp':
                viper.position.y -= 10;  // ↑：上矢印キー
                break;
            case 'ArrowDown':
                viper.position.y += 10;  // ↓：下矢印キー
                break;
        }
    }, false);
}

/**
 * 描画処理を行う
 */
function render(){
    // グローバルなアルファを必ず1.0で描画処理を開始する
    ctx.globalAlpha = 1.0;
    // 描画前に画面全体を不透明な明るいグレーで塗りつぶす
    util.drawRect(0, 0, canvas.width, canvas.height, '#eeeeee');
    // 現在までの経過時間を取得する（ミリ秒を秒に変換するため、1000で除算）
    let nowTime = (Date.now() - startTime) / 1000;

    // 登場シーンの処理
    if(viper.isComing === true){
        // 登場シーンが始まってからの経過時間
        let justTime = Date.now();
        let comingTime = (justTime - viper.comingStart) / 1000;
        // 登場中は時間が経つほど上に向かって進む
        let y = CANVAS_HEIGHT - comingTime * 50;
        // 一定の位置まで移動したら登場シーンを終了する
        if(y <= viper.comingEndPosition.y){
            viper.isComing = false;          // 登場シーンフラグを下ろす
            y = viper.comingEndPosition.y;  // 行き過ぎの可能性もあるので位置を再設定
        }
        // 求めたY座標を自機に設定する
        viper.position.set(viper.position.x, y);
        // justTimeを100で割ったとき、余りが50より小さくなる場合だけ半透明にする
        if(justTime % 100 < 50){
            ctx.globalAlpha = 0.5;
```

```
        }
    }

    // 自機キャラクターを描画する
    viper.draw();

    // 恒常ループのために描画処理を再帰呼び出しする
    requestAnimationFrame(render);
}
```

stg/004のときは、script.js内で宣言されていた変数でさまざまな処理を行っていた部分が、**Viper**クラスのプロパティを用いる形に置き換えられています。登場シーンかどうかを判定したり、あるいは登場シーンが終了すべきかどうかを判定するロジック自体は、stg/004のときと変わりません。

**render**関数の内部、**if(viper.isComing === true)** という分岐処理で、**if**ブロックの内部に処理が移った場合だけ自機キャラクターの位置は登場シーンとみなされ強制的に移動します。しかし、**if**ブロックの内部に処理が移った場合も、そうでない場合も、自機キャラクターを画面上に描画する処理は行う必要があります。**if**ブロックの外側で**viper.draw**が呼び出されているのはそのためです。

stg/005の段階では、stg/004で「変数で管理されていた値や設定処理」が、単に「**Viper**というクラスのプロパティやメソッド」に置き換わっただけです。この時点では、まだ自機キャラクターをクラス化したり、**Position**などの汎用的なクラスを使って共通化を図ったことの恩恵が、あまり感じられないかもしれません。実際、サンプルのstg/004とstg/005は、実行した際の見た目はまったく同じになります。

しかし、stg/006では「キャラクター特有の処理はクラス側で管理する」という変更を加えます。これを行うと、プログラム全体の見通しが劇的に改善します。続いては、stg/006でどのような変更が行われているのか、見ていきましょう。

## クラスに特有の処理を一元管理する

stg/006で、どのような変更が加えられているのか、最も如実にそれを表しているのがstg/006/script/script.jsの**render**関数内部でしょう。実際の様子が、**リスト6.9**です。

stg/005のときは**if**文などを用いて、かなりの行数を使って自機キャラクターの登場シーン演出のための処理が記述されていましたが、その部分がすべてなくなってしまっています。

その代わり、**viper.update();** というたった1行だけのコードが記述されており、**render**関数単体で見ると、かなりシンプルな記述になっています。自機キャラクターに関連した「毎フレーム必ず行う処理」を、プログラム全体を管理する**script.js**側ではなく、自機キャラクターを管理するためのクラスである**Viper**クラス側に記述することで、役割が明確に切り離され、見通しも良くわかりやすいコードになります。

それでは**Viper.update**メソッドの定義には、どのようなコードが書かれているのでしょうか。**リスト6.10**が、その該当箇所を抜粋したものです。**Viper.update**メソッドが呼び出されると、自機キャラクターのその時点での状態に応じて更新処理が適切に行われるようになっています。

**リスト6.9** render関数

```
function render(){
    // グローバルなアルファを必ず1.0で描画処理を開始する
    ctx.globalAlpha = 1.0;
    // 描画前に画面全体を不透明な明るいグレーで塗りつぶす
    util.drawRect(0, 0, canvas.width, canvas.height, '#eeeeee');
    // 現在までの経過時間を取得する（ミリ秒を秒に変換するため1000で除算）
    let nowTime = (Date.now() - startTime) / 1000;

    // 自機キャラクターの状態を更新する
    viper.update();

    // 恒常ループのために描画処理を再帰呼び出しする
    requestAnimationFrame(render);
}
```

**リスト6.10** Viper.updateメソッド

```
/**
 * キャラクターの状態を更新し描画を行う
 */
update(){
    // 現時点のタイムスタンプを取得する
    let justTime = Date.now();

    // 登場シーンの処理
    if(this.isComing === true){
        // 登場シーンが始まってからの経過時間
        let comingTime = (justTime - this.comingStart) / 1000;
        // 登場中は時間が経つほど上に向かって進む
        let y = this.comingStartPosition.y - comingTime * 50;
        // 一定の位置まで移動したら登場シーンを終了する
        if(y <= this.comingEndPosition.y){
            this.isComing = false;          // 登場シーンフラグを下ろす
            y = this.comingEndPosition.y;   // 行き過ぎの可能性もあるので位置を再設定
        }
        // 求めたY座標を自機に設定する
        this.position.set(this.position.x, y);

        // 自機の登場演出時は点滅させる
        if(justTime % 100 < 50){
            this.ctx.globalAlpha = 0.5;
        }
    }

    // 自機キャラクターを描画する
    this.draw();

    // 念のためグローバルなアルファの状態を元に戻す
    this.ctx.globalAlpha = 1.0;
}
```

stg/005では`script.js`の`render`関数に記述されていた一連の処理が、そのまま`Viper.update`メソッドの側に移植されています。メインのスクリプトである`script.js`側では、あくまでも自機キャラクターの更新を行うための`Viper.update`メソッドを呼び出すだけで良いのです。実際に更新処理としてどのようなことを行うのかは、あくまでも`Viper`クラスが責任を持つ形の構図になっています。

こうして「各オブジェクト自身が、自身の振る舞いの定義を持っている」という設計にしておくことで、オブジェクトの種類や、オブジェクトの登場する個数が増えたとしても、メインプログラムのロジックをシンプルな状態で維持しやすくなります。これは利用するオブジェクトの種類が増えれば増えるほど、その恩恵がより顕著になってきます。

本章のここまでの内容を振り返ると、まず「共通化できるものは、汎用的なクラスとして実装する」ことを行いました。座標を管理するための`Position`クラスを定義したり、汎用的なキャラクターを管理するための基幹クラス`Character`を実装したりしました。

また、「汎用的なクラスを継承することで、独自に拡張した機能を持つクラスも実装できる」ということを学びました。`Character`クラスが持つ機能はそのままに、独自の機能を持つ`Viper`クラスを定義したのがこれに当たります。

さらに、「各クラス特有の処理は、そのクラス自身で管理/処理する」という設計にすることで、プログラム全体を管理するメインプログラム側の処理が、よりシンプルで見通しの良い形で維持しやすくなります。自機キャラクター自身が、自機キャラクターの挙動について責任を持つことで、メインのプログラム側では`Viper.update`メソッドを呼び出すだけで良いのです。

このようなプログラムを記述していく上での工夫は、まだプログラムが小規模なうちに土台をしっかりと作っておくことが大切です。

## キャラクターの幅を考慮した描画

stg/006では、その他にも微妙に変更が加えられている箇所があります。それが、キャラクターの「大きさ」に関するものです。

stg/005では、`Character`クラスはXY座標をプロパティとして持っていました。これにより、任意の位置にキャラクターを描画する処理を実現していました。しかし、`Character`クラスには自身の大きさを表すパラメーターがありませんでした。自分自身の大きさに関する情報がないので、これまでの描画処理はXY座標に対して**図6.2**に示したようにキャラクターの描画が行われていました。

このような座標管理の状態では、実際に設定したXY座標よりも、右下の位置に常にキャラクターが描画されてしまいます。これは直感的ではありませんし、細かく位置を制御しなければならない場合には座標の扱いが煩雑になってしまいます。

そこでstg/006では、キャラクター自身が「大きさ」というパラメーターを持つことにより、その大きさを踏まえた描画が行われるように変更を加えました。**リスト6.11**は、stg/006の`Character`クラスの一部を抜粋したものです。

**図6.2** stg/005までの座標の状態を表したイメージ

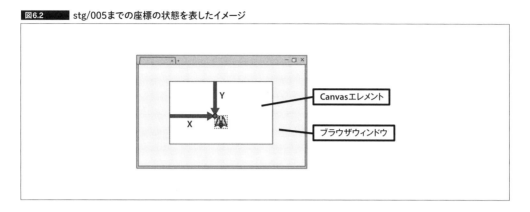

**リスト6.11** Characterクラス

```
/**
 * キャラクター管理のための基幹クラス
 */
class Character {
    /**
     * @constructor
     * @param {CanvasRenderingContext2D} ctx - 描画などに利用する2Dコンテキスト
     * @param {number} x - X座標
     * @param {number} y - Y座標
     * @param {number} w - 幅
     * @param {number} h - 高さ
     * @param {number} life - キャラクターのライフ（生存フラグを兼ねる）
     * @param {Image} image - キャラクターの画像
     */
    constructor(ctx, x, y, w, h, life, image){

        ＜中略＞

        /**
         * @type {number}
         */
        this.width = w;
        /**
         * @type {number}
         */
        this.height = h;
```

constructorが受け取る引数のなかに、新しく「幅」と「高さ」に関するものが追加されています。引数wがwidthというプロパティに、引数hがheightというプロパティに設定されます。このようにキャラクター自身が幅や高さを持っていることによって、キャラクター自身に設定されている座標に対して、正しい配置で描画を行えるようになります。

実際に描画処理を行っているCharacter.drawメソッドを示したのがリスト6.12です。

リスト6.12　Character.drawメソッド

```
/**
 * キャラクターを描画する
 */
draw(){
    // キャラクターの幅を考慮してオフセットする量
    let offsetX = this.width / 2;
    let offsetY = this.height / 2;
    // キャラクターの幅やオフセットする量を加味して描画する
    this.ctx.drawImage(
        this.image,
        this.position.x - offsetX,
        this.position.y - offsetY,
        this.width,
        this.height
    );
}
```

　これを見ると、キャラクター自身に設定された「幅や高さの半分」を、変数**offsetX**や**offsetY**に格納しておき、実際に描画を行うタイミングで座標から減算するように処理しています。

　Canvas2Dコンテキストの**drawImage**メソッドは、指定された座標から、指定された幅や高さで描画を行います。これは図解して考えると理解しやすいでしょう。**図6.3**を見るとわかるように、指定された幅や高さに応じて、自動的に位置を左上方向にずらして調整しているわけです。

図6.3　**drawImage**に設定されている引数のイメージ

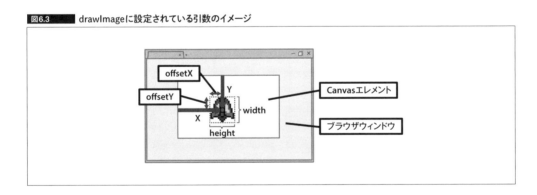

## キャラクターの移動をなめらかに行う

　stg/006でキャラクターの幅や高さに応じた配置ができるようになりました。また、自機キャラクターの動作を**Viper**クラス側で一元管理するようにしたことで、メインプログラムの**render**関数はかなりスッキリとした印象になりました。

　続いてのstg/007では、キーの入力によるイベント処理を見直して、よりスムーズにキャラクターが動くようにしてみましょう。またこれと併せて、キーの入力に応じて自機キャラクターの座標を移動させる処理を、stg/007/script/character.js側に移植します。これも、やはり自機キャラクターの動作については**Viper**クラス側で行うという改修の一環となります。

■‥‥‥‥‥ windowオブジェクトへのプロパティ追加

まず、メインスクリプトを記述している stg/007/script/script.js 側に、**リスト6.13** に示した記述が追加されています。

**リスト6.13** script.jsで定義しているwindow.isKeyDownプロパティ

```
/**
 * キーの押下状態を調べるためのオブジェクト
 * このオブジェクトはプロジェクトのどこからでも参照できるように
 * window オブジェクトのカスタムプロパティとして設定する
 * @global
 * @type {object}
 */
window.isKeyDown = {};
```

これを見ると、**window** オブジェクトに新しく **isKeyDown** という名前のプロパティを追加しているように見えます。これはいったい、何のためなのでしょうか。

Webブラウザ上で動作するJavaScriptでは、あらゆるビルトインオブジェクトやビルトインの関数などは **window** オブジェクトのプロパティになっています。つまり、一般的なプログラミング言語における「グローバルスコープ」の役割を持っているのが **window** オブジェクトです。そのことを確かめるために、**リスト6.14** のようなコードを考えてみましょう。これを実行すると、コンソールには **true** が出力されます。

**リスト6.14** 変数宣言キーワード省略時の挙動を確認する

```
// varやletなどの変数宣言キーワードを使わずに名前のみで変数定義を行う
myVariable = 'global';

// 同名のwindowオブジェクトのプロパティと比較する
console.log(window.myVariable === myVariable);  // ➡true
```

**var** や **let** などの、変数を宣言するためのキーワードを用いずに宣言された変数は「グローバルスコープ」になります。そして、**console.log** の引数の部分では、このグローバルスコープを持った変数 **myVariable** を、**window.myVariable** と比較しています。その比較結果が **true** となるのは、**window** オブジェクトがグローバルスコープの役割を持っているからです。

つまり、グローバルスコープにある変数は、そのまま **window** オブジェクトのプロパティの一つとしてみなされます。また、グローバルスコープにあたるオブジェクト（つまり **window**）は、省略して記述できるというルールがJavaScriptには存在するため、変数 **myVariable** は暗黙の **window** オブジェクトのプロパティの一つとなってしまっているのです。

これまでに本書で扱ってきた **Array** や **Math** なども、すべて同様に **window** オブジェクトのプロパティのうちの一つです。したがって、以下のコードを実行した場合も結果は **true** になります。

```
console.log(window.Array === Array);  // ➡true
```

JavaScriptでは、変数宣言の際に宣言キーワードを省略すると、その変数が**window**のプロパティになってしまいます。通常、グローバルスコープにむやみに変数や関数を定義することは、名前の衝突や、意図しない上書きなどが発生しやすく、不具合の原因となるため避けるべきであると言われます。

しかし、**stg/007**のサンプルではあくまでもわかりやすさを重視して、異なるファイル（**stg/007/ script/script.js**と**stg/007/script/character.js**）で同じ情報を利用できるようにするために、あえて**window**オブジェクトに新しくプロパティを追加して、それを利用した実装を作っています。**window.isKeyDown**には、イベント処理を記述している**eventSetting**関数によって、キーの入力状態が格納されるようにしています。これは**リスト6.15**のようになっています。

**リスト6.15** キー押下時の処理を登録しているeventSetting関数

```
/**
 * イベントを設定する
 */
function eventSetting(){
    // キーの押下時に呼び出されるイベントリスナーを設定する
    window.addEventListener('keydown', (event) => {
        // キーの押下状態を管理するオブジェクトに押下されたことを設定する
        isKeyDown[`key_${event.key}`] = true;
    }, false);
    // キーが離された時に呼び出されるイベントリスナーを設定する
    window.addEventListener('keyup', (event) => {
        isKeyDown[`key_${event.key}`] = false;  // キーが離されたことを設定する
    }, false);
}
```

**Column**

### キャラクターの中心　3Dでも活かせる座標を意識する感覚

Canvas2Dコンテキストに限らず、2Dのグラフィックスプログラミングでは一般的に座標は矩形の左上を基準として処理が行われます。事実、Canvas2Dコンテキストの持つ多くの描画系メソッドは、左上角を基準に描画処理が行われる仕組みになっています。矩形を描く**fillRect**や画像を描画する**drawImage**などがこれに該当し、指定したXY座標を左上角として指定された幅や高さで描画処理が行われます。

しかし、グラフィックスプログラミングやゲームのプログラミングでは、オブジェクトの左上角位置を基準にしてしまうと、どうしても考え方が複雑になってしまい、余計な計算も発生してしまいます。そこで、**stg/006**で行ったのと同じように、オブジェクトやキャラクターの「中心の位置」を基準にして、プログラム全体が動作するようにしておくと便利です。キャラクターの中心位置が基準になっていれば、複数のキャラクターが相互にどれくらい離れているのかを計測したり、接触しているかどうかの衝突判定を行ったりすることも、よりシンプルに考えられるようになります。

また、将来的に3Dプログラミングを行ってみたいと考えているのであれば、キャラクターの中心位置を意識してプログラムを書く癖をつけておくことは良い習慣です。3Dプログラミングでは、オブジェクトの中心位置がどこに設定されているのかによって、どのように座標を扱うべきなのかが2Dの場合よりも、さらに複雑に変化します。2Dのプログラミングにおいても、キャラクターの中心位置を基準としてプログラミングを行っておくことで、より直感的に座標をイメージできるようになるでしょう。

■············ **オブジェクトのプロパティへのアクセス**　ドット記法とブラケット記法

　ここでは、グローバル変数 **isKeyDown** に **true** か **false** のいずれかの値、つまり真偽値が設定されるようになっています。

　少々特殊なのは、そのプロパティの参照の仕方です。前述のとおり、JavaScript ではオブジェクトのプロパティへのアクセスに「ドット記法」と「ブラケット記法」という2種類の方法を用いることができます。**ドット記法**は、これまでにも頻繁に利用してきた、**.**（ピリオド）を使ってプロパティ名を参照する方法です。一方、**ブラケット記法**とは、**[ ]** を利用してプロパティにアクセスする方法です。両者の違いを、**リスト 6.16** で確認しておきましょう。

**リスト6.16**　ドット記法とブラケット記法

```
// ドット記法
console.log('dot');
Math.sin(0.0);
Date.now();

// ブラケット記法
console['log']('bracket');
Math['sin'](0.0);
Date['now']();
```

　通常は、その見た目のわかりやすさやキーの入力回数の少なさなどから、ドット記法を用いるのが一般的です。また、ドット記法とブラケット記法が激しく混在しているコードは、非常に読みにくいものになってしまいます。

　しかし、ブラケット記法ではプロパティの名前を「文字列で指定」できます。これは、たとえば **for** でループを回しながら、連番になっているプロパティにアクセスしたい場合など、ある特定の場面では有用になることもあります。**リスト 6.17** のような書き方はドット記法では実現できず、ブラケット記法でなければ実現できません。

**リスト6.17**　ブラケット記法でなければ実現できない

```
let obj = {};
obj.member0 = 'Banana';
obj.member1 = 'Orange';
obj.member2 = 'Apple';

for(let i = 0; i < 3; ++i){
    console.log(obj['member' + i]);
}
// ➡Banana、Orange、Appleが順番に出力される
```

　**stg/007/script/script.js** の **eventSetting** 関数で行われているのは、まさにこのブラケット記法です。**isKeyDown** に続けて **[ ]**（ブラケット）があり、そのなかに文字列を設定しています。

■‥‥‥‥**テンプレートリテラル**

ここで登場した文字列の表現は、本書でははじめて登場する方法で定義されています。JavaScript
では、ES2015から**テンプレートリテラル**（*template literal*）と呼ばれる新しい文字列の表現が利用でき
るようになりました。**isKeyDown**のプロパティ名の指定に使われているのが、まさにテンプレート
リテラルを用いた文字列表現です。テンプレートリテラルでは`（バッククォート）を用いて文字列
を囲みます。たとえば**リスト6.18**のように使います。

**リスト6.18** バッククォートによるテンプレートリテラル

```
// 従来の文字列表現
let string0 = 'シングルクォーテーション';
let string1 = "ダブルクォーテーション";
let string2 = `バッククォート`;  // テンプレートリテラル
```

一見すると、これまでたびたび利用してきた'（シングルクォーテーション）や"（ダブルクォーテー
ション）による文字列表現とまったく同じようにも見えますが、テンプレートリテラルには次のよう
な特徴があります。

・文字列の改行等をそのまま表現できる
・つまり、複数行にまたがる文字列の定義ができる
・変数など、式を展開して埋め込むことができる

少し具体的に示した例が**リスト6.19**です。改行文字の扱いや、変数の展開などの機能が揃ってお
り、より文字列表現が便利になっていることがわかります。

**リスト6.19** テンプレートリテラルの利用

```
// 従来のJavaScriptでの改行の表現では……
// バックスラッシュで特殊文字としてエスケープして改行を書く必要があった
let string0 = '途中で\n改行';

// テンプレートリテラルではそのまま改行が表現できる
let string1 = `途中で
改行`;

// 従来のJavaScriptでは変数を使った文字表現では……
// 文字列と+演算子等で連結する必要があった
let string2 = '文字列は「' + variable + '」です';

// テンプレートリテラルでは${}（ドル記号と波括弧）で変数を展開できる
let string3 = `文字列は「${variable}」です`;
```

■‥‥‥‥**ブラケット記法とテンプレートリテラルを組み合わせる**

つまり、**stg/007/script/script.js**の**eventSetting**関数では、ブラケット記法を使ったオブジェ
クトのプロパティへのアクセスと、テンプレートリテラルによる変数の展開を組み合わせることに
よって、**window.isKeyDown**の値を更新しています。

　記号が連続するのでちょっと記述としては一見紛らわしいようにも思えますが、この**リスト6.20**のような記述方法を用いることで、**KeyboardEvent.key**によって得られるキーの種類を表す文字列を、そのまま**window.isKeyDown**のプロパティ名に流用し利用しているのです。

**リスト6.20** ブラケット記法とテンプレートリテラルを組み合わせた

```
// キーの押下時に呼び出されるイベントリスナーを設定する
window.addEventListener('keydown', (event) => {
    // キーの押下状態を管理するオブジェクトに押下されたことを設定する
    isKeyDown[`key_${event.key}`] = true;
}, false);
```

　たとえば、キーボードの ⬅ （左矢印）キーが押された場合、**KeyboardEvent.key**には**"ArrowLeft"**があらかじめセットされた状態でコールバック関数に渡されてきます。

　このとき**isKeyDown[`key_${event.key}`]**の部分では、**event.key**がテンプレートリテラルの効果で展開されるので、結果的に**"key_ArrowLeft"**という文字列が生成されます。キーの押下が行われた後に**isKeyDown.key_ArrowLeft**の中身を見ると、⬅キーが押されていれば**true**が、キーが離されてしまった後であれば**false**が格納された状態になっています。

　このキーが押されたままになっているのか、それとも離されているのかの真偽値は、**stg/007/script/character.js**に書かれている**Viper**クラスで自機キャラクターを動かすかどうかの判断材料として使われています。該当箇所を抜粋したのが**リスト6.21**です。

**リスト6.21** Viperクラス内でのキーの入力状態の参照

```
// キーの押下状態を調べて挙動を変える
if(window.isKeyDown.key_ArrowLeft === true){
    this.position.x -= this.speed;  // ⬅：左矢印キー
}
if(window.isKeyDown.key_ArrowRight === true){
    this.position.x += this.speed;  // ➡：右矢印キー
}
if(window.isKeyDown.key_ArrowUp === true){
    this.position.y -= this.speed;  // ⬆：上矢印キー
}
if(window.isKeyDown.key_ArrowDown === true){
    this.position.y += this.speed;  // ⬇：下矢印キー
}
```

　リスト6.21を見るとわかるように、**Viper**クラス側では、グローバルスコープにある**window.isKeyDown**の各種値が**true**となっている場合に限り、自機キャラクターの座標を変化させています。リスト6.21をよく観察すると、キーが押されていた場合にどれくらい自機キャラクターの座標を変更するのかは**this.speed**の値で決まるようになっています。当然、**this.speed**の値が大きければ大きいほど、一度の描画に対して移動する量が大きくなります。

## 画面の外に出ないように制限する 画面の端の判定と座標の補正

stg/007では、**window.isKeyDown**を参照することで、キーが押されているのか、離されているのかを判定できるようにしました。それまでは、自機キャラクターはキーの入力があった瞬間にしか動きませんでしたが、キーの押下状態を基準に、毎フレーム移動するかしないかをチェックするようになったことで、自機キャラクターの動きが滑らかなものになっています。

stg/007では、動きの滑らかさだけでなく、自機キャラクターが画面の外にはみ出してしまうことがないように、動くことのできる範囲を制限するような処理も組み込まれています。該当する箇所は、キーの入力状態に応じて座標を移動させている場所のすぐ後ろの部分です(**リスト6.22**)。

このコードは、キーの入力の状態を判定し、もし「キーが押されていたら値に変更が加えられる部分」よりも後にあります。つまり、もしいずれかの矢印キーが押された状態になっていた場合、自機キャラクターの座標を格納した**this.position.x**や**this.position.y**に対して、値の増減がすでに行われた状態になっているはずです。

### 速度をspeedというプロパティに置き換えた意味

stg/006までは、キーが押されたときに自機キャラクターが移動する量は、**viper.position.x -= 10**のように数値をそのまま使って指定されていました。プログラミングでは、このように数値を直接記述したコードを「数値のハードコーディングがされた状態」「マジックナンバーが用いられている状態」などと呼び、一般にあまり好ましくないものとして扱われます。とくに、プログラムをコンパイルして実行形式のファイルを作るC/C++などの言語の場合、ソースコードのなかに直接書かれた数値が、もし将来的に変更されることがあった場合、コードを修正してからコンパイルを行い、新しく実行ファイルを作り直さなくてはいけなくなってしまいます。

JavaScriptはコンパイル作業などが必要ではない手軽なプログラミング言語ではありますが、基本的に、ハードコーディングされた数値(マジックナンバー)の記述は極力少なく努めるべきです。

たとえばstg/007では、**this.speed**というプロパティを使って数値が直接ハードコーディングされていた箇所を置き換えましたが、もしこれがハードコーディングされたままの状態だった場合、自機キャラクターのスピードをプログラムから動的に変更することができなくなってしまうだけでなく、万が一この数値を変更しなければならなくなった場合、少なくとも上下左右のキーの入力それぞれに対して修正を行う必要があるので、最低でも4ヵ所のコードを修正しなければなりません。変更箇所が4ヵ所程度であれば良いですが、もしプログラムが膨大な量になり、どこにどれだけ修正するべき場所があるのか見当もつかないような状況になってしまうと、もはや正しく修正することは困難になってしまいます。

その点、もし**this.speed**のように特定のプロパティや変数によってこれが一元管理されていれば、**this.speed = 修正後の値**;と1行だけ変更を加えれば、それを参照していたすべての箇所で、新しい値が正しく利用されることになります。

数値のハードコーディングは極力避け、可能な限り、定数や変数、オブジェクトのプロパティを活用して、素早く確実に変更できるようにプログラムを記述する習慣をつけておきましょう。

**リスト6.22** 画面の端を判定し位置を修正する記述

```
// 移動後の位置が画面外へ出ていないか確認して修正する
let canvasWidth = this.ctx.canvas.width;
let canvasHeight = this.ctx.canvas.height;
let tx = Math.min(Math.max(this.position.x, 0), canvasWidth);
let ty = Math.min(Math.max(this.position.y, 0), canvasHeight);
this.position.set(tx, ty);
```

　このとき、もしも自機キャラクターの座標が「画面の上下左右の辺よりも向こう側」になってしまっていた場合、それを「画面内の位置」に補正する必要があります。

　これに対応するためのコードが書かれたリスト6.22をよく観察すると、**Math.min**と**Math.max**が組み合わせて使われていることがわかります。これを構造だけ抜き出してシンプルな形で再現すると、**リスト6.23**のようになります。**Math.min**は引数を2つ受け取り、より小さい方だけを返却します。一方、**Math.max**は引数を2つ受け取り、より大きい方だけを返却してきます。

**リスト6.23** Math.minとMath.maxを組み合わせた

```
let value = Math.min( Math.max( チェックする値 , 最小値 ), 最大値 );
```

　リスト6.23のようなコードを実行すると、チェックする値が最小値よりも小さい場合は最小値に、最大値より大きい場合は最大値に、自動的に修正されます。`stg/007`の例では、最小値は0で、最大値はCanvas要素の幅と高さになっています。これにより、自機キャラクターが決して画面の外側に出てしまうことがないよう、値が自動的に補正されるようになっています。

# 6.2
## ショットの実装
大量ショットのインスタンス、程良い速度、回転描画

　前節までで、自機キャラクターがキーの入力でインタラクティブに移動するようになりました。続いては自機キャラクターから、敵キャラクターを攻撃するための「ショットを放つ」ことができるようにしてみます。キャラクターが移動できるだけでなく、攻撃のような何かしらのアクションを行えるようになると、一気にゲームらしさが出てきます。

### ショットはキャラクターの一種　Characterクラスを継承してShotクラス

　実は、この「ショット」というオブジェクトは、広い意味ではキャラクターの一種です。自機キャラクターなどと同じように、ショット自身が存在する座標を持っているべきですし、画面上に出ているかどうかを判断するためには、やはり生存フラグが必要となります。

　これらのショットが持っているべき特徴を考慮すると、**Viper**クラスと同じように、ショットについても**Character**クラスを継承した形で設計するのが良さそうだということがわかります。

　また、自機キャラクターの挙動を**Viper**クラスに集約させたことと同様に、ショット自身がどのように動くべきなのかは、ショット自身が与えられたパラメーターを元に自ら決定できるように設計します。これらのことを踏まえて、まずは**リスト6.24**に示したショットオブジェクトのクラス定義を見てみます。

　ショットは、**Character**クラスを継承しており**constructor**のなかで**super**をコールしているので、**Character**クラスが持っているいくつかのプロパティやメソッドは、**Shot**クラスでもそのまま利用できます。また、**Shot**クラスは独自のメソッドとして**set**や**update**を持っており、**set**メソッドでショット自身の配置（初期化）を行うことができ、配置したショットは**update**を呼ぶことで更新できる設計になっています。

　**Shot.set**メソッドを見てみると、**this.position.set**で自身の座標を設定した後、**this.life = 1;**のように、生存フラグを兼ねるライフの値を1に設定しています。もしこのライフの値が1に設定されている場合は、**Shot.update**が呼び出された際に、ショット自身が生存中であると判断すれば良いわけです。

　それではショットの状態を更新する**Shot.update**メソッドのなかでは、いったいどのような処理が行われているのでしょうか。

　ここではまず、**if(this.life <= 0)**ならば、つまり「ショット自身のライフが0以下」ならば、何もせずに処理を終了させています。このように**Shot.update**メソッドの冒頭でライフの状態に応じて処理を抜けるようにしておくことで、生存中ではないショットに対して**update**メソッドが呼ばれても、無駄な処理を行わないようにしています。さらに、ショットが画面上端よりも上に移動している場合は、ショット自身のライフを0に設定するコードが書かれています。該当する箇所だけを抜き出したものが**リスト6.25**です。

**リスト6.25** ショットの位置を確認しライフを設定する記述

```
// もしショットが画面外へ移動していたらライフを0（非生存の状態）に設定する
if(this.position.y + this.height < 0){
    this.life = 0;
}
```

　ショット自身の座標**this.position.y**に、ショット自身の大きさ（高さ）を加えても、それでも座標が0よりも小さな値になる場合、Canvas要素の上端より外側にショットが存在していることになるので、それを判断基準としてライフを設定しています（**図6.4**）。

　ショットが生存している場合は、**Shot.update**の呼び出しが行われるたびに、**this.position.y -= this.speed;**というコードが実行されます。つまり、ショットのY座標が**Shot.speed**ずつ減算されていくわけです。これはすなわち、ショットがまっすぐ上に向かって移動していくことを表しています。Canvas要素の上端がY座標の0になることを踏まえながら、ショットの動きをイメージしてみてください。

**リスト6.24** Shotクラス

```
/**
 * shot クラス
 */
class Shot extends Character {
    /**
     * @constructor
     * @param {CanvasRenderingContext2D} ctx - 描画などに利用する2Dコンテキスト
     * @param {number} x - X座標
     * @param {number} y - Y座標
     * @param {number} w - 幅
     * @param {number} h - 高さ
     * @param {Image} image - キャラクター用の画像のパス
     */
    constructor(ctx, x, y, w, h, imagePath){
        // 継承元の初期化
        super(ctx, x, y, w, h, 0, imagePath);

        /**
         * 自身の移動スピード（update1回あたりの移動量）
         * @type {number}
         */
        this.speed = 7;
    }

    /**
     * ショットを配置する
     * @param {number} x - 配置するX座標
     * @param {number} y - 配置するY座標
     */
    set(x, y){
        // 登場開始位置にショットを移動させる
        this.position.set(x, y);
        // ショットのライフを0より大きい値（生存の状態）に設定する
        this.life = 1;
    }

    /**
     * キャラクターの状態を更新し描画を行う
     */
    update(){
        // もしショットのライフが0以下の場合は何もしない
        if(this.life <= 0){return;}
        // もしショットが画面外へ移動していたらライフを0（非生存の状態）に設定する
        if(this.position.y + this.height < 0){
            this.life = 0;
        }
        // ショットを上に向かって移動させる
        this.position.y -= this.speed;
        // ショットを描画する
        this.draw();
    }
}
```

図6.4　ショットとCanvas要素との相対的な位置関係のイメージ

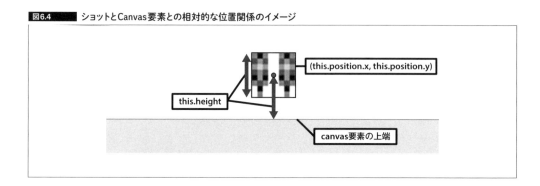

## キャラクターからショットを放つ　Characterクラス、Shotクラス、Viperクラス

ショットを管理するための**Shot**クラスの概要が理解できたところで、これを自機キャラクターが任意のタイミングで撃ち出せるような処理を考えていきます。これまでユーザーのキーボードからの入力は、自機キャラクターの移動にのみ使われていました。ここに任意のキーが押された場合、ショットを生成するように実装を追加します。

実際に「ショットが生成されるタイミング」を考えるとき、これは常に「自機キャラクターの存在に依存」します。なぜなら、何もない空間に突然ショットが自然発生したりするのではなく、自機キャラクターが存在する位置にショットが生成されるようにするべきだからです。また、自機キャラクターが登場シーンの演出中である場合は、ショットを放つことができないようにしなければならないなど、ショットの状態は常に自機キャラクターの状態の影響を受けることになります。

これらのことを踏まえつつ、`stg/008/script/character.js`に記述された、自機キャラクターを管理する**Viper**クラスの変更箇所を見ていきましょう。まず`stg/008`では、**Viper**クラスに新しく追加されたプロパティがあります。該当箇所を抜粋したものが**リスト6.26**です。

リスト6.26　Viperクラスに追加されたshotArrayプロパティ

```
class Viper extends Character {
    constructor(ctx, x, y, w, h, imagePath){

        ＜中略＞

        /**
         * 自身が持つショットインスタンスの配列
         * @type {Array<Shot>}
         */
        this.shotArray = null;
    }
    ＜以下略＞
```

ここでは**Viper.shotArray**という新しいプロパティを追加しました。JSDocコメントを見るとわかるように、このプロパティは**Shot**クラスのインスタンスの配列を格納するために使います。

　この **Viper.shotArray** に実際に値を設定している箇所はどこになるのでしょうか。該当する箇所は、こちらも stg/008 で新規に **Viper** クラスに追加された **Viper.setShotArray** というメソッドです。**リスト6.27** に示したように、このメソッドは引数から **Shot** クラスのインスタンスの配列を受け取り、自身のプロパティとして設定します。**Viper** クラスが利用する **Shot** クラスのインスタンスは、この **Viper. setShotArray** メソッドを使って外部から設定できる構造になっているわけです。

**リスト6.27**　Viper.setShotArrayメソッド

```
/**
 * ショットを設定する
 * @param {Array<Shot>} shotArray - 自身に設定するショットの配列
 */
setShotArray(shotArray){
    // 自身のプロパティに設定する
    this.shotArray = shotArray;
}
```

　最後に、**Viper.update** メソッドを見てみます。ここでは**リスト6.28** に示したように、特定のキーが押されていた場合は新たにショットを配置するための処理が書かれています。

**リスト6.28**　Viper.updateメソッド

```
update(){
    // 現時点のタイムスタンプを取得する
    let justTime = Date.now();

    // 登場シーンかどうかに応じて処理を振り分ける
    if(this.isComing === true){
        ＜中略＞
    }else{
        ＜中略＞

        // キーの押下状態を調べてショットを生成する
        if(window.isKeyDown.key_z === true){
            // ショットの生存を確認し非生存のものがあれば生成する
            for(let i = 0; i < this.shotArray.length; ++i){
                // 非生存かどうかを確認する
                if(this.shotArray[i].life <= 0){
                    // 自機キャラクターの座標にショットを生成する
                    this.shotArray[i].set(this.position.x, this.position.y);
                    // 1つ生成したらループを抜ける
                    break;
                }
            }
        }
    }
    ＜以下略＞
```

　**if** 文で、キーボードの **Z** キーが押されているかどうかをチェックし、もしキーが押されている場合は **for** 文によるループ処理が行われます。

　ショットを生成するために、どうしてループ処理が必要になるのかは、ややわかりにくいかもしれません。しかし、すでに生成されて画面上に表示されているショットがある状態を思い浮かべてみると、このようなループ処理がどうして必要なのかがわかるのではないでしょうか。

　つまり、ショットがすでに生成済みである（ショットのライフが0ではない）場合は、それをスキップします。`if(this.shotArray[i].life <= 0)` という if 文で、それを判定しています。逆に、対象のショットのライフが0以下である場合、そのショットはまだ画面上には現れていないと判断できるので、そこではじめてショットを生成するための処理を実行します。

　実際にショットが生成されるとき、そのショットの初期位置となる座標は自機キャラクターの現在位置になるように設定します。また、これは地味に重要なことですが、1つショットを生成したら **break** 文を使って即座にループ処理を終了するようにしています。もしこれを行わないと、一瞬のうちにすべてのショットが生成されてしまい、一つずつ順番にショットを放つことができなくなってしまいますので注意しましょう。

　ここまでのショットの実装を振り返って、一度要点をまとめておきます。まずショットはキャラクターの一種であり、自機キャラクターなどと同様に **Character** クラスを継承した形で管理します。そして、ショット自身がどのように動くのかは、あくまでも **Shot** クラス側で定義するようにしておきます。

　また、ショットは常に「自機キャラクターによって生成される」ことになるので、自機キャラクターを管理する **Viper** クラス側でショットを生成する処理を行います。

　このとき、**Viper** クラスが自身でショットを生成できるように、**Viper.shotArray** というプロパティを追加し、**Viper** クラス内でいつでもこれを参照できるようにしています。実際にショットが生成されるのは、ユーザーがキーボードの **Z** キーを押下しているタイミングであり、ライフが0のショットをループ処理で見つけてやり、1つだけ配置するようにしています。

　ここまでの処理の流れや要点を踏まえながら、`stg/008/script/script.js` やその他のクラスに対して加えられた変更を見ていきましょう。

## ショットのことを踏まえた初期化処理　大量のショットのインスタンスを扱う

　`stg/008` では、**Character** クラスにも若干の変更が加えられています。これは自機キャラクターだけでなく、大量のショットのインスタンスを扱う上で、初期化処理をスマートに記述できるようにするための変更点です。該当する変更箇所は **Character** クラス内の**リスト6.29**の部分です。

　新たに追加されたプロパティが **Character.ready** です。これは「このキャラクターが利用できる状態かどうか」を表す真偽値で、初期値としては **false** が設定されています。そしてこのプロパティが **true** に設定される箇所が、それに続く **Character.image** の **load** イベントの処理の内部です。

　**Character** クラスは、`stg/007` までは「ロード完了した画像」を引数経由で受け取るような仕組みになっていました。つまり、あらかじめ画像のロードなどはすべて、メインスクリプトである `stg/007/script/script.js` 側で完了させておき、それから初期化を行うような手順を踏んでいました。これが `stg/008` では「ロードする画像のパス（文字列）」を受け取る形に変更されています。

リスト6.29 Characterクラスのコンストラクタ

```
class Character {
    constructor(ctx, x, y, w, h, life, imagePath){
        ＜中略＞
        /**
         * @type {boolean}
         */
        this.ready = false;
        /**
         * @type {Image}
         */
        this.image = new Image();
        this.image.addEventListener('load', () => {
            // 画像のロードが完了したら準備完了フラグを立てる
            this.ready = true;
        }, false);
        this.image.src = imagePath;
    }
    ＜以下略＞
```

この変更を行ったことで、各クラスを利用する側となる「メインスクリプトを記述した `script.js`」では、単に利用するつもりの画像のパスだけをコンストラクタ関数に指定すれば良くなります。わざわざ画像を読み込むような処理をメインスクリプトのほうで記述しなくても、**Character** クラスが自動的に行ってくれるようにしたわけです。この様子を概念図にすると**図6.5**のようになります。

ただし、この方法では「画像の読み込みが完了しているのかどうか」をメインスクリプト側で検出できなくなってしまいます。そこで、**Character** クラスに **ready** というプロパティを持たせて、その真偽値を見れば読み込み処理が完了しているかどうか、判断できるようにしたわけです。

これらのことを踏まえて、実際に `stg/008/script/script.js` でどのような処理が行われているのかを見てみます。

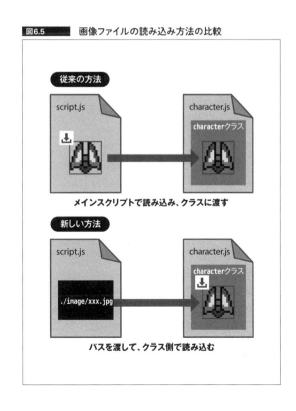

図6.5 画像ファイルの読み込み方法の比較

従来の方法

script.js

character.js

characterクラス

メインスクリプトで読み込み、クラスに渡す

新しい方法

script.js

character.js

characterクラス

./image/xxx.jpg

パスを渡して、クラス側で読み込む

冒頭では、**リスト6.30**に示したように、ショットの生成できる最大数を表す定数を1つ、さらにショットのインスタンスを格納するための配列変数を1つ追加で宣言しています。

**リスト6.30** ショットの最大個数を示す定数とインスタンスを格納する変数の記述

```
/**
 * ショットの最大個数
 * @type {number}
 */
const SHOT_MAX_COUNT = 10;

＜中略＞

/**
 * ショットのインスタンスを格納する配列
 * @type {Array<Shot>}
 */
let shotArray = [];
```

この配列変数**shotArray**に、実際に生成したショットのインスタンスを格納している箇所は、各種初期化処理を行う**initialize**関数にあります。該当の箇所を抜粋したものが**リスト6.31**です。

**リスト6.31** initialize関数にあるショットのインスタンスを初期化する記述

```
function initialize(){
    ＜中略＞

    // ショットを初期化する
    for(let i = 0; i < SHOT_MAX_COUNT; ++i){
        shotArray[i] = new Shot(ctx, 0, 0, 32, 32, './image/viper_shot.png');
    }

    // ショットを自機キャラクターに設定する
    viper.setShotArray(shotArray);
}
```

**Shot**クラスのインスタンスを定数**SHOT_MAX_COUNT**個数分、生成しているのがわかります。また、生成した**Shot**クラスのインスタンス配列は、そのまま**Viper.setShotArray**を呼び出して、自機キャラクターに関連づけされています。これにより、自機キャラクターが自分自身でショットを生成することが可能になります。

## ロードの完了と描画処理

このように、初期化処理を行う**initialize**関数内部では、自機キャラクターやショットの各種インスタンスが生成されます。すると、生成されたインスタンスのそれぞれが、独自に画像を読み込む処理を開始します。繰り返しになりますが、これは**Character**クラスに画像の読み込み処理を行わせるように変更を加えたためです。

Characterクラスを継承しているViperクラスやShotクラスの、各インスタンスのreadyプロパ
ティが漏れなくすべてtrueになっていることを確認すれば、画像の読み込み処理もすべて完了して
いるとみなすことができます。実際にそれを行っているのは、initialize関数の次に呼び出される
loadCheckという関数です。**リスト6.32**がloadCheck関数の定義です。ここでは論理演算を利用し
て、すべての画像のロードが完了しているかを確認しています。

**リスト6.32** loadCheck関数

```
function loadCheck(){
    // 準備完了を意味する真偽値
    let ready = true;
    // AND演算で準備完了しているかチェックする
    ready = ready && viper.ready;
    // 同様にショットの準備状況も確認する
    shotArray.map((v) => {
        ready = ready && v.ready;
    });

    // すべての準備が完了したら次の処理に進む
    if(ready === true){
        // イベントを設定する
        eventSetting();
        // 実行開始時のタイムスタンプを取得する
        startTime = Date.now();
        // 描画処理を開始する
        render();
    }else{
        // 準備が完了していない場合は0.1秒ごとに再帰呼び出しする
        setTimeout(loadCheck, 100);
    }
}
```

loadCheck関数内で定義されたローカル変数readyに、最初にtrueを入れておき、次々と各イン
スタンスのreadyプロパティとの論理積を取っていきます。論理積はANDで表されることの多い論
理演算の方式で、trueかつtrueである場合に限り、その結果がtrueになります。つまり、もし1つ
でもfalseになるものがある場合、ローカル変数readyの中身もfalseになってしまいます。

もしローカル変数readyの結果がtrueではなかった場合は、setTimeoutを使って、もう一度0.1
秒後にloadCheck関数を呼び出します。このloadCheck関数が再度自分自身を呼び出す再帰呼び出し
は、すべての画像のロードが完了するまで自動的に繰り返し行われます。

■ render関数の呼び出し

画像のロードまですべてが完了すると、いよいよ描画処理を行うrender関数が呼び出されます。
stg/007では、自機キャラクターの状態のみを毎フレーム更新すればよかったのでviper.updateを
呼び出すだけで十分でした。しかしstg/008では、新しく追加されたショットのインスタンスも同
時に更新してやらなくてはなりません。

とは言え、**Shot**クラスの実装部分でも触れたように、**Shot**クラスは自身のライフが0以下の場合は**Shot.update**が呼び出されても結果的には何もしないように実装してあります。ですから**render**関数の内部では、何も考えずにすべてのショットのインスタンスに対して**update**メソッドを呼び出してやります。`stg/008/script/script.js`では、**render**関数は**リスト6.33**のように実装されています。

やや変更点が多くなりましたが、これで**Z**キーを押すことで、自機キャラクターがショットを放つようになりました。しかし、これは実際に実行してみると明らかですが、**図6.6**のようにショットが極めて密集した状態で生成されてしまいます。続いて、これにどのように対策すれば良いか考えてみましょう。

**リスト6.33** render関数

```
function render(){
    // グローバルなアルファを必ず1.0で描画処理を開始する
    ctx.globalAlpha = 1.0;
    // 描画前に画面全体を不透明な明るいグレーで塗りつぶす
    util.drawRect(0, 0, canvas.width, canvas.height, '#eeeeee');
    // 現在までの経過時間を取得する（ミリ秒を秒に変換するため1000で除算）
    let nowTime = (Date.now() - startTime) / 1000;

    // 自機キャラクターの状態を更新する
    viper.update();

    // ショットの状態を更新する
    shotArray.map((v) => {
        v.update();
    });

    // 恒常ループのために描画処理を再帰呼び出しする
    requestAnimationFrame(render);
}
```

**図6.6** stg/008の実行結果

ショットが
ぎっしり密集

## ショットが高速に生成されることを防ぐ 密生するショットの原因と対策

stg/008のように、自機キャラクターがショットを放つことができるようになったものの、肝心のショットが極端に密生してしまうのはどうしてなのでしょうか。ショットを生成している**Viper.update**メソッドの中身を、改めて見てみます。**リスト6.34**が該当する部分です。

最初にキーの入力状態を調べ、もしキーが押されている場合for文を利用してループ処理を実行しています。この処理は先ほども書いたように**Viper.update**に記述されています。つまり、プログラムの描画処理が開始されると、毎フレーム呼び出しが行われることになります。ここでもしキーボードの **Z** キーが入力されたままになっていると、毎フレーム絶え間なく1つずつショットが生成されていくことになります。

**requestAnimationFrame**による呼び出しは1秒間に60回にも及びます。すると、stg/008では10個分用意されているショットのインスタンスも、1/6秒（約0.167秒）で瞬く間にすべてが生成され尽くしてしまい、結果的にひどく密集した形になってしまうのです。

これを回避するには「毎フレーム必ずショットが生成される」という状態を修正しなくてはなりません。方法はいくつか考えられますが、stg/009ではカウンターとなる変数を設けてやり、そのカウンターが一定数カウントされるまでの間は次のショットを生成しない、という処理を組み込んでいます。このカウンターとなる変数は、自機キャラクター自身が持つプロパティとして実装してみましょう。stg/009の**Viper**クラスには、**リスト6.35**のように新たにプロパティが追加されています。

**リスト6.34** Viper.updateメソッド内のショットの生成箇所

```
// キーの押下状態を調べてショットを生成する
if(window.isKeyDown.key_z === true){
    // ショットの生存を確認し非生存のものがあれば生成する
    for(let i = 0; i < this.shotArray.length; ++i){
        // 非生存かどうかを確認する
        if(this.shotArray[i].life <= 0){
            // 自機キャラクターの座標にショットを生成する
            this.shotArray[i].set(this.position.x, this.position.y);
            // 1つ生成したらループを抜ける
            break;
        }
    }
}
```

**リスト6.35** Viperクラスに追加されたプロパティの記述

```
/**
 * ショットを撃った後のチェック用カウンター
 * @type {number}
 */
this.shotCheckCounter = 0;
/**
 * ショットを撃つことができる間隔（フレーム数）
 * @type {number}
 */
this.shotInterval = 10;
```

　ショットの射出間隔を調整するためのカウンターとなるプロパティが**shotCheckCounter**です。初期値はひとまず0にしておきます。そして、どのくらいの間隔（*interval*、インターバル）を空けてショットが生成可能になるのかを表しているのが**shotInterval**です。ここでは10という数値が代入されていますので、自機キャラクターは10フレームに1つのショット生成能力を持っている、という意味になります。

　これら新しく追加されたプロパティのことを踏まえつつ、**リスト6.36**に示した、ショットを生成している**Viper.update**メソッドの該当する記述箇所を見てみましょう。

**リスト6.36**　Viper.updateメソッド内のショットを生成している部分を修正した記述

```
// キーの押下状態を調べてショットを生成する
if(window.isKeyDown.key_z === true){
    // ショットを撃てる状態なのかを確認する
    // ショットチェック用カウンターが0以上ならショットを生成できる
    if(this.shotCheckCounter >= 0){
        // ショットの生存を確認し非生存のものがあれば生成する
        for(let i = 0; i < this.shotArray.length; ++i){
            // 非生存かどうかを確認する
            if(this.shotArray[i].life <= 0){
                // 自機キャラクターの座標にショットを生成する
                this.shotArray[i].set(this.position.x, this.position.y);
                // ショットを生成したのでインターバルを設定する
                this.shotCheckCounter = -this.shotInterval;
                // 1つ生成したらループを抜ける
                break;
            }
        }
    }
}
// ショットチェック用のカウンターをインクリメントする
++this.shotCheckCounter;
```

　ここで重要となるポイントは2つあります。

- 「**Viper.shotCheckCounter >= 0のときはショットを生成できる**」というルール
- 「**ショットを生成したかどうかにかかわらずViper.shotCheckCounterは常にインクリメントされる（1ずつ加算される）こと**

　リスト6.36の冒頭、**if**文を使ってキーボードの**Z**キーが押されているかどうかを確認した後、**Viper.shotCheckCounter**が0以上の値かどうかを確認します。もし条件を満たしている場合はショットを新規に生成するための**for**ループ処理を行います。そして、最終的にショットを生成することになった場合は**Viper.shotCheckCounter**に**Viper.shotInterval**をマイナスの数値として代入します。**Viper.shotInterval**は、その定義箇所で10に設定されていましたので、ここでは-10が**Viper.shotCheckCounter**に入ることになります。

　そして、ショットを生成したかどうかにかかわらず、また**Z**キーが押されていたかどうかにも関係なく、**Viper.shotCheckCounter**は毎フレーム必ずインクリメントされるようにしています。

　ショットが生成された直後は-10に設定される**Viper.shotCheckCounter**も、毎フレーム1ずつ数値が加算されていき、いずれ0以上の数値に戻ります。するとそこで、ショットを生成するかどうかを判定している**if**文の条件が再度満たされることになるので、次のショットを生成することが可能になるというわけです。

　ここでは、カウンターに対して負のインターバル(-10)を設定して、毎フレームインクリメント(加算)を行っていますが、カウンターに対してプラスのインターバルを設定してデクリメント(減算)するような書き方でも、同様の処理を実現できます。いずれの場合も、インターバルとして**Viper.shotInterval**に設定したフレーム数分だけ、新規ショットの生成が制限される形になります。

　このような変更を加えたことで、stg/009では**図6.7**のようにショット同士の生成される間隔が調整され、より自然な結果が得られるようになっています。なお、stg/009/script/script.jsに対しては、stg/008/script/script.jsと比較してその他の変更は加えていません。

**図6.7**　stg/009の実行結果

---

**Column**

## setTimeoutとsetInterval

　JavaScriptには、一定の時間をおいて処理を実行するための、タイマーの機能を持つ関数が存在します。それが**setTimeout**と**setInterval**です。

　いずれの関数も、第1引数にはタイマーで指定した時間が経過した後呼び出す関数を、第2引数には、タイマーを設定する経過時間をミリ秒で指定します。

　両者は、指定した時間が経過した後、指定した関数が実行されるという点ではまったく同じように働きますが、**setTimeout**は「一度だけ」処理を実行するのに対し、**setInterval**は「繰り返し」処理を実行します。この特徴を把握しないまま、むやみに**setTimeout**の処理を**setInterval**で置き換えたりすると、

思わぬ不具合が発生してしまう場合があります。

具体的な例として、以下のような状況を考えてみましょう。

**setTimeoutを利用する関数の記述例**
```
// setTimeoutを自身で呼び出す再帰的な関数
function myTimeout(){
    console.log('time out!');
    setTimeout(myTimeout, 1000);
}

myTimeout();  // ➡1秒ごとにログ出力される
```

上記のような関数を実行すると、まず**myTimeout**の呼び出しと同時に即座にログが出力され、その後、繰り返し1秒（1000ミリ秒）ごとにログが出力されるようになります。**setTimeout**は一度だけタイマーを設定するため、毎回次のタイマーを設定している形となり、問題はありません。

しかし、これを次のように**setInterval**で置き換えてしまうと、これは深刻な問題のあるコードになってしまいます。

**setIntervalを利用した好ましくない例**
```
// setIntervalを自身で再設定する関数
function myInterval(){
    console.log('interval!');
    setInterval(myInterval, 1000);
}

myInterval();  // ➡1秒経つごとに……？
```

**setInterval**は、何度も繰り返し呼び出されるものとしてタイマーを設定します。つまり、このようなコードを実行すると、実行開始直後こそ一度ログが出力されるだけですが、1秒後にはログ出力が2回になり、さらにもう1秒経つとログ出力が4回になり、指数関数的に呼び出し回数が増えていってしまいます。いずれは、Webブラウザがフリーズしたようになって動作を停止してしまうでしょう。

**setTimeout**や**setInterval**といったタイマー関数を利用する際は、その実現したい内容に応じて正しく使い分けを行うことが大切です。また、いずれの関数も、それと対になるタイマーをクリアする関数が用意されているため、タイマーを設定した場合にそれを解除する方法についても、理解しておくべきでしょう。

**setTimeout**の場合、その呼び出しと同時にタイムアウトIDが戻り値として返却されてきます。これを**clearTimeout**関数に与えることによって、タイマーの実行をキャンセルできます。**setInterval**も同様に、呼び出しと同時に戻り値としてインターバルIDを返します。これを利用して**clearInterval**関数でタイマーの実行をキャンセルできます。以下が、キャンセルを行っている例となります。タイマー関数を使う場合は、これらの特性を正しく理解した上で利用するようにしましょう。

**タイマーのキャンセル**
```
// setTimeoutとそのキャンセル
let timeoutId = setTimeout(anyFunction, time);
clearTimeout(timeoutId);

// setIntervalとそのキャンセル
let intervalId = setInterval(anyFunction, time);
clearInterval(intervalId);
```

## ショットの進行方向を設定可能にする

stg/009の変更で、ほど良く間隔を空けてショットが生成できるようになりました。この状態でもすでに十分に、シューティングゲームの自機キャラクターらしい挙動を実現できていますが、もう少しショットについて踏み込んで考えてみます。

今後、自機キャラクターだけでなく敵キャラクターの実装を行っていくことなどを考えると、ショットがまっすぐ上にしか進まないという今の状態は、いずれ困った事態を招くことが想像できます。敵キャラクターは画面の上側や左右から現れて、攻撃のためにショットを放ってくることになると想定できますが、いずれにしても、その敵キャラクターが放ったショットが真上にしか進んでいかないようではゲームが成立しなくなってしまいます。そこで、任意の方角に向かってショットが進んでいく（移動していく）ことができるように、またその方角は自由に設定できるように、**Shot**クラスを拡張することを考えてみましょう。

stg/010では、**Shot**クラスに新たに「進行方向」というパラメーターを追加します。該当するプロパティの定義は**リスト6.37**のように**Shot.vector**というプロパティとして定義します。

**リスト6.37** Shotクラスに追加されたプロパティの記述

```
class Shot extends Character {
    constructor(ctx, x, y, w, h, imagePath){
        // 継承元の初期化
        super(ctx, x, y, w, h, 0, imagePath);

        /**
         * 自身の移動スピード（update1回あたりの移動量）
         * @type {number}
         */
        this.speed = 7;
        /**
         * ショットの進行方向
         * @type {Position}
         */
        this.vector = new Position(0.0, -1.0);
    }
    <以下略>
```

**Shot.vector**プロパティには、既定値として**Position**クラスのインスタンスが格納されるようになっています。その**Position**クラスには**(0.0, -1.0)**という初期値が与えられています。この初期値が何を表しているものか、わかるでしょうか。

第3章で、ベクトルについて扱ったことを思い出しながら考えましょう。Canvas要素上の座標系は、一般にスクリーン座標系（画面座標系）と呼ばれる左上角を原点とした座標系になっています。このスクリーン座標系では、Xは右に行くほど値が大きく、Yは下に行くほど値が大きくなります。このような座標系で**(0.0, -1.0)**のようなベクトルを考えてみると、見た目上は「上方向を指し示すベクトル」であることがわかります（**図6.8**）。

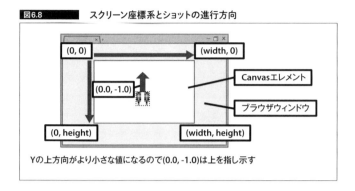

図6.8　スクリーン座標系とショットの進行方向

つまり、**Shot**クラスに追加された新しいプロパティ **Shot.vector**は、ショットが進むべき方角を指し示す「進行方向ベクトル」の役割を持つプロパティとして定義されています。また、この進行方向は後から任意に変更できるようにしておく必要があります。

そこで、**Shot**クラスには「進行方向ベクトルを設定するためのメソッド」も追加します。

**リスト6.38**は、そのメソッド定義の部分を抜粋したものです。

リスト6.38　Shot.setVectorメソッド

```
/**
 * ショットの進行方向を設定する
 * @param {number} x - X方向の移動量
 * @param {number} y - Y方向の移動量
 */
setVector(x, y){
    this.vector.set(x, y);  // 自身のvectorプロパティに設定する
}
```

**Shot.vector**は**Position**クラスのインスタンスなので、**Position.set**メソッドを使って値を設定できます。この**Shot.setVector**メソッドは引数としてX要素とY要素を受け取り、それを進行方向ベクトルとして設定するだけの、シンプルな構造になっています。

さらに、実際にショットのインスタンスが**Shot.update**メソッドで更新されるとき、**Shot.vector**プロパティが正しく影響するようにしておく必要があります。これには、**リスト6.39**のように**Shot.update**メソッドに対して変更を加えることで対応します。

**Shot.update**メソッドの中段にある、ショットを進行方向に沿って移動させるための演算を行っている部分で、**Shot.vector**プロパティが使われています。

**Shot.vector**プロパティは進行方向を表すベクトルなので、これに自身のスピードを表す**Shot.speed**プロパティを乗算した上で、自身の座標に加算します。仮に**Shot.vector**プロパティが、初期値の**(0.0, -1.0)**のままであれば、**Shot.position.x**には、実際には一切値が加算されないことがわかります。つまり、ショットは横方向には一切動かないということです。一方、**Shot.position.y**には、-1.0にスピードを掛けたものが乗算され、それが加算されることになります。つまり、何らかの負の数値が加算されるので、結果的に**Shot.position.y**の値は減算されます。

**図6.9**に表したように、どのような進行方向ベクトルが設定されているのかにより、ショットの進んでいく方角が変化する状態になっていることがわかります。

**リスト6.39** Shot.updateメソッド

```
update(){
    // もしショットのライフが0以下の場合は何もしない
    if(this.life <= 0){return;}
    // もしショットが画面外へ移動していたらライフを0（非生存の状態）に設定する
    if(this.position.y + this.height < 0){
        this.life = 0;
    }
    // ショットを進行方向に沿って移動させる
    this.position.x += this.vector.x * this.speed;
    this.position.y += this.vector.y * this.speed;
    // ショットを描画する
    this.draw();
}
```

**図6.9** ショットに設定されている進行方向ベクトル

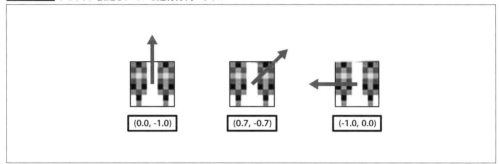

Shotクラスが「進行方向」という新しいプロパティを持ったことで、自機キャラクターから放つショットも真上に移動するだけでなく、任意の方向に移動するものを追加できるようになりました。

## 異なる種類のショットを同時に放てるようにする

stg/010では、実際に白機キャラクターから放たれるショットに変更を加えています。従来どおりまっすぐ上に向かって進んでいくショットはそのままに、新たに左右の斜め上方向に移動するショットを追加しています。この斜めに移動するショットは、その外見上の特徴から「シングルショット」という名前で定義しています。

stg/010/script/script.jsでは、このシングルショットを格納するための配列を新たに変数として追加し、初期化処理を行うinitialize関数のなかで、インスタンスの初期化が行われるように拡張を行っています。該当する箇所を抜粋したものが**リスト6.40**です。

これまで利用してきたshotArrayのほかに、singleShotArrayという配列変数が追加され、shotArrayの要素が1つ追加されるたびに、singleShotArrayには2つずつインスタンスが格納されるようになっています。ここではカウンター変数iの使い方に注意しましょう。変数iは、for文によるループのカウンター変数なので、0～SHOT_MAX_COUNTまで値が1ずつ増えていきます。

**リスト6.40** script.jsに追加された変数の宣言とinitialize関数の記述

```
// まずscript.js冒頭で変数を追加

/**
 * シングルショットのインスタンスを格納する配列
 * @type {Array<Shot>}
 */
let singleShotArray = [];

<中略>

// 初期化処理を行うinitialize関数でシングルショットを初期化
function initialize(){
    <中略>

    // ショットを初期化する
    for(let i = 0; i < SHOT_MAX_COUNT; ++i){
        shotArray[i] = new Shot(ctx, 0, 0, 32, 32, './image/viper_shot.png');
        singleShotArray[i * 2] = new Shot(ctx, 0, 0, 32, 32, './image/viper_single_shot.png');
        singleShotArray[i * 2 + 1] = new Shot(ctx, 0, 0, 32, 32, './image/viper_single_shot.png');
    }

    viper.setShotArray(shotArray, singleShotArray);  // ショットを自機キャラクターに設定する
}
```

**shotArray[0]** にインスタンスが生成される際には、**singleShotArray[0]** と **singleShotArray[0 + 1]** に、シングルショットようのインスタンスが生成されます。同様に、**shotArray[1]** にインスタンスが生成される際には**singleShotArray[2]**, **singleShotArray[2 + 1]** に、新たにインスタンスが生成されて格納されます。

このようなループ処理が実行されると、**shotArray.length * 2 === singleShotArray.length** という関係が常に成り立つように、ちょうど2倍のインスタンスが**singleShotArray**に格納されることになります。ここで2つ一組でシングルショットが生成されるようにしているのは、自機キャラクターから左右両側に向かって、シングルショットを飛ばすことができるようにするためです。

**initialize**関数では最後に、**Viper.setShotArray**を使って、ここで生成したショットのインスタンス配列を自機キャラクターに設定しています。また、各種オブジェクトのインスタンスの、画像の読み込みが完了したかどうかを確認する**loadCheck**関数にも、シングルショットに関する処理を追加します。該当する部分は**リスト6.41**のようになっており、ほかのオブジェクトのインスタンス同様に**ready**プロパティの状態をチェックします。

さらに、描画処理を担う**render**関数にもシングルショットのための記述を追加します。同時に変更を加える箇所が少々多いので、**リスト6.42**を参考に忘れずに記述を追加しておきましょう。

さて、このように**stg/010/script/script.js**側で設定されたシングルショットのインスタンスが、自機キャラクターによってどのように使われるのかは、**stg/010/script/character.js**に書かれた**Viper**クラスの定義を見るとわかります。**Viper**クラス側では、自身にこれまでの真上にまっすぐ進むショットだけでなく、シングルショットが新たに関連づけされることを踏まえた修正が加えられています。

まず、シングルショットを格納するための、新たなプロパティを追加します（**リスト6.43**）。

さらに、このプロパティに値を設定しているのが先ほども登場した**Viper.setShotArray**メソッドです（**リスト6.44**）。引数を経由して配列を受け取り、それを設定するだけのシンプルな構造です。

**リスト6.41** loadCheck関数

```
function loadCheck(){
    let ready = true;  // 準備完了を意味する真偽値
    ready = ready && viper.ready;  // AND演算で準備完了しているかチェックする
    // 同様にショットの準備状況も確認する
    shotArray.map((v) => {
        ready = ready && v.ready;
    });
    // 同様にシングルショットの準備状況も確認する
    singleShotArray.map((v) => {
        ready = ready && v.ready;
    });
    <以下略>
```

**リスト6.42** render関数

```
function render(){
    <中略>
    // ショットの状態を更新する
    shotArray.map((v) => {
        v.update();
    });

    // シングルショットの状態を更新する
    singleShotArray.map((v) => {
        v.update();
    });

    // 恒常ループのために描画処理を再帰呼び出しする
    requestAnimationFrame(render);
}
```

**リスト6.43** Viperクラス内に追加されたプロパティの記述

```
/**
 * 自身が持つシングルショットインスタンスの配列
 * @type {Array<Shot>}
 */
this.singleShotArray = null;
```

**リスト6.44** Viper.setShotArrayメソッド

```
/**
 * ショットを設定する
 * @param {Array<Shot>} shotArray - 自身に設定するショットの配列
 * @param {Array<Shot>} singleShotArray - 自身に設定するシングルショットの配列
 */
setShotArray(shotArray, singleShotArray){
    // 自身のプロパティに設定する
    this.shotArray = shotArray;
    this.singleShotArray = singleShotArray;
}
```

仕上げに、この **Viper.singleShotArray** を実際に利用している箇所、つまり「ショットを生成している箇所」を見てみましょう。**リスト6.45** は、**Viper.update** メソッドのなかの **Z** キーの入力によってショットを生成するかどうか判定している部分です。

**リスト6.45** Viper.updateメソッド

```
// キーの押下状態を調べてショットを生成する
if(window.isKeyDown.key_z === true){
    // ショットチェック用カウンターが0以上ならショットを生成できる
    if(this.shotCheckCounter >= 0){
        let i;
        // ショットの生存を確認し非生存のものがあれば生成する
        for(i = 0; i < this.shotArray.length; ++i){
            <中略>
        }
        // シングルショットの生存を確認し非生存のものがあれば生成する。
        // このとき、2個をワンセットで生成し左右に進行方向を振り分ける
        for(i = 0; i < this.singleShotArray.length; i += 2){
            // 非生存かどうかを確認する
            if(this.singleShotArray[i].life <= 0 && this.singleShotArray[i + 1].life <= 0){
                // 自機キャラクターの座標にショットを生成する
                this.singleShotArray[i].set(this.position.x, this.position.y);
                this.singleShotArray[i].setVector(0.2, -0.9);   // やや右に向かう
                this.singleShotArray[i + 1].set(this.position.x, this.position.y);
                this.singleShotArray[i + 1].setVector(-0.2, -0.9);   // やや左に向かう
                // ショットを生成したのでインターバルを設定する
                this.shotCheckCounter = -this.shotInterval;
                // 一組生成したらループを抜ける
                break;
            }
        }
    }
}
// ショットチェック用のカウンターをインクリメントする
++this.shotCheckCounter;
```

　これまで同様に、真上に向かって進む従来のショットについては、その生成されるプロセスに変化はありません。リスト6.45では、その部分は省略しています。シングルショットを生成しているのは、真上に向かうショットに関する処理が行われた後になります。

　ショットを生成するか否かの判定には、真上に向かう従来のショットとまったく同じ要領で「自身のライフが0以下に設定されたインスタンスが存在するか」を確認します。ここでは常に、シングルショットが左右に展開されることになることを踏まえ、2つワンセットでチェックされていることに注意します。

　2つワンセットのシングルショットが、いずれもライフ0以下の状態であれば、ショットを生成するプロセスに進みます。シングルショットは「生成される座標」は左右ともに自機キャラクターの存在する座標、すなわち **Viper.position** に設定されますが、それらの進行方向を設定するための **Shot.setVector** では、それぞれに **(0.2, -0.9)** と **(-0.2, -0.9)** というように、X要素が反転したベクトルを設定します。これは**図6.10**のように、ベクトルを図解して考えてみるとわかりやすいでしょう。

　ショットが自身の進行方向をプロパティとして保持するようになったことで、ただまっすぐに上に向かって進むだけではなく、任意の方向にショットを移動できるようになりました。これにより**図6.11**に示したように、自機キャラクターが放つショットがさらに迫力のあるものになりました。

## ショットを回転させて描画する

　ショットに進行方向というパラメーターを与えたことで、任意の方角に向かって移動するショットを実現できました。しかし、ここで実装したシングルショットは、実はこのままではまだ実装としては不十分な部分があります。これは、もし仮に「シングルショットが真横に進むものだったら？」

**図6.10**　シングルショットに設定される進行方向のイメージ

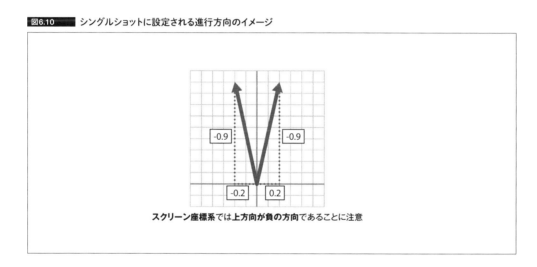

**図6.11**　stg/010の実行結果

ということを考えてみるとわかりやすいでしょう。先ほどのstg/010で加えた変更により、確かに
ショットは任意の方角に向かって進めるようになりましたが、**図6.12**に示したように、真横にショッ
トが移動するとしたら見た目がかなり不自然なものになってしまいます。

**図6.12** 画像が真横に進む場合のイメージ

Shot.vectorが(1.0, 0.0)の場合

画像が上向きなのに右に移動している 進行方向と画像の向きが一致している例

これを解決するアプローチには、2つのやり方が考えられます。

一つは、横に進むことを想定した、横向きのショットの画像を用意して対応する方法です。しか
し静的な画像ファイルを、ショットの向きの分だけすべてを網羅するように用意するというのはな
かなか骨の折れる作業になることは想像に難くありません。この方法は極力避けたいところです。

もう一つは、ショットの画像を描画する際に「画像を回転させて進行方向に揃える」という方法で
す。この方法であれば、用意するショット用の画像は1枚で済みますし、どのような方角に向かう
場合でも回転量を調整することによって問題なく対応できます。幸いにも、Canvas2Dコンテキス
トには、これを実現するための方法が用意されています。stg/011では、この「画像を回転させてか
ら描画する」という処理を実現してみましょう。

■⋯⋯⋯⋯**Canvas2Dコンテキストにおける回転表現**

画像を回転させてから描画する方法を考える上で、最初に理解しておかなくてはならないことが
あります。まず大前提として、Canvas2Dコンテキストには、厳密には「画像を回転させる」という
仕組みや命令はありません。画像の描画はあくまでも画像の描画であり、そこに回転の要素は含ま
れません。しかしCanvas2Dコンテキストには「Canvas上の座標全体を回転させるメソッド」が存在
します。つまり、ひとたびCanvas上の座標を回転させてしまうと、それ以降に描画する画像や矩
形、文字などが、すべて同じように回転の影響を受けます。これは大切なポイントになります。

ここでは具体例を示しながら説明します。Canvas2Dコンテキストには**rotate**というメソッドが
あります。このメソッドは引数を1つ取り、その引数にはラジアンで回転する量を指定します。た
とえばCanvas上の座標を度数法で45度回転させる処理は、**リスト6.46**のように記述できます。

次に、通常のCanvas上で矩形を描く場合と、Canvas上の座標が回転した状態で矩形を描く場合
とを、実際の描画結果とともに見比べてみましょう。まず、Canvas上に普通に矩形を描画する例と
して**リスト6.47**のような描画処理があるとします。その描画結果が**図6.13**です。XY座標や幅、高
さを設定して矩形を描画する処理で、描画結果も正しく指定された位置に行われています。

**リスト6.46** Canvas上の座標を回転させる

```
// Canvas要素の生成と、Canvas2Dコンテキストの取得
let canvas = document.createElement('canvas');
let ctx = canvas.getContext('2d');

// Canvas上の座標を回転させる
let rad = 45 * Math.PI / 180;
ctx.rotate(rad);
```

**リスト6.47** fillRectメソッドでCanvas上に矩形を描く

```
let x = 200;
let y = 100;
let width = 200;
let height = 50;
ctx.fillRect(x, y, width, height);
```

**図6.13** 描画結果

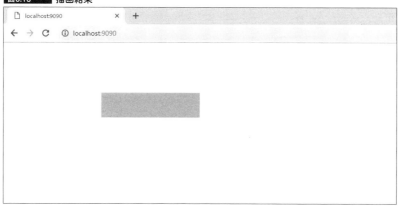

　次に、**rotate**メソッドで度数法における45度分だけCanvas上の座標全体を回転させ、その上で、まったく同じ位置に矩形を描画してみます。**リスト6.48**と**図6.14**がそのコードと描画結果です。矩形の描画がまったく同じ位置、同じ大きさで行われているにもかかわらず、描画結果はまるで違ったものになっていることがわかります。

**リスト6.48** rotateメソッドで座標を回転させてから矩形を描画する

```
// Canvas上の座標を回転させる
let rad = 45 * Math.PI / 180;
ctx.rotate(rad);

// 矩形を描画する
let x = 200;
let y = 100;
let width = 200;
let height = 50;
ctx.fillRect(x, y, width, height);
```

図 6.14　回転させた後の描画結果

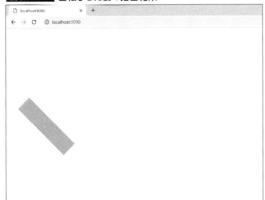

　一見すると、どうしてこのような結果になってしまったのか戸惑うかもしれませんが、**rotate**メソッドによる回転は「常にCanvasの原点を中心に回転が行われる」ということを念頭に置いて考えることがポイントになります。つまり、**図6.15**に示したように、Canvas上の座標は「Canvasの原点（左上角）」を中心にして「時計回りの方向」に「指定されたラジアン」の分だけ回転しているのです。

　繰り返しになりますが、Canvas上の座標を回転させると矩形やパスの描画はもとより、画像や文字列の描画もすべて等しく影響を受けます。ここではわかりやすさのために、矩形の描画を例に回転がどのように描画結果に影響を与えるのかを示しましたが、これを応用することで「画像を任意に回転させて描画する」という処理を実現できます。

図6.15　　Canvas上の座標が原点を中心に回転している（イメージ）

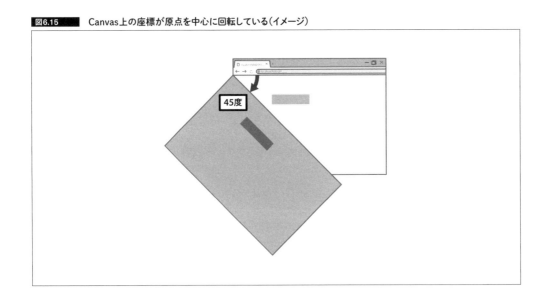

■⋯⋯⋯ **原点を意識して回転処理を行う**

　では実際に、画像を回転させて描画する具体的な方法を考えてみましょう。**図6.16**に示したような状況を考えてみます。Canvas要素のちょうど中心の位置にコンパスの画像を描画しようとしています。このコンパスの針だけを、自然な形で回転させることを目指します。

　まず、**rotate**メソッドでCanvas上の座標全体を回転させ、そのまま普通にコンパスの描画を行うとどうなるかを考えてみます。この場合、先ほどの「回転を加えてから矩形を描いた例」とまったく同じことが起こります。Canvas上の座標全体が回転した後にコンパスを描画しても、**図6.17**に示したように、Canvasの中心位置ではない場所にコンパスが描かれてしまいます。

　これではコンパスの針が回転しているのではなく、コンパスそのものの位置が移動してしまっているように見えるため、結果としては意図したものになっていません。これを正しく修正するには、「Canvasの原点を中心に回転が行われる」という特性と、「Canvasの原点の位置はずらすことができる」という特性をうまく利用します。

　Canvas上の座標は、実は回転だけではなく、水平や垂直に「平行移動させる」こともできます。要するに、座標を縦横にずらすためのメソッドが存在するのです。それが**translate**メソッドです。

**図6.16** コンパスの土台と針を一つのCanvas上に描画する

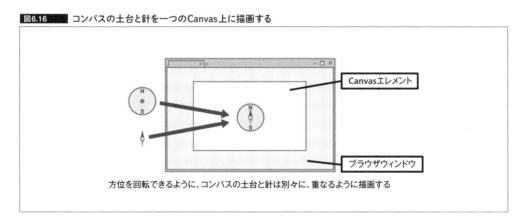

方位を回転できるように、コンパスの土台と針は別々に、重なるように描画する

**図6.17** 最初に回転を加えて描画する場合

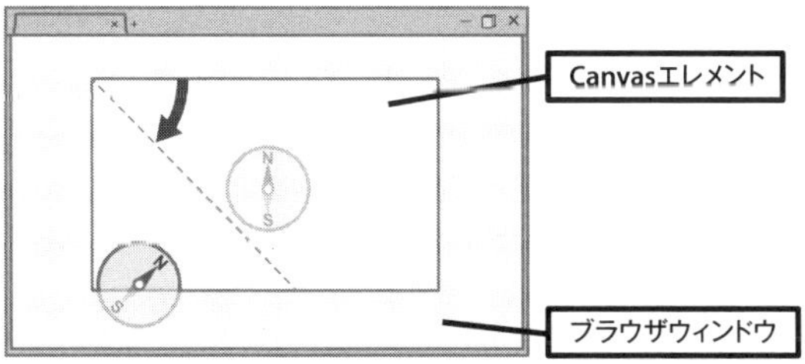

左上を原点として、回転した状態で描画されてしまう

translateメソッドはCanvasの座標全体を平行移動させることができます。つまり、このメソッドを利用すると「Canvasの原点を任意の座標の位置にずらす」ことができます（図6.18）。

原点の位置が移動したということは「translateで原点を平行移動させた後の位置」を中心に、Canvas上の座標が回転するようになったということでもあります。この仕組みをうまく利用すると、コンパスの針が回転しているような表現を行えます。

一つ一つ手順を追いかけながら考えてみましょう。最初に、回転させて描画したいオブジェクトの、その回転の中心となる位置を決めます。コンパスを描画する場合を考えると、ちょうどコンパスの針の支点（軸）の位置です。図解すると、**図6.19**に示したxとyに相当します。

次に、このxとyの分だけ、Canvas上の座標を**translate**メソッドで平行移動させます。これにより、原点の位置が回転させて描画したいオブジェクトの、回転の中心の位置に移動します（図6.20）。

続いて、この原点の位置が移動した状態のまま、Canvas上の座標を回転させます。これには、**rotate**メソッドを用います（**図6.21**）。

注意すべき点としては、この時点ではまだ「Canvas上の座標の扱い」が平行移動したり回転したりしているだけで「描画処理は一度も行われていない」ということです。現実世界で絵を描くことに置き換えると、絵を描くためのスケッチブックを用意し、そのスケッチブックの置く位置をずらした

図6.18 Canvasの座標を平行移動させる

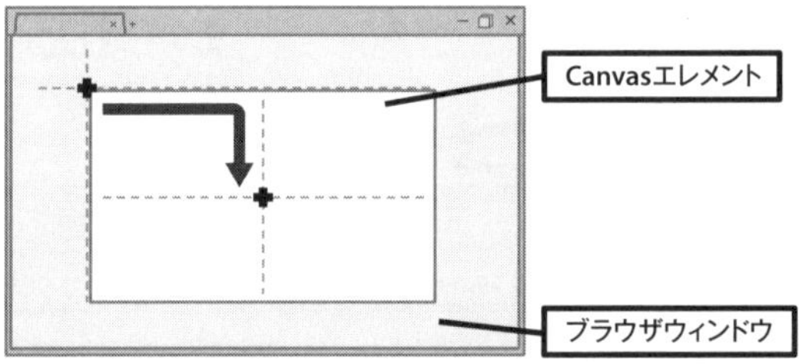

本来は左上角の位置にある原点をtranslateで任意の位置へ移動できる

図6.19 座標を平行移動させる量のイメージ

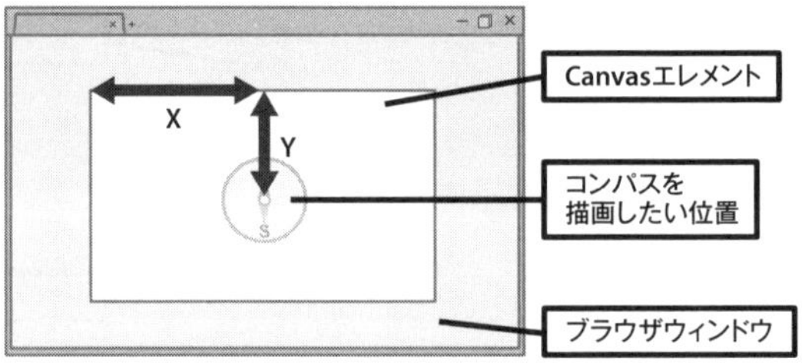

回転の中心としたい位置の座標から、平行移動する量を決める

り、傾けたりしているだけに過ぎず、スケッチブックの上にはまだ何も描き出されてはいないのです。最後に実際に画像を描画する段階では、画像の幅や高さを考慮して、回転の中心位置がずれないように気をつけつつ、描画を行います。

このようなCanvas上の座標の扱いは、慣れるまではややわかりにくい挙動のように感じられるかもしれません。しかし大事なポイントは、意外にもシンプルです。

第一に「Canvas上の原点は規定では左上角の位置にある」ということを念頭に置きます。

第二に「Canvas上の原点は**translate**メソッドで平行移動する」ことができ、回転のような原点の位置によって大きく影響を受けるような処理を、原点を平行移動させることで自由に制御できます。このとき、「平行移動してから回転を行う」ことと、「回転してから平行移動を行う」ことでは、最終的な描画結果が変わりますので注意しましょう。

第三に「Canvas上の座標の扱いは、すべての描画結果に影響を与える」ということも重要です。一度座標を平行移動させたり回転させたりすると、その影響はすべての描画に対して有効になります。これらのことを踏まえつつ、実際に`stg/011/script/character.js`にどのような変更が加えられているのかを見ていきます。

**図6.20** translateメソッドを利用して座標を移動させるイメージ

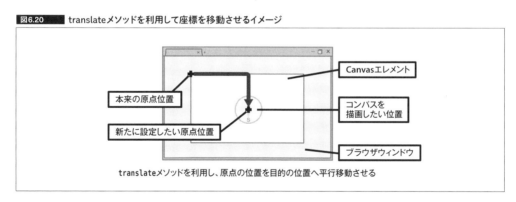

translateメソッドを利用し、原点の位置を目的の位置へ平行移動させる

**図6.21** rotateメソッドで座標を回転させるイメージ

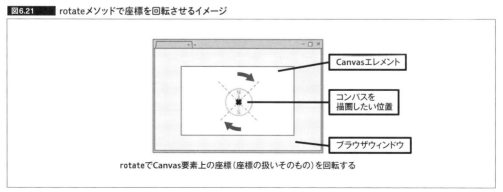

rotateでCanvas要素上の座標(座標の扱いそのもの)を回転する

■⋯⋯⋯⋯Canvas2Dコンテキストの状態保存と状態復元

Canvas上の座標の扱いを変更することができる**translate**や**rotate**は、座標の扱いそのものを根本的に変化させてしまいます。たとえば座標を左にずらしたのであれば、同じ量だけ反対の右方向にずらしてやらないと、それ以降描くものがすべて左にずれたようになってしまいます。回転の場合も同様で、時計回りの方向に回転を加えたのであれば、反時計回りの方向に逆回転させないと、それ以降行われるすべての描画が回転した状態のまま描かれてしまいます。

Canvas2Dコンテキストでは、このような座標系の状態の変化や塗りつぶしのスタイルなどを含む、コンテキストの状態をスナップショットのように保存したりリセットしたりできる機能があります。これを実現するためのメソッドが**save**と**restore**です。**save**メソッドは、メソッドが呼び出されたその瞬間のCanvas2Dコンテキストの状態を保存します。このとき保存された情報は「スタック」され、**save**メソッドが呼び出されるたびに、次々とスタックが積み上げられていきます。**スタック**(*stack*)とは前後の順番を維持したまま、次々と状態が蓄積されていくことを表します（**図6.22❶**）。そして**restore**メソッドは、スタックされている状態を一つずつ取り出し、復元します（図6.22❷）。

このような**save**メソッドによる状態のスタックと**restore**メソッドによる状態の復元を利用すれば、**translate**メソッドや**rotate**メソッドによる座標の操作を簡単に元の状態に戻せます。

`stg/011/script/character.js`では、キャラクターを管理するための**Character**クラスに、キャラクターを回転させた状態で描画するための新しいメソッド**rotationDraw**が定義されています。その他、回転に関連する記述を抜粋したものが**リスト6.49**です。

最初に**constructor**の内部を見ると、新しく**Character.angle**というプロパティが追加されていることがわかります。これは、この**Character**クラスのインスタンス自身が、どれくらい回転しているかを表すプロパティです。

初期値として**270 * Math.PI / 180**という値が格納されるようになっているのは、自機キャラクターやショットなどのインスタンスが、初期状態として真上を向いているからです。

そして、この**Character.angle**というプロパティに値を設定し、それを基準に進行方向を設定するためのメソッドが**setVectorFromAngle**です。引数としてラジアンで表現した角度を受け取り、それを元に進行方向を表す**Character.angle**や**Character.vector**に設定します。

**図6.22** 状態のスタックと、状態の復元

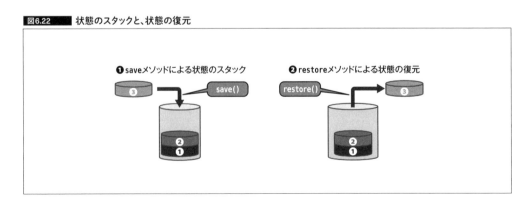

**リスト6.49** Characterクラスに変更を行った箇所

```
class Character {
    constructor(ctx, x, y, w, h, life, imagePath){
        ＜中略＞

        /**
         * @type {number}
         */
        this.angle = 270 * Math.PI / 180;
        ＜中略＞
    }

    ＜中略＞

    /**
     * 進行方向を角度を元に設定する
     * @param {number} angle - 回転量（ラジアン）
     */
    setVectorFromAngle(angle){
        // 自身の回転量を設定する
        this.angle = angle;
        // ラジアンからサインとコサインを求める
        let sin = Math.sin(angle);
        let cos = Math.cos(angle);
        // 自身のvectorプロパティに設定する
        this.vector.set(cos, sin);
    }

    ＜中略＞

    /**
     * 自身の回転量を元に座標系を回転させる
     */
    rotationDraw(){
        // 座標系を回転する前の状態を保存する
        this.ctx.save();
        // 自身の位置が座標系の中心と重なるように平行移動する
        this.ctx.translate(this.position.x, this.position.y);
        // 座標系を回転させる（270度の位置を基準にするためMath.PI * 1.5を引いている）
        this.ctx.rotate(this.angle - Math.PI * 1.5);

        // キャラクターの幅を考慮してオフセットする量
        let offsetX = this.width / 2;
        let offsetY = this.height / 2;
        // キャラクターの幅やオフセットする量を加味して描画する
        this.ctx.drawImage(
            this.image,
            -offsetX,  // 先にtranslateで平行移動しているのでオフセットのみ行う
            -offsetY,  // 先にtranslateで平行移動しているのでオフセットのみ行う
            this.width,
            this.height
        );

        this.ctx.restore();  // 座標系を回転する前の状態に戻す
    }
}
```

　回転を加えた上で描画処理を行うためのメソッド **Character.rotationDraw** では、Canvas2D コンテキストの状態の保存と復元を利用した処理が記述されています。まず Canvas 上の座標を平行移動したり回転させたりする前に、**save** メソッドを利用して状態をスタックに積んでおきます。その後、キャラクター自身が存在している位置に原点を移動させ、キャラクター自身が持つ **Character.angle** を考慮して、Canvas 上の座標を回転させます。最後に、Canvas2D コンテキストの **drawImage** を使ってキャラクターを描画します。メソッドが終わる直前に、忘れずに **restore** メソッドを呼び出し、座標系に加えた平行移動や回転の影響を元に戻します。

■‥‥‥‥‥**その他の変更点**

　**stg/011** では、**Character** クラスが進行方向や回転に関する設定を持つことができるようになったので、これまでは **Shot** クラスにしか実装されていなかった **setVector** などのメソッドは、自機キャラクターなどの **Character** クラスを継承しているすべてのクラスで利用できるようになりました。これに伴い、**Shot** クラスからは **setVector** メソッドが削除されています。

　また、自機キャラクターを管理する **Viper** クラスでは、シングルショットを生成する処理の部分で「角度を指定してシングルショットを左右に振り分ける」という書き方へと変更が加えられています。該当箇所を抜粋すると**リスト6.50**のようになります。

**リスト6.50** Viperクラス内の変更箇所

```
// シングルショットの生存を確認し非生存のものがあれば生成する
// このとき、2個を1セットで生成し左右に進行方向を振り分ける
for(i = 0; i < this.singleShotArray.length; i += 2){
    // 非生存かどうかを確認する
    if(this.singleShotArray[i].life <= 0 && this.singleShotArray[i + 1].life <= 0){
        // 真上の方向（270度）から左右に10度傾いたラジアン
        let radCW = 280 * Math.PI / 180;  // 時計回りに10度分
        let radCCW = 260 * Math.PI / 180;  // 反時計回りに10度分
        // 自機キャラクターの座標にショットを生成する
        this.singleShotArray[i].set(this.position.x, this.position.y);
        this.singleShotArray[i].setVectorFromAngle(radCW);  // やや右に向かう
        this.singleShotArray[i + 1].set(this.position.x, this.position.y);
        this.singleShotArray[i + 1].setVectorFromAngle(radCCW);  // やや左に向かう
        // ショットを生成したのでインターバルを設定する
        this.shotCheckCounter = -this.shotInterval;
        // 一組生成したらループを抜ける
        break;
    }
}
```

　自機キャラクターが放つショットは、通常まっすぐ真上に向かうことになるため、Canvas 上の座標系では、度数法で 270 度の向きへと移動するオブジェクトです。シングルショットは、その 270 度の方角から、左右に 10 度ずつずらした方角に発射されるようにしています。

　これを図解すると**図6.23**のようになります。

　**Character** クラスに **stg/011** で新たに実装した **setVectorFromAngle** を利用すれば、ショットが進

む向きと描画される画像の回転が同時に設定できます。これにより、シングルショットが斜めに傾いたような外見で描画されるようになりました（**図6.24**）。なお、`stg/011/script/script.js`については、`stg/010`とまったく同じものが使われています。

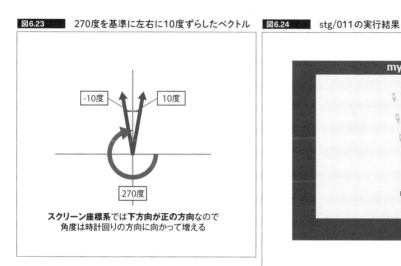

図6.23　270度を基準に左右に10度ずらしたベクトル

スクリーン座標系では**下方向が正の方向**なので
角度は時計回りの方向に向かって増える

図6.24　stg/011の実行結果

---

**Column**

## Math.PI * 1.5の意味するもの

　度数法の270度を表すために、ここでは`Math.PI * 1.5`という記述がなされています。なぜ円周率（π）の1.5倍が、度数法の270度に相当するものとして扱われているのでしょうか。

　ラジアンの解説を行った際にも書いたとおり、ラジアンとは、半径1の円の円周を基準とした角度の表現です。半径が1となる円（このような円を単位円とも呼ぶ）では、円周を計算するための公式「（半径＋半径）×円周率」の、半径の部分が1だとして計算を行うと、半径1の円の円周は2πであるということになります。つまり、度数法の360度と、ラジアン（弧度法）の2πは表現方法こそ異なるものの、意味としては等しいということです。この原則から考えてみると、270度は360度の3/4なので、2πの3/4と意味としては等しくなるということがわかります。

　角度に関するコードの中で、唐突に`Math.PI * 1.5`のような表記が出てくると、それが何を表しているのか即座に思い浮かべられない場合もあるかもしれません。しかし、ラジアンでは360度が2πに相当するということをしっかりと覚えておけば、円周率を度数相当に変換するのに役立つでしょう。

**Column**

## サイン、コサインで作るベクトルは常に単位ベクトル

第3章でベクトルを扱った際、長さが1のベクトルを「単位ベクトル」と呼び、向きだけに注目したい場合はベクトルは単位化(長さを1に変換)するということを解説しました。

**Character**クラスに新たに追加された**setVectorFromAngle**では、キャラクター自身が持つ「進行方向」という「向きだけを表すベクトル」に対して値を設定しています。進行方向はあくまでもキャラクターが向かうべき方向を表したものなので、このベクトルは「常に単位ベクトルであるべき」です。

しかし、実は`stg/010`では、この進行方向の設定部分で、手入力で直接向きを設定していました。`setVector(0.2, -0.9)`というように、数値がハードコーディングされた状態だったのです。このように手入力した数値で向きを表現することは、必ずしも間違いとは言い切れないものの、角度で任意の向きを指定できず、また単位ベクトルではないベクトルが向きとして設定されるおそれもあり、好ましくありません。

`stg/011`では、これをラジアンの角度によって指定できるようにしました。これにより、与えられたラジアンからサインとコサインが生成され、それが進行方向ベクトルとして使われる形になりました。

しかし「向きだけを表すベクトルは単位ベクトルであるべきだ」という原則に沿って考えると、サインやコサインを使って得られた値を、そのまま進行方向ベクトルとして利用してしまっても、本当に大丈夫だと言い切れるのでしょうか。

この答えは明白で、サインやコサインから得られた値をそのまま進行方向ベクトルとして利用しても、まったく問題はありません。むしろ、同じラジアンを利用して得られたサインとコサインの値は、常に単位ベクトルであることが保証されていると言っても良いでしょう。

これは、サインやコサインの値は、半径が1の円を基準にして考えることからもわかります。ちょっと違う言い方をすると、サインやコサインの値は常に単位円を基準にしているので、どのような方向のラジアンであっても、それを元に生成されるサインとコサインは必ず単位ベクトルになるのです。

# 6.3
## 敵キャラクターの実装
敵キャラクターの配置、シーン管理&更新、敵キャラクターのタイプ

本章では、自機キャラクター、そして自機キャラクターの放つショットと実装してきました。このようなキャラクターやショットを扱うための基盤を作ったことにより、敵キャラクターの実装はこれまでよりもスムーズに、その枠組みを引き継いで実装できます。

## 敵キャラクターのためのクラスを実装する

　キャラクターを扱うための基盤となる**Character**クラスを活用すれば、敵キャラクターは楽に実装できます。`stg/012/script/character.js`では、敵キャラクター全般に利用することを想定した、敵キャラクターの基盤となるクラスを実装しています。**リスト6.51**に示したように、ここではコンストラクタのほか、敵キャラクターを配置するための**set**メソッド、敵キャラクターの動きを更新するための**update**メソッドが記述されています。

　冒頭にある**class**構文で**class Enemy extends Character**と書かれていることからもわかるとおり、敵キャラクターを管理するためのクラスも、**Character**クラスを継承したクラスとして実装されています。自機キャラクターやショットなどと同様に、ライフを管理するためのプロパティが0よりも大きな値になっている場合、敵キャラクターが生存しているとみなすようになっており、**update**メソッドが呼び出された際にはライフが0以下であれば何も処理を行わないようにしています。

　ショットを実装した際には、ショットが画面の外側に出てしまったことを判定するために、ショットの座標が「画面の上端よりも外側にあるかどうか」を判断基準としました。しかし、敵キャラクターの場合、必ずしも真上に向かって移動するとは限らないため、同じ判定基準で「画面外に出た」と断定することはできません。これについては、追々拡張していくことになります。

　`stg/012`では、ひとまず単純に、敵キャラクターはまっすぐ真下に向かって進むようにしています。下に向かって進むキャラクターであれば、これは「画面の下端より下にあるかどうか」を基準に、生存しているかどうかを判定すれば良いでしょう。

　`stg/012/script/script.js`に記述されたメインの処理では、敵キャラクターが追加されることで初期化処理や、描画中の更新処理などが追加になります。やや変更箇所が多いですが、抜粋したものが**リスト6.52**です。基本的には、ショットやシングルショットを追加したときと、同じように記述が追加されています。

　冒頭で、敵キャラクターのインスタンスを生成できる最大数を定義しているのが**const ENEMY_ MAX_COUNT = 10;**の部分。ここでは、ひとまず最大で生成できる敵キャラクターのインスタンスを10個までと定義しています。実際に生成された敵キャラクターのインスタンスを格納するのは、配列変数**enemyArray**です。

　**initialize**関数、**loadCheck**関数では、インスタンスの生成と画像のロードが完了したかどうかがチェックされ、**render**関数内で、すべての敵キャラクターのインスタンスを**update**メソッドで更新します。

　記述を追加した行数こそ多いですが、やっていることはショットやシングルショットを追加したときと同様です。基盤となるクラスを作り、それを継承して設計が行えるようにしたことによって、ある程度同じ手順を踏むだけで、次々とキャラクターの定義を増やすことができるようになっています。

　そして、`stg/012`では、敵キャラクターを追加したことのほかにも、実は大きな変更が加えられています。それが「シーンの概念の導入」です。

リスト6.51 Enemyクラス

```
/**
 * 敵キャラクタークラス
 */
class Enemy extends Character {
    /**
     * @constructor
     * @param {CanvasRenderingContext2D} ctx - 描画などに利用する2Dコンテキスト
     * @param {number} x - X座標
     * @param {number} y - Y座標
     * @param {number} w - 幅
     * @param {number} h - 高さ
     * @param {Image} image - キャラクター用の画像のパス
     */
    constructor(ctx, x, y, w, h, imagePath){
        // 継承元の初期化
        super(ctx, x, y, w, h, 0, imagePath);

        /**
         * 自身の移動スピード（update1回あたりの移動量）
         * @type {number}
         */
        this.speed = 3;
    }

    /**
     * 敵を配置する
     * @param {number} x - 配置する X座標
     * @param {number} y - 配置する Y座標
     * @param {number} [life=1] - 設定するライフ
     */
    set(x, y, life = 1){
        // 登場開始位置に敵キャラクターを移動させる
        this.position.set(x, y);
        // 敵キャラクターのライフを0より大きい値（生存の状態）に設定する
        this.life = life;
    }

    /**
     * キャラクターの状態を更新し描画を行う
     */
    update(){
        // もし敵キャラクターのライフが0以下の場合は何もしない
        if(this.life <= 0){return;}
        // もし敵キャラクターが画面外（画面下端）へ移動していたらライフを0（非生存の状態）に設定する
        if(this.position.y - this.height > this.ctx.canvas.height){
            this.life = 0;
        }
        // 敵キャラクターを進行方向に沿って移動させる
        this.position.x += this.vector.x * this.speed;
        this.position.y += this.vector.y * this.speed;

        // 描画を行う（いまのところ、回転は必要としていないのでそのまま描画）
        this.draw();
    }
}
```

**リスト6.52**　script.jsに加えた変更箇所

```javascript
(() => {
    window.isKeyDown = {};

    <中略>

    /**
     * 敵キャラクターのインスタンス数
     * @type {number}
     */
    const ENEMY_MAX_COUNT = 10;

    <中略>

     * 敵キャラクターのインスタンスを格納する配列
     * @type {Array<Enemy>}
     */
    let enemyArray = [];
    /**

    <中略>

    function initialize(){
        let i;
        // canvasの大きさを設定
        canvas.width = CANVAS_WIDTH;
        canvas.height = CANVAS_HEIGHT;

        <中略>

        // 敵キャラクターを初期化する
        for(i = 0; i < ENEMY_MAX_COUNT; ++i){
            enemyArray[i] = new Enemy(ctx, 0, 0, 48, 48, './image/enemy_small.png');
        }

        <中略>

    }

    /**
     * インスタンスの準備が完了しているか確認する
     */
    function loadCheck(){

        <中略>

        // 同様に敵キャラクターの準備状況も確認する
        enemyArray.map((v) => {
            ready = ready && v.ready;
        });

        <中略>
    }

    function render(){
```

```
// グローバルなアルファを必ず1.0で描画処理を開始する
ctx.globalAlpha = 1.0;
// 描画前に画面全体を不透明な明るいグレーで塗りつぶす
util.drawRect(0, 0, canvas.width, canvas.height, '#eeeeee');
// 現在までの経過時間を取得する（ミリ秒を秒に変換するため1000で除算）
let nowTime = (Date.now() - startTime) / 1000;

＜中略＞

// 敵キャラクターの状態を更新する
enemyArray.map((v) => {
    v.update();
});

＜以下略＞
```

## 「シーン」という概念　SceneManagerクラス

　ゲームには進行状況に応じて、ゲームの内部状態を変更しなければならない場面が多くあります。タイトル画面からゲームのプレイ画面への遷移に始まり、ゲームが開始された後も、時間の経過や特定のオブジェクトの破壊などで、次々と状況が変化していきます。

　stg/011では、ゲーム内に登場するのは自機キャラクターとショットだけでした。ですから、ゲームの進行や状態の変化について深く考える必要がありませんでした。しかし、stg/012からは、特定のタイミングで強制的に登場してくる敵キャラクターという概念が追加されます。先々のことを考えてみても、いまのようにゲームの内容がシンプルな状態である間に、「ゲーム内の、**シーン**（scene、場面）の状態の変化」を管理するための仕組みを導入しておくのは良い考え方だと言えます。

　また、ゲームのプログラミングだけでなく、グラフィックスプログラミング全般においても、このようなシーンを管理するための仕組みが重要な役割を果たす場面はたくさんあります。特定のタイミングでグラフィックスに対して演出効果を加えたり、描画に関するパラメーターを変化させたりといった「状況によって状態を変化させる」という仕組みは、複雑なグラフィックスをリアルタイムに生成しようとすると必ずと言って良いほど必要になります。

　stg/012では、新しくstg/012/script/scene.jsというJavaScriptファイルを追加しています。このscene.jsには、シーンの状態を管理するための機能をまとめて記述します。scene.jsの冒頭には**リスト6.53**のような記述があります。

　これを見るとわかるように、stg/012/script/scene.jsにはシーンを管理するためのクラスである**SceneManager**クラスが記述されています。

　この**SceneManager**クラスのコンストラクタを見ると、合計4つのプロパティを持っていることがわかります。**SceneManager.scene**はオブジェクト型のプロパティで、ここにシーンに関する情報が名前付きで格納されていくことを想定しています。実際にどのシーンがアクティブであるかは、**SceneManager.activeScene**を見ればわかるようにしておきます。また、該当するシーンに切り替

**リスト6.53** scene.js内に記述されたSceneManagerクラス

```
/**
 * シーンを管理するためのクラス
 */
class SceneManager {
    /**
     * @constructor
     */
    constructor(){
        /**
         * シーンを格納するためのオブジェクト
         * @type {object}
         */
        this.scene = {};
        /**
         * 現在アクティブなシーン
         * @type {function}
         */
        this.activeScene = null;
        /**
         * 現在のシーンがアクティブになった時刻のタイムスタンプ
         * @type {number}
         */
        this.startTime = null;
        /**
         * 現在のシーンがアクティブになってからのシーンの実行回数（カウンター）
         * @type {number}
         */
        this.frame = null;
    }
    <以下略>
```

わってからの経過時間を格納するための**SceneManager.startTime**と、該当するシーンに切り替わってから何フレーム経過したかをカウントするための**SceneManager.frame**も最初に定義しておきます。

実際に、これらのプロパティを利用するメソッドには**リスト6.54**のような種類があります。

最初に**SceneManager.add**メソッドを見てみましょう。ここでは、引数として「シーンの名前」と「シーン中の動作を定義した関数」を受け取るような仕組みになっています。

**SceneManager.scene**への関数の代入は、ブラケット記法を使っています。これはもう少しわかりやすさを重視した書き方をすると、以下のように書いているのと同じような意味です。**SceneManager.scene.シーン名**()のように記述すれば、シーンを処理する関数が呼び出せることになります。

```
this.scene = {
    シーン名: シーンを処理する関数
};
```

**SceneManager.use**メソッドでは シーン名 を引数として受け取り、同名のシーンが**SceneManager**に対して設定済みかどうかをチェックしています。ここで使われている**hasOwnProperty**は、JavaScript

リスト6.54　SceneManagerクラスが持つメソッド

```
/**
 * シーンを追加する
 * @param {string} name - シーンの名前
 * @param {function} updateFunction - シーン中の処理
 */
add(name, updateFunction){
    this.scene[name] = updateFunction;
}


/**
 * アクティブなシーンを設定する
 * @param {string} name - アクティブにするシーンの名前
 */
use(name){
    // 指定されたシーンが存在するか確認する
    if(this.scene.hasOwnProperty(name) !== true){
        // 存在しなかった場合は何もせず終了する
        return;
    }
    // 名前を元にアクティブなシーンを設定する
    this.activeScene = this.scene[name];
    // シーンをアクティブにした瞬間のタイムスタンプを設定する
    this.startTime = Date.now();
    // シーンをアクティブにしたのでカウンターをリセットする
    this.frame = -1;
}


/**
 * シーンを更新する
 */
update(){
    // シーンがアクティブになってからの経過時間（秒）
    let activeTime = (Date.now() - this.startTime) / 1000;
    // 経過時間を引数に与えてupdateFunctionを呼び出す
    this.activeScene(activeTime);
    // シーンを更新したのでカウンターをインクリメントする
    ++this.frame;
}
```

の**Object**のプロトタイプとして実装されているメソッドで「対象となるオブジェクトが該当するキーを持っているかどうか」を調べることができます。簡単な例を**リスト6.55**に示します。プロパティとして該当するキーを持っている場合は**true**が返され、見つからない場合は**false**が返されます。

リスト6.55　hasOwnProperty

```
let obj = {
    foo: 'foo',
    bar: 'bar'
};

console.log(obj.hasOwnProperty('foo')); // ➡true
console.log(obj.hasOwnProperty('baz')); // ➡false
```

　`SceneManager.use` メソッドでは、引数に与えられた名前のシーンが存在するかどうか `hasOwnProperty` を利用して確認します。もし指定されたシーンが存在する場合は、アクティブなシーンを意味する `SceneManager.activeScene` に該当するシーンを処理する関数を入れておき、タイムスタンプやフレーム数をリセットします。フレーム数が **−1** でリセットされるようになっているのは、シーン変更後の最初のフレームが、ちょうど0フレームめから始まるようにするためです。

　そして、`SceneManager.update` メソッドでは、アクティブなシーンを処理する関数に経過時間を引数として与えて呼び出します。

　ここまでの内容をまとめると、**SceneManager** クラスは以下の手順で利用できることがわかります。

- まず **add** メソッドに、シーンの名前とシーンを処理する関数を与える
- 次に **use** メソッドに、利用したいシーンの名前を与える
- 描画のためのループのなかでシーンを **update** する
- シーンの **update** ではタイムスタンプを引数に与えた呼び出しが行われる

　これらのことを踏まえて、実際に **SceneManager** クラスをどのように利用しているのか、`stg/012/script/script.js` の中身を見てみます。

## シーン管理クラスの利用とシーン更新用の関数

　`stg/012/script/script.js` には、シーン管理クラス **SceneManager** のインスタンスを格納するための新たな変数が追加されています。該当箇所を抜粋したものが **リスト6.56** です。

**リスト6.56**　SceneManagerのインスタンスを格納するための変数宣言の記述

```
/**
 * シーンマネージャー
 * @type {SceneManager}
 */
let scene = null;
```

　この変数に、実際にインスタンスを生成して代入しているのは、初期処理を行う **initialize** 関数です。**リスト6.57** に示したように、ここでは単にインスタンスを生成して変数に代入しています。

**リスト6.57**　initialize関数内部でSceneManagerクラスのインスタンスを生成する記述

```
// シーンを初期化する
scene = new SceneManager();
```

　次に、この **SceneManager** クラスに「シーン中の動作を定義した更新用の関数」を名前付きで追加していきます。

シーンを追加したり、シーンの最中の動作を定義したりといったコードをまとめて記述できるように、stg/012/script/script.jsには新たな関数としてsceneSettingが追加されています。この関数では、名前付きのシーンを定義してSceneManagerクラスへ登録する作業を行います。**リスト6.58**が実際のsceneSetting関数の定義です。

**リスト6.58** sceneSetting関数

```
/**
 * シーンを設定する
 */
function sceneSetting(){
    // イントロシーン
    scene.add('intro', (time) => {
        // 2秒経過したらシーンをinvadeに変更する
        if(time > 2.0){
            scene.use('invade');
        }
    });
    // invadeシーン
    scene.add('invade', (time) => {
        // シーンのフレーム数が0のとき以外は即座に終了する
        if(scene.frame !== 0){return;}
        // ライフが0の状態の敵キャラクターが見つかったら配置する
        for(let i = 0; i < ENEMY_MAX_COUNT; ++i){
            if(enemyArray[i].life <= 0){
                let e = enemyArray[i];
                // 出現場所はXが画面中央、Yが画面上端の外側に設定する
                e.set(CANVAS_WIDTH / 2, -e.height);
                // 進行方向は真下に向かうように設定する
                e.setVector(0.0, 1.0);
                break;
            }
        }
    });
    // 最初のシーンにはintroを設定する
    scene.use('intro');
}
```

冒頭ではSceneManager.addメソッドに'intro'という名前とともに、シーン更新用の関数が渡されています。この'intro'シーンは、シーンが開始されてから2秒が経過すると、自動的に次のシーンへと切り替わるような内容になっているのがわかるでしょうか。

SceneManager.addメソッドに与えた「シーン中の動作を定義した関数」は、描画開始されると毎フレーム呼び出されるようになることを想定しています。そして、その関数の引数には「そのシーンに切り替わってからの経過秒数」が与えられてくる作りになっているので、引数**time**の中身を見れば、シーンが始まってからどれくらいの時間が経過しているのかがわかります。'intro'シーンは、単に2秒間経過していたら次なるシーン'invade'にシーンを切り替えるだけの、いわば待機することが目的のシーンであると言えるでしょう。

それでは'invade'というシーンの内部では、どのような処理が行われているでしょうか。ここで

は、シーンが開始されてから何フレームが経過しているのかを**SceneManager.frame**を参照することで調べています。そして、もしフレーム数が0だった場合には、**for**ループを使ってライフが0の状態になっている敵キャラクターを1体、画面の上端あたりに配置します。

　このように、stg/012では、シーン管理クラス**SceneManager**に対して、**'intro'**と**'invade'**という2つのシーンを与えています。最後に、ゲームの開始と同時に**'intro'**シーンが開始されるように**SceneManager.use**を呼び出しておき、これでシーンに関する設定は完了です。

　後は、描画を行う**render**関数のなかで、毎フレーム必ずシーンも更新されるように**SceneManager. update**を呼び出してやれば良いでしょう。該当箇所を抜粋したものが**リスト6.59**です。

**リスト6.59**　render関数

```
function render(){
    // グローバルなアルファを必ず1.0で描画処理を開始する
    ctx.globalAlpha = 1.0;
    // 描画前に画面全体を不透明な明るいグレーで塗りつぶす
    util.drawRect(0, 0, canvas.width, canvas.height, '#eeeeee');
    // 現在までの経過時間を取得する（ミリ秒を秒に変換するため1000で除算）
    let nowTime = (Date.now() - startTime) / 1000;

    // シーンを更新する
    scene.update();

    ＜以下略＞
```

■‥‥‥‥‥[まとめ]シーン関連の変更点

　シーンに関連する変更点を、もう一度おさらいしておきましょう。

　まずstg/012では、シーンを管理するための新しいクラス**SceneManager**クラスを追加しました。このクラスはstg/012/script/scene.jsに記述しておきます。

　**SceneManager**クラスには、名前つきで、シーンの最終にどのような処理を行うべきかを記述した関数を与えることができます。**SceneManager.add(** シーン名 **,** シーン中の処理 **)** というように、名前とともに**SceneManager.add**メソッドを使って設定します。

　設定された名前付きシーンは、**SceneManager.update**が呼ばれるたびに呼び出され、呼び出しの際には「そのシーンを開始してからの経過時間」を引数として受け取ることができます。

　経過時間に応じて、あるいは、経過フレーム数に応じて処理を行うようにすることで、それぞれのシーンごとに違った挙動を実現できます。stg/012の場合は、**'intro'**シーンで2秒間だけ待機し、**'invade'**シーンで1体だけ敵キャラクターを出現させるようにしています。実際にstg/012を実行すると、**図6.25**に示したように、敵キャラクターが1体だけ画面の上端から飛び出してくるようになっているはずです。

図6.25　stg/012の実行結果

## 連続して敵キャラクターが出現するシーン

　stg/012で敵キャラクターが登場するようになり、一気にゲームらしさが出てきました。続いての stg/013 では、シーンの管理を変更して、敵キャラクターが一定の間隔で連続で登場してくるようにしてみます。また、敵キャラクター自身がショットを放つこともできるように、ここで一緒に変更を加えてしまいましょう。

　まずは、敵キャラクターが連続で登場するような、シーン更新の処理からです。stg/012では名前付きシーン 'invade' が実行されると、敵キャラクターが1体、画面の上端やや外側に配置されるようになっていました。これを、繰り返し敵キャラクターが配置されるようにするために 'invade' シーンを修正します。

　とは言え、'invade' シーン自体の敵キャラクター登場ロジックそのものは変わりません。注目すべきは stg/013/script/script.js 内にある「シーンに関する設定を記述した sceneSetting 関数」の、リスト6.60 の後半部分に記述されているフレーム数に応じた処理です。

　これを見ると、'invade' シーンが開始されてからちょうど100フレームが経過したとき、SceneManager.use メソッドが呼び出されているのがわかります。指定されているシーンの名前は 'invade' のままなので、一見何も変化が起こらないように感じられるかもしれません。

　しかし、SceneManager.use メソッドは、シーンを設定するだけでなくシーンの開始時刻やフレーム数をリセットするよう実装されています。つまり 'invade' をもう一度設定し直すことで、シーン自体を最初から再スタートさせることができるのです。'invade' シーンは、フレーム数が0ちょうどであるときに敵キャラクターを配置するよう設計されたシーンなので、繰り返しこれを設定し直していけば、敵キャラクターの登場も規則正しく反復するように行われることになります。この変更によって、図6.26のように一定の間隔で繰り返し敵キャラクターが登場するようになります。

**リスト6.60** sceneSetting関数の該当箇所

```
scene.add('invade', (time) => {
    // シーンのフレーム数が0のときは敵キャラクターを配置する
    if(scene.frame === 0){
        // ライフが0の状態の敵キャラクターが見つかったら配置する
        for(let i = 0; i < ENEMY_MAX_COUNT; ++i){
            if(enemyArray[i].life <= 0){
                let e = enemyArray[i];
                // 出現場所はXが画面中央、Yが画面上端の外側に設定する
                e.set(CANVAS_WIDTH / 2, -e.height, 1, 'default');
                // 進行方向は真下に向かうように設定する
                e.setVector(0.0, 1.0);
                break;
            }
        }
    }
    // シーンのフレーム数が100になったときに再度invadeを設定する
    if(scene.frame === 100){
        scene.use('invade');
    }
});
```

**図6.26** stg/013の実行結果

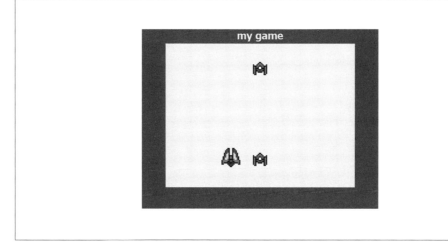

　続いて、敵キャラクターがショットを撃って攻撃してくるようにするための修正を行いましょう。こちらはやや修正する箇所が多くなります。実際のコードを見ていく前に、まずは「敵キャラクターがショットを放つようにする」ためには、何を修正しなければいけないのか確認しておきます。

　自機キャラクターのショットがそうであったように、敵キャラクターが放つショットであっても、それを格納するための配列変数の宣言や、インスタンスを初期化する処理、画像のロード完了チェックなどが必要になります。それらに加えて、敵キャラクターを管理する**Enemy**クラスに、ショットを生成する仕組みを実装してやらなくてはなりません。

　最初に、stg/013/script/script.jsの変更点からです。冒頭付近で行っている変数や定数の宣言箇所には**リスト6.61**のような新しい変数と定数が宣言されています。ゲーム内で同時に生成されるショットのインスタンスの個数が50個で、それを格納するための配列変数が**enemyShotArray**です。

**リスト6.61**　script.jsで追加された変数宣言の記述

```
/**
 * 敵キャラクターのショットの最大個数
 * @type {number}
 */
const ENEMY_SHOT_MAX_COUNT = 50;

/**
 * 敵キャラクターのショットのインスタンスを格納する配列
 * @type {Array<Shot>}
 */
let enemyShotArray = [];
```

　これらの定数や変数を使って、敵キャラクター用のショットインスタンスを生成しているのは**initialize**関数、それらのロード状態をチェックしているのが**loadCheck**関数です。このあたりは、自機キャラクターのショットを実装したときと基本的には同じです（**リスト6.62**）。

**リスト6.62**　initialize関数やloadCheck関数における変更箇所

```
function initialize(){
    ＜中略＞

    // 敵キャラクターのショットを初期化する
    for(i = 0; i < ENEMY_SHOT_MAX_COUNT; ++i){
        enemyShotArray[i] = new Shot(ctx, 0, 0, 32, 32, './image/enemy_shot.png');
    }

    // 敵キャラクターを初期化する
    for(i = 0; i < ENEMY_MAX_COUNT; ++i){
        enemyArray[i] = new Enemy(ctx, 0, 0, 48, 48, './image/enemy_small.png');
        // 敵キャラクターはすべて同じショットを共有するのでここで与えておく
        enemyArray[i].setShotArray(enemyShotArray);
    }
}

/**
 * インスタンスの準備が完了しているか確認する
 */
function loadCheck(){
    ＜中略＞

    // 同様に敵キャラクターのショットの準備状況も確認する
    enemyShotArray.map((v) => {
        ready = ready && v.ready;
    });

    ＜以下略＞
```

　すべての敵キャラクターは、同じショットのインスタンス配列を共有します。各敵キャラクターごとに、わざわざ個別に配列としてショットのインスタンスを持つようなことをしなくても、共有されるショットの個数が十分に多ければ問題にはなりません。

　また、すべてのショットのインスタンスはゲームの実行中は毎フレーム更新する必要があるので、**render**関数側で**Shot.update**を呼び出すようにしておきます。これも、自機キャラクターのショットとまったく同じです。該当箇所だけを抜粋すると**リスト6.63**のようになります。

**リスト6.63** render関数における変更箇所

```
// 敵キャラクターのショットの状態を更新する
enemyShotArray.map((v) => {
    v.update();
});
```

## キャラクターに「タイプ」の概念を追加する

　続いて、**Enemy**クラスに対する変更点です。ここでは、敵キャラクター自身がショットを持つことができるようにします。また、将来的なことを考えて、敵キャラクターに「タイプ」という概念を加えます。同じ**Enemy**クラスから生成されたインスタンスであっても、このタイプによって挙動やショットの生成間隔などにバリエーションを持たせられるようにするためです。

　まず**Enemy**クラスの**constructor**を見てみると、**リスト6.64**のようになっています。

**リスト6.64** Enemyクラスのコンストラクタ

```
constructor(ctx, x, y, w, h, imagePath){
    super(ctx, x, y, w, h, 0, imagePath);  // 継承元の初期化

    /**
     * 自身のタイプ
     * @type {string}
     */
    this.type = 'default';
    /**
     * 自身が出現してからのフレーム数
     * @type {number}
     */
    this.frame = 0;
    /**
     * 自身の移動スピード（update1回あたりの移動量）
     * @type {number}
     */
    this.speed = 3;
    /**
     * 自身が持つショットインスタンスの配列
     * @type {Array<Shot>}
     */
    this.shotArray = null;
}
```

**Enemy.type**には、文字列でその敵キャラクターのタイプが指定できるようにします。また、ショットを発射するときの間隔調整などを行うために、敵キャラクター自身にフレーム数の概念を持たせ**Enemey.frame**として定義しています。

敵キャラクターのタイプは**Enemy.set**で実際に配置する際に指定できるようにします。**リスト6.65**は、変更を加えた後の**Enemy.set**メソッドです。

リスト6.65 Enemy.setメソッド

```
/**
 * 敵を配置する
 * @param {number} x - 配置するX座標
 * @param {number} y - 配置するY座標
 * @param {number} [life=1] - 設定するライフ
 * @param {string} [type='default'] - 設定するタイプ
 */
set(x, y, life = 1, type = 'default'){
    // 登場開始位置に敵キャラクターを移動させる
    this.position.set(x, y);
    // 敵キャラクターのライフを0より大きい値（生存の状態）に設定する
    this.life = life;
    // 敵キャラクターのタイプを設定する
    this.type = type;
    // 敵キャラクターのフレームをリセットする
    this.frame = 0;
}
```

第4引数に「敵キャラクターのタイプ」の指定が加えられており、既定値として**'default'**タイプが指定されるようになっています。このように引数の既定値があらかじめ決められているような状態にしておけば、もし万が一、敵キャラクターのタイプの指定が省略されてしまったとしても、引数の中身が**undefined**などになってしまうことがなくなり、余計なエラーの発生を抑制できます。

続いて、敵キャラクターの更新処理を行う**Enemy.update**です。ここでは敵キャラクターに新たに加えられた**Enemy.frame**プロパティを利用してフレーム数をカウントし、一定のカウント数に達している場合にショットを放つような処理が記述されています。**リスト6.66**を見るとわかるように、将来的にタイプに応じて処理を分岐できるように**switch**構文を利用した記述に変更になっています。

リスト6.66をよく見てみると、敵キャラクターがショットを放つのは、配置されてからのフレームカウント数がちょうど50の場合だけということがわかります。ここで記述されている**Enemy.fire**というメソッドは**stg/013**で新たに追加されたメソッドです。

**Enemy.fire**メソッドは、自身に紐づけられている「敵キャラクター用ショットの配列」のなかから、非生存のショットを見つけ出して1つ配置します。**リスト6.67**が、実際の**Enemy.fire**メソッドの定義です。

**Enemy.fire**メソッドは引数を2つ取り、これらはいずれも省略可能です。この引数は進行方向ベクトルとして利用されるようになっており、**Shot.setVector**メソッドにそのまま渡されます。

また、リスト6.67をよく観察すると、ショットを管理するための**Shot**クラスにも、新しくメソッ

**リスト6.66** Enemy.updateメソッド

```
update(){
    // もし敵キャラクターのライフが0以下の場合は何もしない
    if(this.life <= 0){return;}

    // タイプに応じて挙動を変える
    // タイプに応じてライフを0にする条件も変える
    switch(this.type){
        // defaultタイプは設定されている進行方向にまっすぐ進むだけの挙動
        case 'default':
        default:
            // 配置後のフレームが50のときにショットを放つ
            if(this.frame === 50){
                this.fire();
            }
            // 敵キャラクターを進行方向に沿って移動させる
            this.position.x += this.vector.x * this.speed;
            this.position.y += this.vector.y * this.speed;
            // 画面外(画面下端)へ移動していたらライフを0(非生存の状態)に設定する
            if(this.position.y - this.height > this.ctx.canvas.height){
                this.life = 0;
            }
            break;
    }

    // 描画を行う(いまのところ、回転は必要としていないのでそのまま描画)
    this.draw();
    // 自身のフレームをインクリメントする
    ++this.frame;
}
```

ドが加えられていることがわかります。それが**Shot.setSpeed**メソッドです。

　実はこれまで、ショットクラスにはスピードを設定する方法(メソッド)は提供されていませんでした。たとえば**shotArray[i].speed = 値**のように直接プロパティを上書きしてしまえば、それで値を強制的に変更することはこれまでもできました。しかし、明示的にメソッドとして**Shot.speed**を変更する手段が提供されていたわけではありませんでした。

　敵キャラクターがいくつかのバリエーションを持つことができるように変更を加えるにあたり、ショットの速度も任意に変更できるようにし、キャラクターごとの個性を表現しやすくすることを目的として**リスト6.68**に示したように新たに**Shot**クラスにもメソッドを追加した形になっています。

　変更箇所が多くなりましたが、これらの変更を反映すると敵キャラクターが自発的にショットを放つようになります。現段階ではまだ、ショットをまっすぐ下方向に放つだけですが、敵キャラクターの挙動を制御するための基本的な枠組みがこれで完成したことになります。実際に`stg/013`を動作させてみると**図6.27**にあるように、敵キャラクターがショットを放つようになっているはずです。

**リスト6.67** Enemy.fireメソッド

```
/**
 * 自身から指定された方向にショットを放つ
 * @param {number} [x=0.0] - 進行方向ベクトルのX要素
 * @param {number} [y=1.0] - 進行方向ベクトルのY要素
 */
fire(x = 0.0, y = 1.0){
    // ショットの生存を確認し非生存のものがあれば生成する
    for(let i = 0; i < this.shotArray.length; ++i){
        // 非生存かどうかを確認する
        if(this.shotArray[i].life <= 0){
            // 敵キャラクターの座標にショットを生成する
            this.shotArray[i].set(this.position.x, this.position.y);
            // ショットのスピードを設定する
            this.shotArray[i].setSpeed(5.0);
            // ショットの進行方向を設定する（真下）
            this.shotArray[i].setVector(x, y);
            // 1つ生成したらループを抜ける
            break;
        }
    }
}
```

**リスト6.68** Shot.setSpeedメソッド

```
/**
 * ショットのスピードを設定する
 * @param {number} [speed] - 設定するスピード
 */
setSpeed(speed){
    // もしスピード引数が有効なら設定する
    if(speed != null && speed > 0){
        this.speed = speed;
    }
}
```

**図6.27** 最終的なstg/013の実行結果

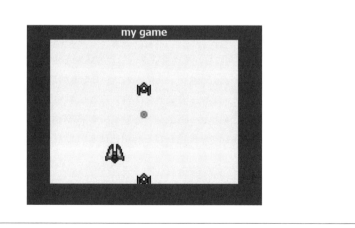

# 6.4
## 本章のまとめ

　stg/013では、敵キャラクターが出現したり、ショットによって攻撃を仕掛けてきたりするものの、衝突判定などの処理は一切行っていません。ですから自機キャラクターがいくらショットを放っても、敵キャラクターを破壊するといったことは現時点ではまだできません。しかし同時に、敵キャラクターが登場するようになったことで、ゲームらしい体裁がかなり整ってきたようにも感じられるでしょう。

　本章で取り組んできたことの多くは、グラフィックスプログラミングにおいても重要な役割を果たす概念ばかりです。とくに、複数のオブジェクト（クラス）で共通して必要となるような機能があるのなら、基盤となるようなクラスを最初に実装（**抽象化**）し、そのクラスを継承してその他のサブクラスを実装していくというやり方は、グラフィックスプログラミングでも有用です。

　たとえば本章では「シングルショットを回転して描画したい」という目的から出発し、**Character**クラスに対して「回転して描画する機能」を追加しました。基盤となる**Character**クラスに対してこのような変更を加えたことによって、シングルショットだけでなく、**Character**クラスを継承したあらゆるクラスのインスタンスは、自身を回転して描画できるようになったのです。

　本章で見てきたような「抽象化／汎用化」の考え方を取り入れた設計がなされていると、バグや不具合が見つかったときにも、修正する箇所が少なくて済むなどメリットが多くあります。無理にすべての機能を集約させる必要はありませんが、重複するような記述が何度も出てくるような場面を見かけたら、抽象化してまとめることができないかどうか、考える習慣をつけておくと良いでしょう。

　次章からは、敵キャラクターとショットとの衝突判定を追加したり、敵キャラクターが破壊された際のエフェクトを追加したりしながら、ゲームの完成に向けて取り組んでみましょう。

# 第 7 章

# 状態に応じた判定や演出の
# プログラミング

## ゼロから作るシューティングゲーム❸

第5章、第6章と続けてきたゲームを題材にしたグラフィックスプログラミングも、いよいよ終盤です。

ゲームのプログラムでは、ユーザーの操作に応じてインタラクティブに状況が変化する場面が多々あります。自機キャラクターの移動や、自機キャラクターがショットを放つといった動作は、そのわかりやすい例でしょう。

一方で、ユーザーの操作とは関係なく、プログラムによって状況や状態が判定され、自動的にグラフィックスにそれが反映されていくものも、当然ながら存在します。キャラクターとショットがぶつかることで破壊されたり、そこに爆発エフェクトが発生したりといった処理は、ユーザーの操作とは無関係に行われます。本章ではこれらの判定や、その結果によって起こる変化について扱います。

## 7.1
## 衝突判定
### オブジェクト同士の衝突、エフェクト、補間関数/イージング関数

シューティングゲームでは、自機キャラクターが放ったショットが敵キャラクターにぶつかったり、逆に、敵キャラクターの攻撃が自機キャラクターにぶつかったりすることで、ゲームの成果が変わってきます。つまりこれらの衝突判定の処理は、シューティングゲームにおいては欠かせない要素の一つだと言えるでしょう。

どのようにオブジェクト同士の衝突を判定すれば良いのか、またその仕組みをどのようにコードに落とし込めば良いのか、考えていきます。

## 衝突を判定するロジック　形状に応じた判定の基本

　2Dグラフィックスにはさまざまな衝突判定のロジックがあります。比較的簡単でわかりやすいものから、物理現象をシミュレーションするような本格的なものまで、実装難易度も手法により様々です。

　また、どのような形状同士で衝突を判定するかによっても話が変わってきます。点、線、線分、矩形に円など、その形状に応じた衝突判定の方法があり、得てしてこれには数学や物理の知識が必要になることが多いです。本書では、第3章で基礎的な数学の知識について解説しましたが、それらの基本的な内容を理解できているだけでも、衝突判定処理は十分に実用的なものが記述できます。

　たとえば「点と矩形」の衝突判定は、どのように行えば良いでしょうか。**図7.1❶**のような状態を例に考えてみましょう。点Pの座標を`(x, y)`と表し、矩形Rを`left`、`top`、`width`、`height`の4つのパラメーターによって表現しています。`left`と`x`、そして`top`と`y`は実際は同じ意味ですが、わかりやすさのためにあえて書き分けています。

　このとき、矩形の内側に点が含まれているかどうかを判定するには、どうしたら良いでしょうか。このような衝突判定においては、まずXとYにそれぞれを分けて考えることが大切です。

　たとえばXだけについて考えれば良いとすれば、図7.1❷に表したように、値XがSTARTとENDの間に含まれるかどうか、つまり`START <= X <= END`という条件を満たしているかどうかを考えるだけで良いことがわかります。図7.1❷で、点Pと矩形Rの関係に沿って考えれば、値Xが点Pの**x**成分、STARTが矩形Rの`left`成分、そしてENDは`left + width`であることがわかります。

**図7.1**　　点と矩形の相対的な位置関係

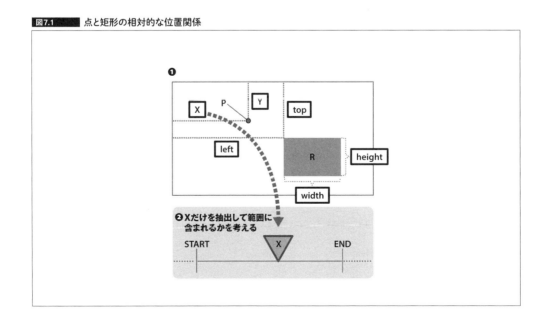

　このことから、これをもしコードで衝突判定のロジックとして記述するとしたら、**リスト7.1**の
ように判定すれば良いことになります。

**リスト7.1** Xだけを抽出して範囲に含まれるかをコードで記述した例

```
// XがSTART以上、かつEND以下という条件を満たすかどうか
let isCollision = (X >= START) && (X <= END);

// 上記をそのまま、点Pと矩形Rの関係に当てはめた場合
let isCollision = (P.x >= R.left) && (P.x <= R.left + R.width);
```

　このような水平方向（Xの方向）という一つの方向に対してのみを考えることは、言い換えると
「1次元についてのみ考える」ことと同じです。2次元のXY平面上の計算であっても、その次元を一
つずつに分解して考え、それらを組み合わせることで衝突（あるいは一定の範囲内に含まれるかどう
か）を判定できます。

　Xだけでなく、Yについても同様に考えると、点Pと矩形Rの衝突判定は、最終的に**リスト7.2**の
ように記述することで実現できます。点と矩形との衝突判定では、このように加算と比較を行うだ
けでその重なりを判定できます。

**リスト7.2** 点と矩形の衝突判定を行う

```
// 点Pと矩形Rの衝突判定
let isCollision = (
    (P.x >= R.left) &&
    (P.x <= R.left + R.width) &&
    (P.y >= R.top) &&
    (P.y <= R.top + R.height)
);
```

　これは、矩形と矩形の衝突判定を行う場合でも、同じです。矩形Rと矩形Sがある**図7.2❶**に示し
たような状態を考えてみます。

　この場合も、先ほどと同じように次元を一つだけ取り出して、Xという1次元に対してのみ考え
てみましょう。これを図解すると、図7.2❷または図7.2❸に示したような状態になります。図を観
察して考えてみると、矩形SのSTARTからENDまでの間に、矩形RのSTARTか、もしくはENDの
いずれかが含まれているかを判定すれば良さそうです。

　これは、矩形RのSTARTという点と、矩形RのENDという点、この2つのうちいずれかが矩形S
の範囲のなかに入っていれば良いということと同じです。つまり先ほどの「点と矩形」の衝突判定の
コードと同様の考え方で、判定を行ってやれば良いということになります。ひとまずこれをコード
にしてみると**リスト7.3**のようになります。

**リスト7.3** 矩形同士のX方向の衝突判定を行う

```
let isCollision = (
    (R.left           >= S.left && R.left           <= S.left + S.width) ||
    (R.left + R.width >= S.left && R.left + R.width <= S.left + S.width)
);
```

図7.2　矩形と矩形の相対的な位置関係

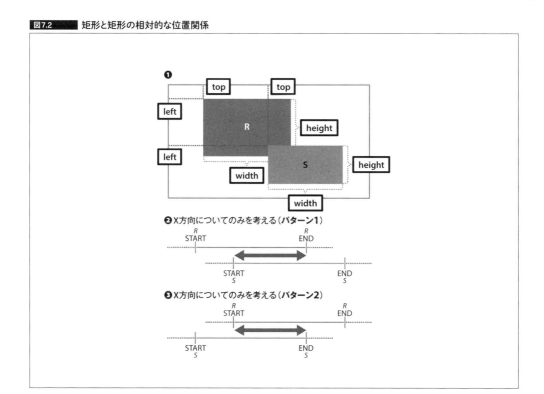

この場合、矩形RのSTART、すなわち左端か、もしくは矩形RのEND、すなわち右端かの、「いずれかが矩形Sの範囲に含まれるか」を調べます。ですから**&&**ではなく**||**によって論理和を取っていることに注意します。

ここまでくれば、これにYの要素のことを踏まえたコードを追加して、矩形と矩形の衝突判定を実装できます。実際にコードに記述してみるとすれば、**リスト7.4**のようにすれば良いでしょう。

このように、点と矩形の衝突判定や、矩形と矩形の衝突判定では、加算と比較、そしてそれらの論理演算によって衝突を判定できます。

リスト7.4　矩形同士の衝突判定を行う

```
let isCollision - (
    (
        (R.left           >= S.left && R.left            <= S.left + S.width) ||
        (R.left + R.width >= S.left && R.left + R.width <= S.left + S.width)
    ) && (
        (R.top            >= S.top && R.top              <= S.top + S.height) ||
        (R.top + R.height >= S.top && R.top + R.height <= S.top + S.height)
    )
);
```

■⋯⋯⋯⋯**矩形との衝突判定の注意点**

　しかし、ここで見てきたような矩形との衝突判定を行う方法を利用する場合、いくつか気をつけなければならないことがあります。

　第一に、矩形との衝突判定を行う場合、その矩形の大きさの設定に注意が必要です。たとえば、画像ファイルの大きさをそのままキャラクターの大きさとして利用している場合、**図7.3**のように実際には衝突しているようには見えないにもかかわらず、衝突と判定されてしまう場合が考えられます。

　第二に、単純な加算と比較のみで衝突を判定する方法では、矩形が回転してしまっている場合はうまく判定が行えなくなります。座標がX軸に対して水平に並んでいるという前提がある場合に限り、1次

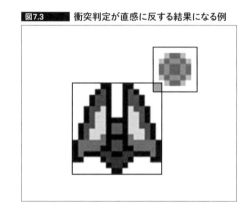

図7.3　衝突判定が直感に反する結果になる例

元についてのみ考える方式が使えます。矩形が回転してしまうと、その前提が崩れてしまうため、単純な加算と比較だけでは衝突判定が行えなくなってしまうのです。

　本書で作成しているゲームでは、第6章でシングルショットの実装を行うにあたり、オブジェクトを回転させて描画することもできるようにしていました。つまり、これらのことを総合して考えると、ここで見てきたような「キャラクターを矩形とみなして衝突判定する方法」では、うまく判定が行えないケースが出てくることが想像できます。この問題を解決するために、本書のシューティングゲームでは衝突判定を「ベクトル」によって実現していきます。

## ベクトルを利用した衝突判定　ベクトルの長さを測る方法の応用

　第3章で、ベクトルを扱った際に「ベクトルの長さを測る方法」について解説しました。これを応用することで、衝突判定を実現してみます。

　まずはおさらいも兼ねて、ベクトルを利用して2点間の距離を測る方法から見ていきます。任意の座標が2つあるとき、それらの座標を「始点」と「終点」と考えてベクトルとし、その長さを測ることで2点間の距離を測ることができます（**図7.4❶**）。

　シューティングゲームでは、図7.4❶における始点や終点は、何かしらのキャラクターやショットが存在する座標と考えれば良いでしょう。そして、これらは個別に見ると単なる座標にしか過ぎませんが、双方を結ぶベクトルを定義してみると、そこには「大きさ」あるいは「長さ」の概念があることがわかります。そのことをよりわかりやすくするために、始点となった座標を原点の位置に、終点となった座標をX軸に重なるように配置してみます（**図7.4❷**）。

　2つの座標を結ぶベクトルの長さとは、すなわち、この場合「円の半径」と考えれば良いことがわかります（**図7.4❸**）。そして「円と円の衝突判定」を行うことができれば、キャラクターやショット

同士が、一定の距離以下にまで近づいているかどうかを判定できます。

　円と円の衝突判定では、次のような手順で衝突を判定します。

- まず2点間の距離を求める
- 2つの円の半径を加算して合計を求める
- 求めた半径の合計値と2点間の距離を比較する

　このとき「半径の合計＞2点間の距離」が成り立てば、2つの円には重なっている部分があることになります。この状態は**図7.5**を見るとイメージしやすいでしょう。これを基準に、衝突判定の処理を作っていきます。

**図7.4**　　ベクトルを定義して、原点始まりの水平な姿勢にする（イメージ）

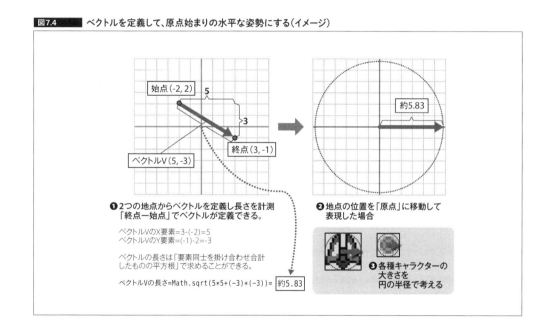

**図7.5**　　衝突とみなす条件

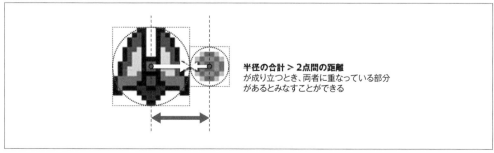

## Positionクラスの拡張　2つの座標間の距離を計測

　オブジェクト同士が衝突しているかどうかを確認する場面は、ゲームの完成までの間に、さまざまなところで登場します。このような汎用的な処理は、より基礎的なクラスで共通して使えるように設計することで利便性が高くなります。ここでは座標を扱う**Position**クラスを拡張し、2つの座標間の距離を計測できるようにしてみます。

　該当箇所を抜粋したものが**リスト7.5**です。**Math.sqrt**メソッドで平方根（ルート）を計算します。

**リスト7.5**　2点間の距離を計測するためのPosition.distanceメソッド

```
/**
 * 対象のPositionクラスのインスタンスとの距離を返す
 * @param {Position} target - 距離を測る対象
 */
distance(target){
    let x = this.x - target.x;
    let y = this.y - target.y;
    return Math.sqrt(x * x + y * y);
}
```

　ここで追加した**Position.distance**メソッドは、引数にも**Position**クラスのインスタンスが与えられることを想定しており、自身の座標と、与えられた**Position**クラスのインスタンスの間の距離を返します。簡単な利用例としては、**リスト7.6**のように使います。

**リスト7.6**　distanceメソッド

```
let P = new Position(4, -3);
let Q = new Position(-2, 2);

console.log(P.distance(Q));  // ➡7.810249675906654
```

　これで2つの座標がどれくらいの距離であるかを計測できるようになりました。続いて、実際に衝突判定を行う具体的な仕組みを考えてみましょう。

## 自機キャラクターのショットと敵との衝突判定　攻撃力とライフ

　ここではまず、自機キャラクターが放ったショットと、敵キャラクターとの衝突判定を考えてみます。一般的なシューティングゲームでは、敵キャラクターにもさまざまな種類のものが登場します。簡単に破壊できる小型機から、耐久力の高い中型〜大型機まで、耐久力だけを考えてもいろいろなパターンが考えられます。

　そこで、まずはショットを管理する**Shot**クラスに「攻撃力」に相当するパラメーターを追加します。この攻撃力と、敵キャラクターの持つライフの関係によって、すぐに破壊できる敵キャラクターと、なかなか破壊することのできない敵キャラクターとを表現できるようにしていきます。

stg/014の**Shot**クラスの定義では、**constructor**内に新しいプロパティの記述を追加しています。**リスト7.7**のように、**Shot.power**はショット自体が持つ攻撃力に相当します。また、ショットと衝突判定を行う「対象」をショット自身が配列で保持できるようにしているのが**Shot.targetArray**です。

**リスト7.7** Shotクラスのコンストラクタ

```
constructor(ctx, x, y, w, h, imagePath){
    // 継承元の初期化
    super(ctx, x, y, w, h, 0, imagePath);

    /**
     * 自身の移動スピード（update1回あたりの移動量）
     * @type {number}
     */
    this.speed = 7;
    /**
     * 自身の攻撃力
     * @type {number}
     */
    this.power = 1;
    /**
     * 自身と衝突判定を取る対象を格納する
     * @type {Array<Character>}
     */
    this.targetArray = [];
}
```

衝突判定を行う際はショットの側が主体となり、**Shot.targetArray**に与えられたオブジェクトとの衝突を判定します。**Shot.targetArray**は**Character**クラスのプロトタイプを持つオブジェクトの配列です。つまり、衝突判定の対象となるオブジェクトは必ず**Position**クラスのインスタンスを持っていることを想定した作りになっています。

ここで新たに追加した**Shot.power**や**Shot.targetArray**は、このクラスを利用する側からも使いやすいように、これらに対する設定を行うためのメソッドも用意しておきます。**リスト7.8**に示したように、**Shot.setPower**、そして**Shot.setTargets**を新たに**Shot**クラスに追加します。

**Shot.setTargets**では、引数として渡されてきたデータが配列かどうかを確認する**if**文が記述されています。ここでは**targets != null**、つまり引数**targets**が**null**や**undefined**ではないかを調べ、かつ、引数**targets**が本当に配列であるかどうかを**Array.isArray**メソッドを利用して調べています。**Array**オブジェクトの持つ**isArray**メソッドは、引数に与えられたデータが配列であるかどうかを真偽値で返してくれるメソッドです。

引数に与えられた**targets**が配列であることが確認できたら、最後にその配列の長さを**targets.length > 0**のように念のために確認し、すべての条件が満たされている場合に限り、**Shot.targetArray**に設定しています。ここで設定した**Shot.power**や**Shot.targetArray**が実際に衝突判定のために使われているのは、**Shot.update**メソッドのなかです。該当部分は**リスト7.9**で、ショット自身が持っている**targetArray**に対して**map**メソッドを実行している箇所が、新しく追加された部分です。

**リスト7.8** Shotクラスに追加されたメソッド

```
/**
 * ショットの攻撃力を設定する
 * @param {number} [power] - 設定する攻撃力
 */
setPower(power){
    // もしスピード引数が有効なら設定する
    if(power != null && power > 0){
        this.power = power;
    }
}


/**
 * ショットが衝突判定を行う対象を設定する
 * @param {Array<Character>} [targets] - 衝突判定の対象を含む配列
 */
setTargets(targets){
    // 引数の状態を確認して有効な場合は設定する
    if(targets != null && Array.isArray(targets) === true && targets.length > 0){
        this.targetArray = targets;
    }
}
```

**リスト7.9** Shot.updateメソッド

```
/**
 * キャラクターの状態を更新し描画を行う
 */
update(){
    if(this.life <= 0){return;}  // もしショットのライフが0以下の場合は何もしない
    // もしショットが画面外へ移動していたらライフを0（非生存の状態）に設定する
    if(
        this.position.y + this.height < 0 ||
        this.position.y - this.height > this.ctx.canvas.height
    ){
        this.life = 0;
    }
    // ショットを進行方向に沿って移動させる
    this.position.x += this.vector.x * this.speed;
    this.position.y += this.vector.y * this.speed;

    // ショットと対象との衝突判定を行う
    this.targetArray.map((v) => {
        if(this.life <= 0 || v.life <= 0){return;}  // 自身か対象のライフが0以下の対象は無視する
        let dist = this.position.distance(v.position);  // 自身の位置と対象との距離を測る
        // 自身と対象の幅の1/4の距離まで近づいている場合衝突とみなす
        if(dist <= (this.width + v.width) / 4){
            v.life -= this.power;  // 対象のライフを攻撃力分減算する
            this.life = 0;  // 自身のライフを0にする
        }
    });

    // 座標系の回転を考慮した描画を行う
    this.rotationDraw();
}
```

　ここでは、まずショットと衝突判定を行う対象の双方について、ライフが0以下になっていないかどうかを確認します。いずれかが非生存の状態であれば、衝突判定を行う必要がないためです。もし双方ともにライフが0より大きい値である場合、これは衝突判定を行う必要があります。ここでは、双方の距離を計測した結果が「双方のサイズを合計したものの1/4以下である」ということを衝突の基準にしています（**図7.6**）。

**図7.6**　衝突とみなす条件

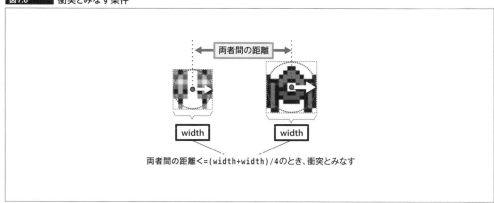

　もし、一定の距離よりも双方が近づいている場合は衝突とみなし、「対象のライフを、ショットの**power**プロパティ分だけ減算」します。また、ショット自身は対象に衝突したら消滅するのが直感的なので、ショット自身のライフは0に設定します。

　**stg/014**では、自機キャラクターがショットを生成する際、**Shot.setPower**を利用してショットの攻撃力を2に設定するようにしています。また、**'invade'**シーンに登場する敵キャラクターは、そのライフが2に設定されるようにしているので、1つでもショットが衝突すると、即座に破壊されるようになっています。それぞれの該当箇所だけを抜粋したものが**リスト7.10**です。

**リスト7.10**　該当箇所

```
// stg/014/script/character.js - Viper.updateメソッド内：
// 中央のショットは攻撃力を2にする
this.shotArray[i].setPower(2);

// stg/014/script/script.js - sceneSetting関数内：
// この敵キャラクターのライフを2に設定する
e.set(CANVAS_WIDTH / 2, -e.height, 2, 'default');
```

　また、自機キャラクターのショットが持つ**Shot.targetArray**プロパティに、敵キャラクターの配列を設定することも忘れずに行っておきます。これは**stg/014/script/script.js**内で初期化処理を記述している**initialize**関数の内部で行っています。**リスト7.11**に示したように、ショットの配列およびシングルショットの配列を初期化処理する際、忘れずに敵キャラクターを格納した配列変数を渡すようにしておきます。

```
// 衝突判定を行うために対象を設定する
for(i = 0; i < SHOT_MAX_COUNT; ++i){
    shotArray[i].setTargets(enemyArray);
    singleShotArray[i * 2].setTargets(enemyArray);
    singleShotArray[i * 2 + 1].setTargets(enemyArray);
}
```

これで「自機キャラクターのショット」と「敵キャラクター」との衝突判定が実装できました。`stg/014`を実行すると、自機キャラクターが放ったショットによって、敵キャラクターが消滅するようになっていることが確認できます（**図7.7**）。

図7.7 stg/014の実行結果

---

## キャラクターのサイズ

本書のシューティングゲームでは、キャラクターごとに設定されている **Character.width** を衝突判定の基準となる値に利用しています。

この方法で衝突判定を行うこと自体に問題はありませんが、たとえば、大型のボスキャラクターで破壊できる部位がごく一部に限定される場合など、ボスキャラクターの **width** プロパティだけではうまく実装できない場面が出てくることもよくあります。

そのような場合、衝突判定のためだけに個別にプロパティを持たせる方法を検討してみると良いでしょう。たとえば **size** や **boundingSize** といった名前のプロパティを新たに **Character** クラスに追加して、衝突判定の際に利用するようにすれば良いのです。そうすれば、見た目上のサイズと、衝突を判定したい部分のサイズとに、大きな隔たりがある場合でも問題なく衝突判定を実装できます。

## 破壊を演出する　　爆発エフェクト

　`stg/014`で、自機キャラクターが敵キャラクターを攻撃すると破壊できるようになりました。しかし、`stg/014`ではショットが敵キャラクターに触れたとき、敵キャラクターの姿がパッと消えるだけです。

　シューティングゲームに限らず、リアルタイムに描画結果を更新するグラフィックスにおいては「何かが起こり、状態が変化すること」に対して、効果的に演出を加えていくことが大切です。`stg/015`では敵キャラクターを破壊した際に、爆発するようなエフェクト（爆発エフェクト/*explosion effect*、ヒットエフェクト/*hit effect*）が発生するようにしてみます。

　爆発エフェクトの実装には、複数の実装方法が考えられます。たとえばわかりやすい実装例としては、爆発を表現した画像をあらかじめ用意しておき、適切なタイミングでそれを表示するというやり方が考えられます。この場合、画像を用意する手間こそ掛かりますが、「発生後、一定時間経過したら自然に消える」という要件を満たす、一種のキャラクターのようなものだと考えることができます。

　キャラクターの一種として爆発エフェクトを実装するのであれば、**Character**クラスを継承したプロトタイプを持つオブジェクト（クラス）を作り、**set**メソッドなどで画面上に表示できるようにすれば良いでしょう。ライフを設定し、それが時間の経過などで自然に減少していき、最後は自ら消滅するようにしてやればエフェクトとして十分に有用です。ある意味では、敵キャラクターやショットなどとほとんど同じ概念で実装できると言えます。

　ここでは、ちょっと違う実装方法を試してみましょう。`stg/015`には、**Explosion**クラスという爆発エフェクトを扱うための新しいクラスが定義されています。このクラスは、先ほどの実装方法の例に示したように**set**メソッドなどを持ち、一定時間の経過で自然消滅します。

　しかし、画像を読み込んでそれを表示するという、これまでのキャラクターやショットの実装方法とは異なり、Canvas2Dコンテキストの**fillRect**を使います。この**Explosion**クラスでは**図7.8**に示したように、複数の矩形を組み合わせて描画し、爆破された破片が飛び散るような状況を演出します。

**図7.8**　　Explosion**クラス**で表現する爆発のイメージ

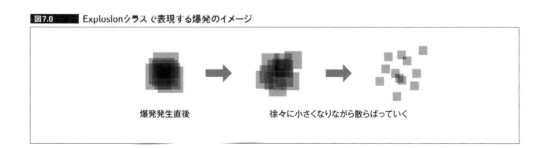

爆発発生直後　　　　　　　　　徐々に小さくなりながら散らばっていく

■………… **Explosionクラス**

　まずは、爆発エフェクトを発生させるために、必要最低限のプロパティやメソッドを持つクラスを定義します。`stg/015/script/character.js`に記述されている**Explosion**クラスの定義のうち、

constructorまでを抜粋したものが**リスト7.12**です。

　たくさんのプロパティがあるので、少々コードの量が多くなっています。敵キャラクターやショットを実装する際は**Character**クラスを継承させていたので省略できた部分も、今回は継承を用いずすべてそのまま定義しているためです。**図7.9**に示したように、爆発エフェクトはその状態の変化とともに、さまざまなプロパティを参照しながら動作します。

　それぞれのプロパティの意味が把握できたら、**Explosion**クラスのその他のメソッドの定義についても確認しておきます。**Explosion.set**メソッドは、爆発エフェクトを発生させる際に呼び出します。引数には、爆発エフェクトを発生させる座標XYをそれぞれ指定します。**リスト7.13**を見るとわかるように、爆発エフェクトを生成する際には**Explosion.count**プロパティに指定されている数値の回数分、ループ処理が行われます。

　ここでのポイントは、爆発エフェクトを構成する火花がランダムな方向に飛び散るように設定することです。**Explosion.firePosition**は、火花の一つ一つの座標を格納するための配列変数で、ここには初期値として「爆発エフェクトを発生させる座標」をまずはそのまま指定しておきます。そして、この火花の一つ一つが、どの方向に飛び散っていくのかはランダムに決定されるようにします。

　**Math.random**が生成する値は0.0以上1.0未満になります。つまり、これにラジアンで円の一周（度数法の360度）を表す2πを乗算すると、**図7.10**に示したように、いずれかの方向にランダ

**図7.9**　　Explosionクラスが持つプロパティのイメージ

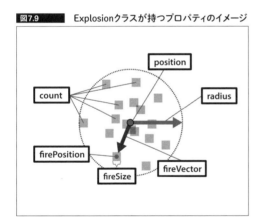

**リスト7.12**　　Explosionクラスのコンストラクタ

```
/**
 * 爆発エフェクトクラス
 */
class Explosion {
    /**
     * @constructor
     * @param {CanvasRenderingContext2D} ctx - 描画などに利用する2Dコンテキスト
     * @param {number} radius - 爆発の広がりの半径
     * @param {number} count - 爆発の火花の数
     * @param {number} size - 爆発の火花の大きさ（幅、高さ）
     * @param {number} timeRange - 爆発が消えるまでの時間（秒単位）
     * @param {string} [color='#ff1166'] - 爆発の色
     */
    constructor(ctx, radius, count, size, timeRange, color = '#ff1166'){
        /**
         * @type {CanvasRenderingContext2D}
         */
```

```
    this.ctx = ctx;
    /**
     * 爆発の生存状態を表すフラグ
     * @type {boolean}
     */
    this.life = false;
    /**
     * 爆発を fill する際の色
     * @type {string}
     */
    this.color = color;
    /**
     * 自身の座標
     * @type {Position}
     */
    this.position = null;
    /**
     * 爆発の広がりの半径
     * @type {number}
     */
    this.radius = radius;
    /**
     * 爆発の火花の数
     * @type {number}
     */
    this.count = count;
    /**
     * 爆発が始まった瞬間のタイムスタンプ
     * @type {number}
     */
    this.startTime = 0;
    /**
     * 爆発が消えるまでの時間
     * @type {number}
     */
    this.timeRange = timeRange;
    /**
     * 火花の1つあたりの大きさ（幅、高さ）
     * @type {number}
     */
    this.fireSize = size;
    /**
     * 火花の位置を格納する
     * @type {Array<Position>}
     */
    this.firePosition = [];
    /**
     * 火花の進行方向を格納する
     * @type {Array<Position>}
     */
    this.fireVector = [];
}
```
＜以下略＞

**リスト7.13** Explosion.setメソッド

```
/**
 * 爆発エフェクトを設定する
 * @param {number} x - 爆発を発生させるX座標
 * @param {number} y - 爆発を発生させるY座標
 */
set(x, y){
    // 火花の個数分ループして生成する
    for(let i = 0; i < this.count; ++i){
        // 引数を元に位置を決める
        this.firePosition[i] = new Position(x, y);
        // ランダムに火花が進む方向（となるラジアン）を決める
        let r = Math.random() * Math.PI * 2.0;
        // ラジアンを元にサインとコサインを生成し進行方向に設定する
        let s = Math.sin(r);
        let c = Math.cos(r);
        this.fireVector[i] = new Position(c, s);
    }
    // 爆発の生存状態を設定
    this.life = true;
    // 爆発が始まる瞬間のタイムスタンプを取得する
    this.startTime = Date.now();
}
```

**図7.10** 乱数に2πを乗算して方向を決める

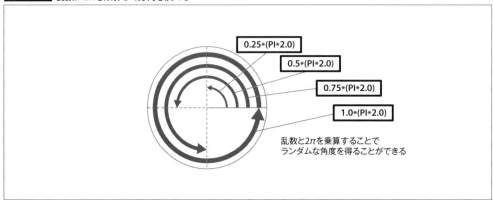

ムに飛び散るためのラジアンの値が得られることになります。このランダムなラジアンの値からサインとコサインを計算し、**Explosion.fireVector**に格納します。

　**Explosion.set**メソッドでは最後に自身の生存状態フラグを**true**に設定し、自身が設定された瞬間のタイムスタンプを**Explosion.startTime**に格納して終わります。

　このようにして**Explosion.set**メソッドで配置された爆発エフェクトを、時間の経過によって更新するのが**Explosion.update**メソッドです。メソッド全体を**リスト7.14**に示します。**Explosion.update**メソッドの冒頭では、この爆発エフェクトが生存状態かどうかをチェックし、Canvas2Dコンテキストに色やアルファを設定する処理が書かれています。爆発エフェクトは火花が重なり合っ

**リスト7.14** Explosion.updateメソッド

```
/**
 * 爆発エフェクトを更新する
 */
update(){
    // 生存状態を確認する
    if(this.life !== true){return;}
    // 爆発エフェクト用の色を設定する
    this.ctx.fillStyle = this.color;
    this.ctx.globalAlpha = 0.5;
    // 爆発が発生してからの経過時間を求める
    let time = (Date.now() - this.startTime) / 1000;
    // 爆発終了までの時間で正規化して進捗度合いを算出する
    let progress = Math.min(time / this.timeRange, 1.0);

    // 進捗度合いに応じた位置に火花を描画する
    for(let i = 0; i < this.firePosition.length; ++i){
        // 火花が広がる距離
        let d = this.radius * progress;
        // 広がる距離分だけ移動した位置
        let x = this.firePosition[i].x + this.fireVector[i].x * d;
        let y = this.firePosition[i].y + this.fireVector[i].y * d;
        // 矩形を描画する
        this.ctx.fillRect(
            x - this.fireSize / 2,
            y - this.fireSize / 2,
            this.fireSize,
            this.fireSize
        );
    }

    // 進捗が100%相当まで進んでいたら非生存の状態にする
    if(progress >= 1.0){
        this.life = false;
    }
}
```

たように描くために、不透明度を下げて描画できるように**globalAlpha**には0.5を設定しています。

　次に、爆発エフェクトの演出がどの程度進んでいるのかを明確にするために「進捗率を算出」します。進捗率が0.0に近ければ、まだ爆発エフェクトが配置されたばかりだと判断できますし、もし進捗率が1.0に近ければ、すでに爆発エフェクトの最終段階に近づいていると考えることができます（**図7.11**）。

　これには、爆発エフェクトが配置されてからの経過時間と、あらかじめ爆発エフェクトに設定されている**Explosion.timeRange**を用います。仮に、経過時間が**Explosion.timeRange**を超えた数値になっていても最大値が1.0でクランプ（*clamp*、最大最小などの範囲内に収めること、ここでは切り捨て）されるように**リスト7.15**に示したように**Math.min**が利用されていることに注意します。**Math.min**は引数を2つ受け取り、より小さな値のみを返す関数です。

　このような計算を行うと、変数**progress**には必ず0.0〜1.0の範囲に収まる形で、進捗率を表す値が得られることになります。

**図7.11** 爆発エフェクトの進捗率のイメージ

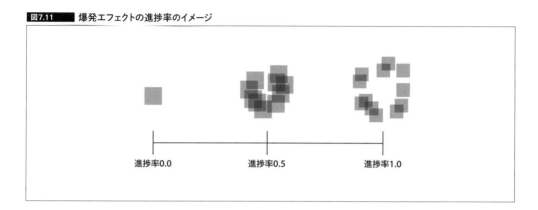

進捗率0.0　　　　　進捗率0.5　　　　　進捗率1.0

**リスト7.15** Math.minを利用したクランプ処理を行いつつ進捗率を求める記述

```
// 爆発が発生してからの経過時間を求める
let time = (Date.now() - this.startTime) / 1000;
// 爆発終了までの時間で正規化して進捗度合いを算出する
let progress = Math.min(time / this.timeRange, 1.0);
```

　進捗が得られたら、次に実際に火花を散らす処理を行います。繰り返しになりますが、進捗率が0.0なら、これは爆発エフェクトが開始された直後であることを表しています。つまり、まだ火花は飛び散り始めておらず、密集しているということです。逆に、進捗率が1.0になっている場合、あらかじめ**Explosion**クラスのプロパティとして設定されている、爆発の広がる半径にあたる**Explosion.radius**分だけ、各火花が散らばった状態になっていなくてはなりません。
　ここではわかりやすさのために、あえてプロパティ名を日本語に置き換えたコードを見てみます。**リスト7.16**のように、進捗率と爆発の広がる半径を利用して、**Explosion.set**メソッドで指定した進行方向に火花を移動させます。

**リスト7.16** 火花に関する処理（日本語に置き換えて処理の流れを掴む）

```
for(let i = 0; i < 火花.length; ++i){
    // 火花が広がる距離
    let d = 爆発の広がる半径 * 進捗率;

    // 広がる距離分だけ移動した位置
    let x = 火花の初期位置[i].x + 火花の進行方向[i].x * d;
    let y = 火花の初期位置[i].y + 火花の進行方向[i].y * d;

    // 矩形を描画する
    this.ctx.fillRect(
        x - 火花1つの大きさ / 2,
        y - 火花1つの大きさ / 2,
        火花1つの大きさ,
        火花1つの大きさ
    );
}
```

　ここまで見てきたように、爆発エフェクトを扱うためのクラス**Explosion**では、それを配置するために**Explosion.set**メソッドを用い、配置後は**Explosion.update**メソッドを用いて状態を更新します。**Explosion.count**が火花の個数を表しており、**Explosion.radius**の分の広さまで爆発が広がるようになっており、**Explosion.timeRange**で指定した時間で爆発演出がすべて完了します。

　これらのことを踏まえ、実際に**Explosion**クラスを利用している`stg/015/script/script.js`側のコードを見ていきます。まずはショットなどを追加したときと同様に、爆発エフェクト管理クラス**Explosion**を格納するための変数や、その個数を決めるための定数を宣言します。該当する部分を抜粋したものが**リスト7.17**です。

**リスト7.17**　script.jsに追加した変数宣言の記述

```
/**
 * 爆発エフェクトの最大個数
 * @type {number}
 */
const EXPLOSION_MAX_COUNT = 10;

＜中略＞

/**
 * 爆発エフェクトのインスタンスを格納する配列
 * @type {Array<Explosion>}
 */
let explosionArray = [];
```

　敵キャラクターが同時に破壊されるケースも考慮し、最大で同時に10個まで、爆発エフェクトを発生させられるようにしています。各爆発エフェクトのインスタンスは変数explosionArrayに配列として格納されるようにします。

　実際にインスタンスを生成しているのは**initialize**関数です。ここでは、**Explosion**クラスのインスタンスを生成することに加え、もう一つ重要な処理を行っています。**リスト7.18**は**Explosion**クラスに関連した部分だけを抜粋したものです。

　ここでは、火花が15個発生し、0.25秒で消える爆発エフェクトを作っています。火花が飛び散る範囲の半径は50.0で、火花1つあたりのサイズは30.0です。

　さらに、リスト7.18の後半では、ショットのインスタンスに対して**Shot.setExplosions**というメソッドを呼び出し、爆発エフェクトを紐づけています。これは「爆発エフェクトを発生させる契機は**Shot.update**で起こる」ためです。衝突を判定し、ライフを減らし、敵キャラクターが破壊されたことを設定するのはショットのインスタンスなので、**Shot.setExplosions**という新しいメソッドを用意して爆発エフェクトインスタンスの配列を渡しておくわけです。

　該当する**Shot**クラスの**setExplosions**メソッドの定義は**リスト7.19**のようになっています。ここでは単純に、ショット自身のプロパティに爆発エフェクトの配列を格納しておきます。

　**Shot.setExplosions**メソッドによって設定された**Shot.explosionArray**が実際に使われるのは、ショットが衝突判定を行い、対象が破壊されたと認定された瞬間です。

リスト7.18 initialize関数内の追記箇所

```
function initialize(){
    let i;
    <中略>

    // 爆発エフェクトを初期化する
    for(i = 0; i < EXPLOSION_MAX_COUNT; ++i){
        explosionArray[i] = new Explosion(ctx, 50.0, 15, 30.0, 0.25);
    }
    <中略>

    // 衝突判定を行うために対象を設定する
    // 爆発エフェクトを行うためにショットに設定する
    for(i = 0; i < SHOT_MAX_COUNT; ++i){
        shotArray[i].setTargets(enemyArray);
        singleShotArray[i * 2].setTargets(enemyArray);
        singleShotArray[i * 2 + 1].setTargets(enemyArray);
        shotArray[i].setExplosions(explosionArray);
        singleShotArray[i * 2].setExplosions(explosionArray);
        singleShotArray[i * 2 + 1].setExplosions(explosionArray);
    }
}
```

リスト7.19 Shot.setExplosionsメソッド

```
/**
 * ショットが爆発エフェクトを発生できるよう設定する
 * @param {Array<Explosion>} [targets] - 爆発エフェクトを含む配列
 */
setExplosions(targets){
    // 引数の状態を確認して有効な場合は設定する
    if(targets != null && Array.isArray(targets) === true && targets.length > 0){
        this.explosionArray = targets;
    }
}
```

これらの処理は**Shot.update**メソッドによって行われます。該当箇所を見てみると、**リスト7.20**に示したように対象のライフが0以下になった場合だけ、ショット自身の座標と同じ位置に、爆発エフェクトを発生させています。

また、`stg/015/script/script.js`側では最後に、爆発エフェクトが毎フレーム正しく更新されるように、描画処理を行っている**render**関数から更新処理を呼び出すようにしておきます。該当する部分を抜粋すると**リスト7.21**のようになっています。

**render**関数の冒頭で**globalAlpha**に1.0を設定しているのは、爆発エフェクトの**update**メソッドによって**globalAlpha**の値が変更されている可能性があるためです。キャラクターやショットなどが、意図せず半透明で描画されてしまうことを防ぐためにも、最初に状態をリセットするのを忘れないようにしましょう。

これらの変更を加えた`stg/015`では、自機キャラクターの放ったショットに敵キャラクターが接触すると、爆発エフェクトが発生するようになっています（**図7.12**）。

**リスト7.20** Shot.updateメソッド内の該当箇所

```
// 対象のライフを攻撃力分減算する
v.life -= this.power;
// もし対象のライフが0以下になっていたら爆発エフェクトを発生させる
if(v.life <= 0){
    for(let i = 0; i < this.explosionArray.length; ++i){
        // 発生していない爆発エフェクトがあれば対象の位置に生成する
        if(this.explosionArray[i].life !== true){
            this.explosionArray[i].set(v.position.x, v.position.y);
            break;
        }
    }
}
// 自身のライフを0にする
this.life = 0;
```

**リスト7.21** render関数内の該当箇所

```
function render(){
    // グローバルなアルファを必ず1.0で描画処理を開始する
    ctx.globalAlpha = 1.0;
    // 描画前に画面全体を不透明な明るいグレーで塗りつぶす
    util.drawRect(0, 0, canvas.width, canvas.height, '#eeeeee');
    // 現在までの経過時間を取得する（ミリ秒を秒に変換するため1000で除算）
    let nowTime = (Date.now() - startTime) / 1000;

    ＜中略＞

    // 爆発エフェクトの状態を更新する
    explosionArray.map((v) => {
        v.update();
    });

    // 恒常ループのために描画処理を再帰呼び出しする
    requestAnimationFrame(render);
}
```

**図7.12** stg/015の実行結果

　現状はまだ、最低限の枠組みを作ったというだけで外見はあまり爆発らしく見えないかもしれません。しかし、一度ここまで実装できてしまえば、後は細かい部分を調整し、より高い質感となるよう工夫することだけに注力できます。

## 爆発エフェクトの質感を向上する　ランダム要素を取り入れる

　stg/015で追加爆発エフェクトは、火花の飛び散る方向がランダムに決まるため、エフェクトが発生するたびに異なる見た目となり、爆発を表現しているということはユーザーに伝わりやすくなっているように思えます。しかし、これを「爆発」というには、まだまだ質感が簡素です。stg/016では、より爆発らしく見えるようにするための工夫を行っていきましょう。

　ここではまず、爆発エフェクトが発生した際に飛び散る火花の**大きさ**と、その火花の**飛び散る量**に修正を加えることで質感を向上させます。より具体的には、火花に対してさまざまなランダム要素を取り入れることで、その動きを含めた外見を改修します。stg/016/script/character.jsでは、最初にExplosionクラスの持つプロパティの定義に対して**リスト7.22**のように修正を加えています。

**リスト7.22**　Explosionクラスに追加したプロパティ（抜粋）

```
/**
 * @type {number} - 火花の1つあたりの最大の大きさ（幅、高さ）
 */
this.fireBaseSize = size;
/**
 * @type {Array<Position>} - 火花の1つあたりの大きさを格納する
 */
this.fireSize = [];
```

　stg/015では、すべての火花が同じ大きさになっていました。これを、火花の一つ一つに対して（ランダムに）異なる大きさを設定できるようにするために、配列を使った定義に置き換えています。

　Explosion.fireBaseSizeは、火花の基準となる大きさです。この基準となる大きさをベースにして、火花が小さくなり過ぎたり、逆に大きくなり過ぎたりすることのないように調整します。一つ一つの火花の実際のサイズは、Explosion.fireSizeに配列として保持する形になっています。

　これらのプロパティが利用されるのは、爆発エフェクトが配置されるときに呼び出されるExplosion.setメソッドです。ここでMath.randomを使ったランダムな要素を取り入れつつ、爆発エフェクトを構成する火花を設定します。**リスト7.23**は修正を加えたExplosion.setメソッドです。ランダムな値を元にラジアンを求め、そこからサインとコサインを計算するところまではstg/015と同じです。

　変更を加えたのは変数mrに、Math.randomを利用してランダムな値を取得している部分以降です。ここでは、Math.randomで得られた乱数をサインとコサインの値に乗算しています。これにより、サインとコサインから成る単位ベクトル（長さが1のベクトル）は、ランダムにそのベクトルの長さ（大きさ）が変化することになります。つまり、Explosion.fireVectorには、長さが0.0〜1.0未満のベクトルが設定された状態になります。

**リスト7.23** Explosion.setメソッド

```
set(x, y){
    // 火花の個数分ループして生成する
    for(let i = 0; i < this.count; ++i){
        // 引数を元に位置を決める
        this.firePosition[i] = new Position(x, y);
        // ランダムに火花が進む方向（となるラジアン）を決める
        let vr = Math.random() * Math.PI * 2.0;
        // ラジアンを元にサインとコサインを生成し進行方向に設定する
        let s = Math.sin(vr);
        let c = Math.cos(vr);
        // 進行方向ベクトルの長さをランダムに短くし移動量をランダム化する
        let mr = Math.random();
        this.fireVector[i] = new Position(c * mr, s * mr);
        // 火花の大きさをランダム化する
        this.fireSize[i] = (Math.random() * 0.5 + 0.5) * this.fireBaseSize;
    }
    this.life = true;   // 爆発の生存状態を設定
    this.startTime = Date.now();   // 爆発が始まる瞬間のタイムスタンプを取得する
}
```

　さらに、これに続けてもう1ヵ所、**Math.random**を利用している箇所が出てきます。**Explosion. fireSize**へ大きさを設定する部分です。ここでは**Math.random() * 0.5 + 0.5**とすることで、0.5以上、1.0未満のランダムな値を求めています。このように下駄を履かせた上で乱数と組み合わせると、特定の範囲に限定した乱数を生成できます。ここでは最終的にその乱数由来の値と**Explosion. fireBaseSize**を乗算し、火花の大きさが決まるようになっています。仮に**Explosion.fireBaseSize**に100という値が設定されていたとすれば、**Explosion.fireSize**には50以上〜100未満の大きさが設定されることになります[*1]。

　また stg/016 では、火花の大きさがランダムになっただけでなく、爆発エフェクトの進捗状況に応じて「火花が徐々に小さくなって消えていく」という演出も同時に加えています。これに関係する部分は**Explosion.update**メソッド内で、進捗率を求めた後の部分で**リスト7.24**のように変更が加えられています。

**リスト7.24** Explosion.updateメソッド内の該当箇所

```
// 進捗を描かれる大きさにも反映させる
let s = 1.0 - progress;
// 矩形を描画する
this.ctx.fillRect(
    x - (this.fireSize[i] * s) / 2,
    y - (this.fireSize[i] * s) / 2,
    this.fireSize[i] * s,
    this.fireSize[i] * s
);
```

---

**＊1**　ここで下駄を履かせたような乱数を生成しているのは、火花が極端に小さくなり過ぎてしまうことを避けるための処置です。

矩形を描画する **fillRect** に与える大きさに対して、進捗率を保持している変数 **progress** を、1.0から減算した値を乗算しています。

変数 **progress** には、爆発エフェクトの進捗率として0.0〜1.0の範囲の値が格納されている可能性があります。これを1.0から引くと、進捗率が0.0のときは変数 **s** には1.0が、進捗率が1.0のときは変数 **s** には0.0が入ります。つまり、進捗率を反転させた値が変数 **s** には格納された状態になります。

こうすることで、爆発エフェクトの演出開始直後には100％の大きさで **fillRect** が実行され、逆に爆発演出が進むにつれて、**fillRect** で描かれる矩形は徐々に小さくなっていくことになります。これは、**図7.13**に表したように「火花の大きさの調整」を行っているということです。

図7.13　進捗率と大きさの相対関係

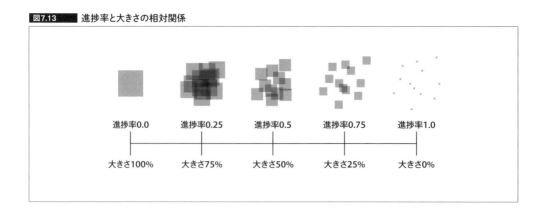

stg/016での変更箇所をまとめてみましょう。

まず stg/016 では、元々用いられていたものも含めると3種類のランダムな値が使われています。1つめは、stg/015の時点ですでに実装されていたものですが、火花が飛び散る方向がランダムに決まるというもの。2つめは、火花がどれくらいの距離まで飛び散るか、ということがランダムに決まるというもの。そして3つめは、火花一つ一つのそれぞれの大きさがランダムになるというものです。

これらのランダムな要素に加え、火花が飛び散ると同時に徐々に小さくなって消えていくような処理も加えました。

このように、ランダムな要素が複雑に組み合わさって実現されるグラフィックスやモーション（動き）は、すべてが規則正しく表現されるコンピューターグラフィックスとはやや趣の異なる、より自然な印象として目に映ります。実際に stg/016 を実行し、爆発エフェクトの質感がより自然なものになっていることを確認してみてください（**図7.14**）。

## 補間関数で減衰するような動きを表現　より自然な変化

stg/017 では、火花の動きにさらにもうひと工夫してみます。ここでは、補間関数（イージング関数）を利用して、火花が飛び散る動きに変化を加えます。

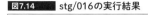
**図7.14** stg/016の実行結果

　stg/016までの実装では、進捗率が時間の経過とともに一定の割合で進んでいきます。これは、第3章で扱った「線形補間」と同じように、線形に進捗率が変化しているということでもあります。stg/017では、この線形な進捗率の変化を補間関数で補正し、減衰するような動きを実現してみます。**リスト7.25**はstg/017/script/character.jsに新規に追加された補間関数です。

**リスト7.25** simpleEaseIn関数

```
function simpleEaseIn(t){
    return t * t * t * t;
}
```

　引数**t**に0.0〜1.0の範囲で数値を与えると、補正された数値が戻り値として得られます。関数の内部で行われている計算を見ると、単に引数から与えられた数値を4乗していることがわかります。このような計算を行うと、結果は**図7.15**に示したように、0.0付近では値の変化がゆっくりになり、1.0付近で値の変化が急になります。つまりease-inの動きです。

　これを爆発エフェクトに対して適用することになるのですが、重要なのはその「適用の仕方」です。ease-inの動きは、それを速度と捉えて言葉に表すと「最初はゆっくり加速していき、後半急激に加速する」という動きになります。このような動きはたとえば「止まっていた車が徐々に加速していく様子」を表すのには適当かもしれませんが、「飛び散った火花が最後は燃え尽きて消えていく様子」を表そうとすると、やや不自然な印象になってしまいます。むしろ、火花が消えていく様子であればease-outの動きを適用したほうが自然な仕上がりになります。

　stg/017でリスト7.25のようにease-inの補間関数を定義しましたが、火花の表現で利用したい補間関数はease-outのほうです。やはり、ease-outの関数を用意しなければ火花に補間関数による補正を掛けることはできないのでしょうか。

図7.15 simpleEaseIn関数の結果をプロットしたグラフ

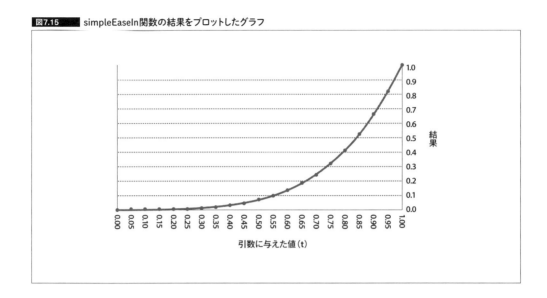

　答えはNOです。ease-inの補間関数があれば、ease-outは少しの工夫で実現できます。実際に
stg/017でどのように記述されているのか見てみます。**リスト7.26**はstg/017/script/character.
jsの**Explosion.update**メソッドにある、進捗率に対して補間関数を適用している部分です。

リスト7.26 Explosion.upadte内の該当箇所

```
// 爆発が発生してからの経過時間を求める
let time = (Date.now() - this.startTime) / 1000;
// 爆発終了までの時間で正規化して進捗度合いを算出する
let ease = simpleEaseIn(1.0 - Math.min(time / this.timeRange, 1.0));
```

　ここでは、**simpleEaseIn**関数を使って進捗率を補正していますが、注目すべきはその引数の与え
方です。ここでは1.0から**Math.min**の結果を引いています。元々の**simpleEaseIn**は0.0から1.0に向
かって値が遷移するとき「はじめはゆっくり、後ろは急に」というように勾配が変化します。しかし
これを1.0から0.0に向かって値が遷移すると考えると「はじめは急に、後ろはゆっくり」という値の
変化になります。
　このような特徴を見てもわかるように、補間関数におけるease-inとease-outは、実は単に正反対
の関係になっています。ease-inでは一見実現できないようなease-outの挙動も、1.0から係数（ここ
では進捗率）を減算した値の遷移を利用することで表現できるのです。これらのことを踏まえて、再
度stg/017/script/character.jsで変更のあった部分を抜粋した**リスト7.27**を見てみます。
　補間関数**simpleEaseIn**を使って、進捗率を補正した結果が変数**ease**に入ります。この中身は
**simpleEaseIn**関数の引数に与えた値が「1.0から進捗率を減算した値」になっているので、値が徐々
に減少していくような変化になります。値が減少していくような変化では、広がった火花が中心に
向かって収束してくるような動きになってしまうので、これをさらに1.0から引いて反転させた値

を変数 **progress** に代入し、火花の飛び散るモーションに利用します。

**リスト7.27** Explosion.update関数の冒頭部分

```
update(){
    // 生存状態を確認する
    if(this.life !== true){return;}
    // 爆発エフェクト用の色を設定する
    this.ctx.fillStyle = this.color;
    this.ctx.globalAlpha = 0.5;
    // 爆発が発生してからの経過時間を求める
    let time = (Date.now() - this.startTime) / 1000;
    // 爆発終了までの時間で正規化して進捗度合いを算出する
    let ease = simpleEaseIn(1.0 - Math.min(time / this.timeRange, 1.0));
    let progress = 1.0 - ease;

    <以下略>
```

変更箇所はほんの数行ですが、火花が飛び散る様子が stg/016 と比べてもさらに自然に、減衰しながら消えていくような動きに変化しています。このような小さな変化であっても、その見た目の印象に寄与する度合いは驚くほど大きなものになります。実際の動作の様子を見比べて、補間関数を用いた場合のモーションの違いを観察してみてください（**図7.16**）。

**図7.16** stg/017の実行結果

## 7.2
## 自機キャラクターの状態に応じた処理
ライフの減算、ゲームオーバーの演出、再スタート

　敵キャラクターの破壊に際して爆発エフェクトが発生するようになりましたが、現時点ではまだ「敵キャラクターの攻撃」に関しては、何も設定されていません。衝突判定の仕組みや、爆発エフェクトの仕組みは、すでに実装済みです。シューティングゲームに必要な最低限のパーツは、これまでの作業でほぼすべて揃っていると言って良いでしょう。

　自機キャラクターに対する攻撃を有効化し、ゲームを完成させましょう。

### 自機キャラクターと敵ショットとの衝突判定　　敵キャラクターの攻撃

　自機キャラクターが放ったショットが、敵キャラクターにぶつかり、破壊する。この一連の流れを踏襲し、敵キャラクターの放ったショットが、自機キャラクターに対して衝突するように変更を加えていきます。注意しなければならないのは、自機キャラクターが攻撃されて破壊された場合、そこで「ゲームの進行を止めなくてはならない」ということです。つまり、ゲームオーバーの演出を加えることを考慮して実装を行う必要があります。

　stg/018/script/character.jsでは、まず自機キャラクターに敵キャラクターの放ったショットがヒットするように、衝突判定の処理を追加しています。最初に、自機キャラクターを管理するViperクラスに加えられた変更箇所を抜粋すると**リスト7.28**のようになります。

**リスト7.28**　**Viperクラスに加えられた変更**

```
// Viperクラスのconstructor
constructor(ctx, x, y, w, h, imagePath){
    // 継承元の初期化
    super(ctx, x, y, w, h, 1, imagePath);
    ＜中略＞

// Viper.setComingメソッド
setComing(startX, startY, endX, endY){
    // 自機キャラクターのライフを1に設定する（復活する際を考慮）
    this.life = 1;
    ＜中略＞

// Viper.updateメソッド
update(){
    // ライフが尽きていたら何も操作できないようにする
    if(this.life <= 0){return;}
```

　ここではコンストラクタと、2つのメソッドに対して変更が行われています。これは、自機キャラクターが破壊されて非生存の状態になることを踏まえた変更で、**constructor**や**Viper.setComing**

ではライフを初期値として1に設定します。敵キャラクターの放ったショットが衝突した場合は、ライフが減算されて0になることを想定しています。

**Viper.update**では、自機キャラクターのライフの状態をチェックする**if**文が追加されています。もし自機キャラクターが破壊されてしまっている場合、キーの入力でショットを放つことができてしまってはいけないので、このような確認を行っています。

実際に自機キャラクターのライフが減少する可能性があるのは、**Shot**クラスの**update**メソッドのなかにある「衝突判定を行っている箇所」です。衝突判定を行う仕組みそのものは、敵キャラクターとの衝突判定に用いた方法と同じです。該当する部分が**リスト7.29**で、ここでは対象が「自機キャラクターなのかどうか」を確認した上で、もし「自機キャラクターが登場演出中」である場合、衝突判定を無視するようなコードが書かれています。

**リスト7.29** Shot.updateメソッド内の該当箇所

```
// ショットと対象との衝突判定を行う
this.targetArray.map((v) => {
    // 自身か対象のライフが0以下の対象は無視する
    if(this.life <= 0 || v.life <= 0){return;}
    // 自身の位置と対象との距離を測る
    let dist = this.position.distance(v.position);
    // 自身と対象の幅の1/4の距離まで近づいている場合衝突とみなす
    if(dist <= (this.width + v.width) / 4){
        // 自機キャラクターが対象の場合、isComingフラグによって無敵になる
        if(v instanceof Viper === true){
            if(v.isComing === true){return;}
        }
        // 対象のライフを攻撃力分減算する
        v.life -= this.power;
        // もし対象のライフが0以下になっていたら爆発エフェクトを発生させる
        if(v.life <= 0){
            for(let i = 0; i < this.explosionArray.length; ++i){
                // 発生していない爆発エフェクトがあれば対象の位置に生成する
                if(this.explosionArray[i].life !== true){
                    this.explosionArray[i].set(v.position.x, v.position.y);
                    break;
                }
            }
        }
        // 自身のライフを0にする
        this.life = 0;
    }
});
```

ここでのポイントは**if(v instanceof Viper === true)**という**if**文です。**instanceof**は文字数こそ多いですが演算子の一種で、対象のオブジェクトが「どのプロトタイプを持っているか」を調べられます。結果は真偽値で得られ**true**であれば、比較したクラス（プロトタイプ）のインスタンスであると判断できます。

つまり、この**if**文では、**Shot**クラスのオブジェクトと衝突判定を行った対象が**Viper**クラスのイ

ンスタンスであるかどうかをチェックしています。もしこの条件に該当する場合は、それが**Viper**クラス、つまり自機キャラクターであるということになります。

　対象が自機キャラクターであっても、ショットが衝突していた場合に「ライフを減算する処理」は敵キャラクターの場合と同様に行います。ただし、もしも**Viper.isComing**が**true**である場合、これは「自機キャラクターが登場演出の最中である」ことを表しているため、衝突判定を無効化するようにしています。もしこのような確認処理を行わなかった場合、自機キャラクターが登場してくる最中、すなわちユーザーが自機キャラクターを「まだ操作できるようになっていないタイミング」であっても攻撃が有効化されてしまうことになり、直感に反する動作となってしまいます。

## ゲームオーバーの演出とゲームの再スタート　ゲームの終わり。しかし、実装と演出は続く...

　自機キャラクターに攻撃がヒットするようになったことで、ゲームオーバーの演出とゲームを再スタートするための実装も必要になります。

　`stg/018/script/script.js`には、これらの実装に関する処理が追加されています。

　ファイルの冒頭で「ゲームを再スタートするためのフラグ」として変数**restart**が定義されています（**リスト7.30**）。このフラグが実際に**true**に設定される段階では、少なくとも「自機キャラクターが破壊されてゲームオーバーの画面になっている」必要があり、変数名**restart**の語感のとおり、ゲームを再スタートするかどうかの判断材料として使われます。

**リスト7.30**　script.js内に追加した変数宣言

```
/**
 * 再スタートするためのフラグ
 * @type {boolean}
 */
let restart = false;
```

　では、実際にこのフラグに**true**を設定する契機となる部分はどこなのでしょうか。これには、キーの入力を使うようにしてみます。つまり、一度ゲームオーバーになってしまっても、指定されたキーを入力すれば即座に再スタートできるような作りです。**リスト7.31**に示したように、キーの入力のような、ユーザーの操作に由来するイベントを設定するための関数**eventSetting**に該当する処理が追加されています。

　ここでは**if(event.key === 'Enter')**とあるように、もし入力されたキーが Enter キーだったら、という分岐を追加しました。

　自機キャラクターのライフが0以下の状態で Enter キーが押下された場合に限り、変数**restart**に**true**が設定されるようにしています。また、敵キャラクターが放つショットのインスタンスを生成する際、忘れずに「衝突判定の対象」として自機キャラクターを設定しておきます。これも該当箇所を抜粋すると**リスト7.32**のようになります。これは初期化処理を行う**initialize**関数の内部です。

**リスト7.31** eventSetting関数

```
/**
 * イベントを設定する
 */
function eventSetting(){
    // キーの押下時に呼び出されるイベントリスナーを設定する
    window.addEventListener('keydown', (event) => {
        // キーの押下状態を管理するオブジェクトに押下されたことを設定する
        isKeyDown[`key_${event.key}`] = true;
        // ゲームオーバーから再スタートするための設定（ Enter キー）
        if(event.key === 'Enter'){
            // 自機キャラクターのライフが0以下の状態
            if(viper.life <= 0){
                // 再スタートフラグを立てる
                restart = true;
            }
        }
    }, false);
    // キーが離された時に呼び出されるイベントリスナーを設定する
    window.addEventListener('keyup', (event) => {
        // キーが離されたことを設定する
        isKeyDown[`key_${event.key}`] = false;
    }, false);
}
```

**リスト7.32** initialize関数内の該当箇所

```
function initialize(){
    let i;
    ＜中略＞

    // 敵キャラクターのショットを初期化する
    for(i = 0; i < ENEMY_SHOT_MAX_COUNT; ++i){
        enemyShotArray[i] = new Shot(ctx, 0, 0, 32, 32, './image/enemy_shot.png');
        enemyShotArray[i].setTargets([viper]);  // 引数は配列なので注意
        enemyShotArray[i].setExplosions(explosionArray);
    }
    ＜以下略＞
```

　Shot クラスのインスタンスが持つ Shot.setTargets メソッドは、引数に配列を渡すことを前提にした設計になっていますので、自機キャラクターのインスタンスは1つしかありませんが、配列に入れた状態で引数に指定します。また、敵キャラクターのショットが自機キャラクターにヒットした際に爆発エフェクトが発生するように、Shot.setExplosions メソッドも忘れずに呼び出しを行っておきます。

　stg/018 に加えられたここまでの変更で、自機キャラクターに対する衝突判定に関する処理と、ゲームオーバーから復帰するための処理が実装できました。最後に「ゲームオーバーのシーン」を追加します。おさらいすると、このシューティングゲームでは、シーンの変化は sceneSetting という関数によって制御されています。ゲームが開始された直後は 'intro' というイントロのためのシーンがあり、2秒が経過すると自動的にシーンが 'invade' へと変化するようになっていました。

ここでは新たなシーンとして **'gameover'** を追加してみます。**リスト7.33**に抜粋した該当する部分を見てみましょう。

**リスト7.33** sceneSetting関数内の該当箇所

```
// ゲームオーバーシーン
// ここでは画面にゲームオーバーの文字が流れ続けるようにする
scene.add('gameover', (time) => {
    // 流れる文字の幅は画面の幅の半分を最大の幅とする
    let textWidth = CANVAS_WIDTH / 2;
    // 文字の幅を全体の幅に足し、ループする幅を決める
    let loopWidth = CANVAS_WIDTH + textWidth;
    // フレーム数に対する除算の剰余を計算し、文字列の位置とする
    let x = CANVAS_WIDTH - (scene.frame * 2) % loopWidth;
    // 文字列の描画
    ctx.font = 'bold 72px sans-serif';
    util.drawText('GAME OVER', x, CANVAS_HEIGHT / 2, '#ff0000', textWidth);
    // 再スタートのための処理
    if(restart === true){
        // 再スタートフラグはここで最初に下げておく
        restart = false;
        // 再度スタートするための座標等の設定
        viper.setComing(
            CANVAS_WIDTH / 2,      // 登場演出時の開始X座標
            CANVAS_HEIGHT + 50,    // 登場演出時の開始Y座標
            CANVAS_WIDTH / 2,      // 登場演出を終了とするX座標
            CANVAS_HEIGHT - 100    // 登場演出を終了とするY座標
        );
        // シーンをintroに設定
        scene.use('intro');
    }
});
```

ゲームオーバーのシーンでは、画面の右側から左側に向かって、赤い色の文字で「GAME OVER」という文章が繰り返し流れ続けるような演出を行っています。やや計算が複雑ですが、**図7.17**も参考にしながら、どのように「繰り返し流れる文字列」を実現しているのか考えてみましょう。

リスト7.33の変数 **textWidth** は、Canvas要素の幅を半分にしたもので「文字列を描画する際の横幅」を設定するのに利用します。

変数 **loopWidth** は、文字列が画面の右側から左側まで流れる際の「移動するべき量」を表しています。Canvas要素の幅だけで移動するべき量としてしまうと、右側から流れてきた文字列が、左の端に到達した時点でパッと消滅するようになってしまうので、文字列を描画する際の横幅も加えた、ややCanvas要素よりも大きい幅を設定します。

また、変数 **x** が実際に文字が描かれる位置のX座標を表していますが、ここでは **%** 演算子を使って、割った余りの値を利用しています。これは、何度も繰り返し文字列が流れてくるようにするためです。

さらに、変数 **restart** の値が **true** になっていた場合の処理も、ここで記述されています。もし該当のフラグが **true** である場合、フラグを元に戻し（**false** に設定）、自機キャラクターを登場演出開

始時の位置に移動させ、シーンを `'intro'` に設定します。このような再スタート処理により、シーンが `'gameover'` で、かつユーザーが Enter キーを押下した場合には、再度ゲームが最初からスタートされるようになりました（**図7.18**）。

**図7.17** GAME OVERの文字列を描画する際に用いる各種要素のイメージ

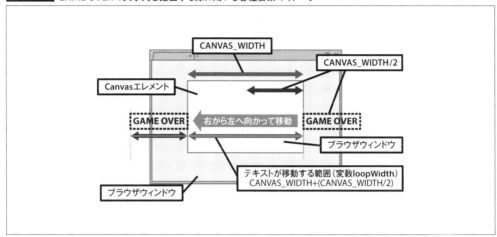

**図7.18** stg/018の実行結果

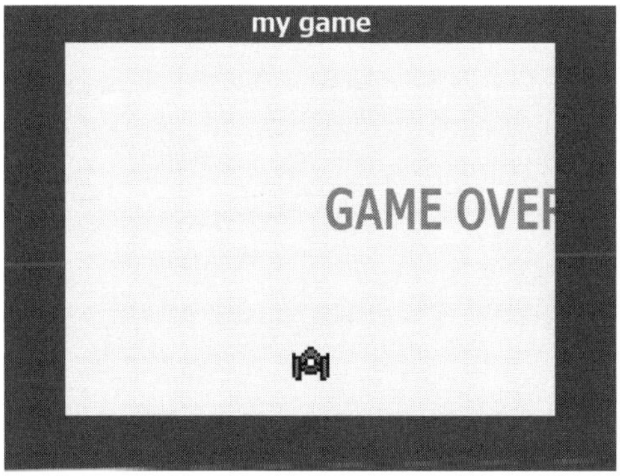

## 7.3
## ゲームの品質向上
スコア、敵キャラの攻撃力&耐久力、シーン管理、背景、音声、ボスキャラ

　各キャラクターとショットとの衝突判定や、ゲームのスタートからゲームオーバー、そして再スタートと、シューティングゲームとしての基本的な実装がほぼ出揃いました。

　ここから先は、ゲームとしての品質を向上/洗練させていく、仕上げのフェーズです。ゲームの基盤部分を作ることに多くの紙面を割きましたが、実際にゲームがおもしろいものになるのかどうかは、ある意味ここから先にどのような処理を記述していくのかに掛かっています。

### スコアを集計して表示する

　シューティングゲームには、成績をスコアという形で集計し、それを競い合うという楽しみ方があります。stg/019では、スコアシステムの基本を実装してみましょう。ここでの変更は、大部分がstg/019/script/script.jsに対するものになります。ゲームのスコアは、ゲームをプレイしている最中のキーの入力と同じように、異なるJavaScriptファイルから操作できるようにwindowのプロパティとして集計するように設計します。

　リスト7.34はstg/019/script/script.jsの冒頭に記述された、windowへの新しいプロパティの追加を行っている部分です。

**リスト7.34** script.js内の該当箇所

```
/**
 * スコアを格納する
 * このオブジェクトはプロジェクトのどこからでも参照できるように
 * windowオブジェクトのカスタムプロパティとして設定する
 * @global
 * @type {number}
 */
window.gameScore = 0;
```

　ゲームのシステム全体を俯瞰して考えると、「スコアが加算される契機」は、自機キャラクターが放ったショットによって敵キャラクターが破壊された瞬間です。これはShotクラスのupdateメソッドで行われる処理であり、stg/019/script/character.jsに記述されています。異なるファイルでスコアを共有する必要があるので、ここではwindowオブジェクトのプロパティとして、スコアを管理できるようにしています。

　また、このゲームのスコアは初期値0としてゲームが開始されますが、一度ゲームオーバーになり再スタートした時点でも0にリセットしてやらなくてはなりません。そこでリスト7.35のように、再スタートを行う際に値が0でリセットされるようにしておきます。変数restartにtrueが設定さ

れ、ゲームを再開することになった処理部分でスコアがリセットされていることがわかります。

**リスト7.35**　sceneSetting関数内の該当箇所

```
scene.add('gameover', (time) => {
    ＜中略＞

    // 再スタートのための処理
    if(restart === true){
        // 再スタートフラグはここで最初に下げておく
        restart = false;
        // スコアをリセットしておく
        gameScore = 0;
        // 再度スタートするための座標等の設定
        viper.setComing(
            CANVAS_WIDTH / 2,      // 登場演出時の開始X座標
            CANVAS_HEIGHT + 50,    // 登場演出時の開始Y座標
            CANVAS_WIDTH / 2,      // 登場演出を終了とするX座標
            CANVAS_HEIGHT - 100    // 登場演出を終了とするY座標
        );
        // シーンをintroに設定
        scene.use('intro');
    }
});
```

　また、スコアは常に画面に表示されるようにしておく必要があります。このことから、描画処理全般を管理している **render** 関数に対して「スコアを文字列として描画する処理」を追加します。

　このとき、注意しなければならないのが「スコアを何桁で表示するのか」ということです。シューティングゲームのスコアはそのゲームの性質や特徴によって、数千〜数万や、数万〜数億など、桁数にはさまざまな幅があります。これは実装者が自由に設定できるものですので、どのようにしなければならないといったルールはありません。

　本書のシューティングゲームでは、敵キャラクター1体の破壊につき100ポイントが加算されるものとし、表示するスコアは現実的なところで5桁までとしてみます。スコアの最大桁数が5桁だとして、スコアの初期値である0ポイントの状態を単に「**0**」と表示するのか、「**00000**」のようにゼロで不足する桁数を埋めたように表示するのかは、これもやはりゲームの実装者の自由です。ここでは、**00000** のように、不足する桁数は常に **0** を追加して埋め合わせがされるようにしてみましょう。

　これを実現するために **stg/019/script/script.js** に追加された関数が **リスト7.36** に示した **zeroPadding** 関数です。この関数は引数を2つ取り、第1引数には対象となる数値を、第2引数にはゼロ埋めを行う桁数を指定します。**zeroPadding** 関数では、配列をちょっと変わった形で利用して、不足した桁数をゼロで埋めるような処理を記述しています。

　関数の最初の部分では、指定された桁数分の要素を持つ配列を定義しています。このとき、配列 **zeroArray** は、**undefined** な要素を引数 **count** 数分持った配列変数になっています。たとえば **new Array(3)** と指定した場合を例に取ると **[undefined, undefined, undefined]** のように、中身が未定義の長さが3の配列となります。

**リスト7.36** zeroPadding関数

```
/**
 * 数値の不足した桁数をゼロで埋めた文字列を返す
 * @param {number} number - 数値
 * @param {number} count - 桁数（2桁以上）
 */
function zeroPadding(number, count){
    // 配列を指定の桁数分の長さで初期化する
    let zeroArray = new Array(count);
    // 配列の要素を'0'を挟んで連結する（➡「桁数 - 1」の0が連なる）
    let zeroString = zeroArray.join('0') + number;
    // 文字列の後ろから桁数分だけ文字を抜き取る
    return zeroString.slice(-count);
}
```

そして、**Array**オブジェクトの持つ**join**メソッドを使って、この配列を連結した文字列を生成します。**Array.join**メソッドは、配列の各要素を、指定された文字列を区切り文字として連結してくれるメソッドです。**リスト7.37**のように利用します。

**リスト7.37** Array.join

```
let arr = ['a', 'b', 'c'];

console.log(arr.join(' : ')); // ➡'a : b : c'
```

## String.padStartメソッド

ECMAScript 2017では、文字列を扱う**String**オブジェクトの**prototype**として**padStart**メソッドが定義されています。このメソッドは、本書で紹介した**zeroPadding**関数と似たような挙動を実現できる、ビルトインのメソッドです。以下のように利用します。

String.padStartメソッド

```
let numString = '12';
console.log(numString.padStart(5, '0')); // ➡'00012'
```

第1引数には**padStart**メソッドによって延長する文字数を整数で指定します。第2引数は、延長する際に用いられる文字列です。

**String.padStart**メソッドを用いれば、わざわざユーザー定義の**zeroPadding**関数を用意しなくても同様の処理が実現できることがわかります。ただし、注意しなければならないのは**padStart**は**String**オブジェクトのメソッドであるという点です。あくまでも、文字列操作の一環としてゼロ埋めを行った数値の文字列表現が得られる、ということです。

また、ECMAScript 2017で定義されたメソッドであるため、実行される環境についても、それが正しく実行可能なのかどうかをあらかじめ考慮しておくと良いでしょう。

　配列の各要素が、**Array.join**メソッドに与えられた文字列で連結される仕組みです。この仕組み
を利用して、空要素の配列を**'0'**という文字列で連結すると「配列の要素数 - 1個分の**'0'**」が並んだ
文字列が生成できます。これに、第1引数から与えられた数値を文字列として連結し**String.slice**
メソッドで一部の文字だけを取り出します。

　**String.slice**メソッドは、ある文字列から指定した部分の文字だけを取り出せるメソッドです。
たとえば**リスト7.38**のように使います。

**リスト7.38** String.sliceメソッド

```
let str = 'abcde';

// インデックス2の文字以降を取り出す
console.log(str.slice(2));      // ➡'cde'
// インデックス2〜4までを取り出す
console.log(str.slice(2, 4));   // ➡'cd'
// インデックスが負の数値の場合末尾から数える
console.log(str.slice(-2));     // ➡'de'
```

　**zeroPadding**関数では、空の配列を**'0'**で連結し、そこに第1引数の値を文字列として連結します。
さらに、その文字列に対して**slice**メソッドで「末尾から桁数分だけ」抜き出します。**リスト7.39**の
ように利用します。

**リスト7.39** zeroPadding関数

```
console.log(zeroPadding(5, 3));     // ➡'005'
console.log(zeroPadding(50, 5));    // ➡'00050'
console.log(zeroPadding(500, 3));   // ➡'500'
```

　この**zeroPadding**関数が`stg/019/script/script.js`で利用されている箇所を見てみます。**リスト
7.40**は描画処理を行う**render**関数の内部で、スコアを画面に描画している部分です。このような処
理を加えたことで、Canvas要素上にその時点でのスコアが必ず5桁の数値として描画されるように
なりました。

**リスト7.40** render関数内の該当箇所

```
// スコアの表示
ctx.font = 'bold 24px monospace';
util.drawText(zeroPadding(gameScore, 5), 30, 50, '#111111');
```

　スコアを加算する処理は、`stg/019/script/character.js`側に記述されています。これは前述の
とおり、**Shot.update**メソッドで敵キャラクターが破壊された場合に限り、スコアが加算されるよ
うにするためです。該当する部分を抜粋したものが**リスト7.41**です。

リスト7.41　Shot.updateメソッド内の該当箇所

```
// もし対象が敵キャラクターの場合はスコアを加算する
if(v instanceof Enemy === true){
    // スコアシステムにもよるが、仮でここでは最大スコアを制限
    gameScore = Math.min(gameScore + 100, 99999);
}
```

　ここでも、衝突判定によってライフを減算した対象が敵キャラクターであるかどうかを、**instanceof**演算子によって確認しています。万が一、スコアが5桁以上になってしまっても表示に問題が起こらないように、**Math.min**を利用して数値を補正した上で設定しています。

　一連の変更で、**stg/019**ではCanvas要素上にスコアが表示されるようになりました（**図7.19**）。

図7.19　stg/019の実行結果

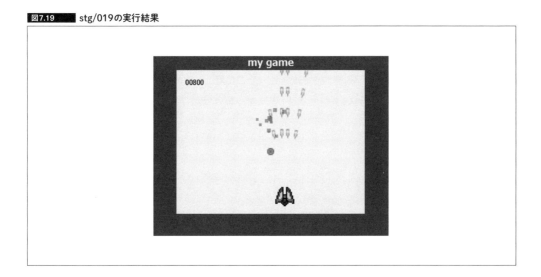

## 敵キャラクターのバリエーションを増やす

　シューティングゲームの実装もいよいよ大詰めです。**stg/020**では敵キャラクターの動きや、ショットの撃ち方などにバリエーションを持たせ、本格的なシューティングゲームの形を作ります。

　最初に、敵キャラクターに複数の異なる挙動を設定できるように変更を加えます。具体的には、**stg/020/script/character.js**の**Enemy**クラスにいくつかの修正と追記を行い、設定されているタイプに応じて、敵キャラクターの挙動を変更できるようにします。たとえば敵キャラクターAは常に真下に向かってショットを撃つだけだが、敵キャラクターBは自機を狙い撃つようにショットを放つ、などの挙動の違いを設定できるようにしてみます。

　**リスト7.42**は**Enemy**クラスのコンストラクタで新たに追加されたプロパティと、それを設定するためのメソッドです。

**リスト7.42**　Enemyクラスに追加されたプロパティ（抜粋）

```
/**
 * 自身が攻撃の対象とするCharacter由来のインスタンス
 * @type {Character}
 */
this.attackTarget = null;

/**
 * 攻撃対象を設定する
 * @param {Character} target - 自身が攻撃対象とするインスタンス
 */
setAttackTarget(target){
    // 自身のプロパティに設定する
    this.attackTarget = target;
}
```

　**Enemy.attackTarget**は、敵キャラクターが攻撃を加えようとする対象を格納するためのプロパティです。敵キャラクターから見た攻撃対象なので、必然、ここには自機キャラクターのインスタンスが指定されることになります。また、**Enemy.setAttackTarget**は、このプロパティを設定するために用意したメソッドで、内部では単に引数から受け取った値を代入しているだけです。

　敵キャラクターには挙動もさまざまないくつかのバリエーションを持たせるので、場合によっては、ここで設定できるようにした**Enemy.attackTarget**プロパティを利用して、いわゆる「自機狙い弾」を実装してやります。自機狙い弾とは、常に自機キャラクターの位置に向かって放たれる敵キャラクターの攻撃のことです（**図7.20**）。

**図7.20**　自機狙い弾のイメージ

その時点で「自機キャラクターがいる場所」に向かって
ショットを放つ自機狙い弾のイメージ

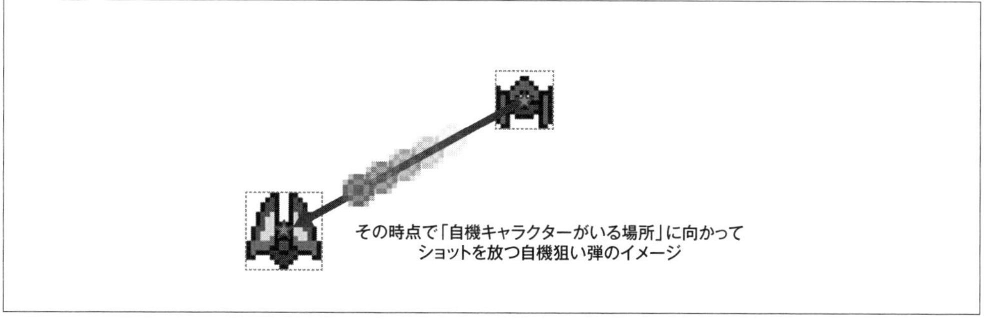

　実際に、敵キャラクターの種類を決定するのは、元々**Enemy**クラスに実装してあった**Enemy.type**プロパティです。これまでは、ここには既定値である**'default'**という文字列が設定されていただけで、とくにゲームのロジックとして利用されていませんでした。stg/020では、実際にこの**Enemy.type**プロパティを参照しながら、その敵キャラクターがどのように振る舞うべきなのかを分岐させるようにしています。

　タイプによる分岐処理を行っているのが**Enemy.update**メソッドで、**リスト7.43**に示したように**switch**文を利用してタイプごとに異なる挙動となるように設定します。ここでは分岐後の各タイプの挙動については省略していますが、まず**Enemy.update**メソッド全体の構造を把握しましょう。省略している「各タイプごとの挙動」については後述します。

**リスト7.43**　Enemy.updateメソッド

```
update(){
    // もし敵キャラクターのライフが0以下の場合は何もしない
    if(this.life <= 0){return;}

    // タイプに応じて挙動を変える
    // タイプに応じてライフを0にする条件も変える
    switch(this.type){
        // waveタイプはサイン波で左右に揺れるように動く
        // ショットの向きは自機キャラクターの方向に放つ
        case 'wave':
            ＜中略＞
            break;
        // largeタイプはサイン波で左右に揺れるようにゆっくりと動く
        // ショットの向きは放射状にばらまく
        case 'large':
            ＜中略＞
            break;
        // defaultタイプは設定されている進行方向にまっすぐ進むだけの挙動
        // ショットの向きは常に真下に向かって放つ
        case 'default':
        default:
            // 配置後のフレームが100のときにショットを放つ
            if(this.frame === 100){
                this.fire();
            }
            // 敵キャラクターを進行方向に沿って移動させる
            this.position.x += this.vector.x * this.speed;
            this.position.y += this.vector.y * this.speed;
            // 画面外（画面下端）へ移動していたらライフを0（非生存の状態）に設定する
            if(this.position.y - this.height > this.ctx.canvas.height){
                this.life = 0;
            }
            break;
    }

    // 描画を行う（いまのところ、回転は必要としていないのでそのまま描画）
    this.draw();
    // 自身のフレームをインクリメントする
    ++this.frame;
}
```

　敵キャラクターのタイプとして、ここでは**'wave'**と**'large'**を設定できるようにし、それ以外はすべて**'default'**と同じ分岐になるようにしていることがわかります。
　**'default'**タイプは、これまでずっと利用してきた敵キャラクターの仕組みをそのまま使ってい

るもので、進行方向を意味する`Enemy.vector`に設定されているベクトルに準ずる方向へと、単にまっすぐ移動します。また`'default'`タイプは、発生してから100フレームめで`Enemy.fire`メソッドを呼び出して、ショットを放ちます。

このショットを放つための`Enemy.fire`は、`'default'`タイプではとくに引数を指定せずに呼び出しを行っていますが、この場合ショットは真下の方向へ放たれます。省略可能な引数として実装されている、第1引数と第2引数のそれぞれに、ベクトルのXY成分を与えて呼び出しを行うことでショットを射出する方向を任意に指定することもできます。`stg/020`ではさらに、省略可能な第3引数として、速度を指定できるように変更を加えています。**リスト7.44**は`stg/020/script/character.js`に記述されている`Enemy.fire`メソッドです。

**リスト7.44** Enemy.fireメソッド

```
/**
 * 自身から指定された方向にショットを放つ
 * @param {number} [x=0.0] - 進行方向ベクトルのX要素
 * @param {number} [y=1.0] - 進行方向ベクトルのY要素
 * @param {number} [speed=5.0] - ショットのスピード
 */
fire(x = 0.0, y = 1.0, speed = 5.0){
    // ショットの生存を確認し非生存のものがあれば生成する
    for(let i = 0; i < this.shotArray.length; ++i){
        // 非生存かどうかを確認する
        if(this.shotArray[i].life <= 0){
            // 敵キャラクターの座標にショットを生成する
            this.shotArray[i].set(this.position.x, this.position.y);
            // ショットのスピードを設定する
            this.shotArray[i].setSpeed(speed);
            // ショットの進行方向を設定する（真下）
            this.shotArray[i].setVector(x, y);
            // 1つ生成したらループを抜ける
            break;
        }
    }
}
```

`Enemy.fire`メソッドは、その引数すべてが省略できますが、省略した場合は「真下に向かって5.0の速度で移動するショット」が生成される形になっていることがわかります。

もし自機狙い弾を放つタイプの敵キャラクターを実装したければ、`Enemy.fire`メソッドの呼び出しの際に、自機キャラクターの方角へと向かうように、任意のベクトルを引数に指定して`Enemy.fire`メソッドの呼び出しを行えば良いことになります。そのことを踏まえて、`'default'`タイプ以外の敵キャラクターの挙動を見ていきます。

■‥‥‥‥‥**自機狙い弾を放つ敵キャラクター**

まず'**wave**'タイプです。該当する**switch**文の中身だけを抜粋したものが**リスト7.45**です。前半部分と後半部分で、内容が分かれています。まずはわかりやすさのために、後半部分を見てみます。

**リスト7.45** waveタイプのEnemyに関する記述

```javascript
// 配置後のフレームが60で割り切れるときにショットを放つ
if(this.frame % 60 === 0){
    // 攻撃対象となる自機キャラクターに向かうベクトル
    let tx = this.attackTarget.position.x - this.position.x;
    let ty = this.attackTarget.position.y - this.position.y;
    // ベクトルを単位化する
    let tv = Position.calcNormal(tx, ty);
    // 自機キャラクターにややゆっくりめのショットを放つ
    this.fire(tv.x, tv.y, 4.0);
}
// X座標はサイン波で、Y座標は一定量で変化する
this.position.x += Math.sin(this.frame / 10);
this.position.y += 2.0;
// 画面外（画面下端）へ移動していたらライフを0（非生存の状態）に設定する
if(this.position.y - this.height > this.ctx.canvas.height){
    this.life = 0;
}
```

ここでは、**Math.sin**を利用して、蛇行するように、あるいは波打つように敵キャラクターの座標が設定されるようにしています。サインの値は、半径1の円を基準とした「縦方向の値の比」であり、-1.0～1.0の範囲で振動するように規則正しく値が上下します。この「規則正しく値が上下する」という特性を、敵キャラクターのX座標に対して利用することで、まるで波打つように左右に揺れながら移動する敵キャラクターの動きを実現しています。

サインによって値が波打つように上下する様子は、**図7.21**を見ながら考えてみると、わかりやすいでしょう。サインの値は、0～πまでは上昇➡下降というように値が変化し、π以降2πまでは、下降➡上昇と変化します。以降は、この規則正しい値の上下運動が繰り返されます。

**図7.21** サインの値をプロットしたグラフ

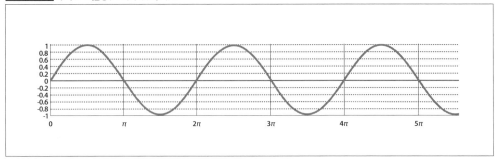

一方で、前半部分は、このタイプの敵キャラクターがショットを放つための処理が記述されてお

り、**if(this.frame % 60 === 0)** の記述からわかるとおり、このタイプの敵キャラクターは「60フレームに一度の頻度でショットを放つ」ようになっています（60で割った余りが0のときだけ、ショットを生成する）。

　ショットは、攻撃対象として事前に設定されていたインスタンス、ここではすなわち自機キャラクターに対して射出されます。ここでは、敵キャラクターと攻撃対象の自機キャラクターのそれぞれの座標からベクトルが作られ、そのベクトルを単位化したものを、ショットの進行方向として設定するようになっています。**図7.22**に示したように、その時点での自機キャラクターの位置に向かってショットが撃ち出されます。

**図7.22** 　　自機狙い弾の進行方向ベクトルを算出するイメージ

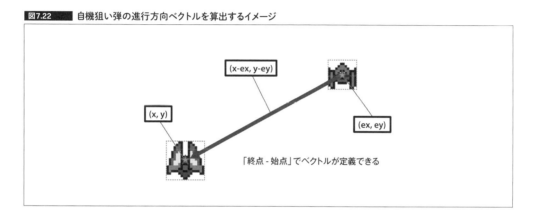

　またここでは、**Position**クラスに新しいメソッドが追加されていることもわかります。**Position. calcNormal**メソッドです。このメソッドは、引数に与えられたXY要素からベクトルを作り、そのベクトルを単位化した結果を返してくれる静的なメソッドです。**Position**クラスの該当するメソッドの定義を抜粋したものが**リスト7.46**です。

　ここでは、本書ではじめて登場するキーワードが使われています。それが**static**です。JavaScriptの**class**構文で**static**キーワードとともに定義されたメソッドは「静的メソッド」になります。この静的なメソッドとは「**new**でインスタンス化することなく利用できるメソッド」のことです。ここでは**Array**オブジェクトで例を示します（**リスト7.47**）。

　これを見るとわかるように、静的なメソッドとは**new**を使ったインスタンスからではなく、オブジェクトの定義（クラスの定義）から直接呼び出せるメソッドです。逆に、静的なメソッドは**new**で生成したインスタンスからは呼び出すことはできません。

　**Position**クラスには、これまで通常のメソッドとして**Position.set**メソッドなどが用意されていましたが、これらは**new**で生成したインスタンスから呼び出すことができるものでした。stg/020で新たに追加した**calcLength**や**calcNormal**は、**static**キーワードを用いて静的なメソッドとして定義されているので、インスタンス化したオブジェクトではなく、**Position**オブジェクトから直接呼び出します（**リスト7.48**）。

**リスト7.46** Positionクラスに追加された該当箇所

```
/**
 * ベクトルの長さを返す静的メソッド
 * @static
 * @param {number} x - X要素
 * @param {number} y - Y要素
 */
static calcLength(x, y){
    return Math.sqrt(x * x + y * y);
}
/**
 * ベクトルを単位化した結果を返す静的メソッド
 * @static
 * @param {number} x - X要素
 * @param {number} y - Y要素
 */
static calcNormal(x, y){
    let len = Position.calcLength(x, y);
    return new Position(x / len, y / len);
}
```

**リスト7.47** Arrayオブジェクトにおけるstaticなメソッド

```
// Arrayオブジェクトの持つメソッドの呼び出し例
let arr = [0, 2, 4];
arr.map((value, index) => {
    console.log(`${index}: ${value}`);  // ➡'0: 0'や'1: 2'、'2: 4'を出力
});

// Arrayオブジェクトの持つ静的メソッドの呼び出し例
console.log(Array.isArray([]));  // ➡true
console.log(Array.isArray({}));  // ➡false
```

**リスト7.48** Positionクラスの静的メソッド

```
// Piositionオブジェクトの持つメソッドの呼び出し
let p = new Position();
p.set(x, y);

// Positionオブジェクトの持つ静的メソッドの呼び出し
let q = Position.calcNormal(x, y);
```

**Position.calcLength** は、与えられたXY要素をベクトルとみなし、そのベクトルの長さを計算してくれるメソッドです。**Position.calcNormal** は、与えられたXY要素をベクトルとみなし、それを単位化した結果を**Position**オブジェクトのインスタンスとして返します。このような静的メソッドの特性を踏まえて、もう一度、この静的メソッドが使われている箇所のコードを見てみます。該当する箇所を抜粋したものが**リスト7.49**です。

このタイプに設定された敵キャラクターは自身が登場後のフレーム数を60で割って余りが0となるとき、ショットを生成しようとします。そのショットの射出方向はその時点での自機キャラクターの座標へと向かうものとしたいので、**Position.calcNormal**で進行方向ベクトルを作っています。

**リスト7.49** Enemy.updateメソッド内の該当箇所（抜粋）

```
// 配置後のフレームが60で割り切れるときにショットを放つ
if(this.frame % 60 === 0){
    // 攻撃対象となる自機キャラクターに向かうベクトル
    let tx = this.attackTarget.position.x - this.position.x;
    let ty = this.attackTarget.position.y - this.position.y;
    // ベクトルを単位化する
    let tv = Position.calcNormal(tx, ty);
    // 自機キャラクターにややゆっくりめのショットを放つ
    this.fire(tv.x, tv.y, 4.0);
}
```

　以上の内容をまとめると、**'wave'** タイプの敵キャラクターは蛇行するように左右に揺れながら現れ、60フレームに一度、自機キャラクターに向かって自機狙い弾を発射してくるタイプになります。

■⋯⋯⋯**耐久力の高い敵キャラクター**

　次に、敵キャラクターのもう一つのタイプ、**'large'** が設定された場合を考えていきます。該当する部分を抜粋した**リスト7.50**を見てみます。

**リスト7.50** Enemy.updateメソッド内の該当箇所

```
// 配置後のフレームが50で割り切れるときにショットを放つ
if(this.frame % 50 === 0){
    // 45度ごとにオフセットした全方位弾を放つ
    for(let i = 0; i < 360; i += 45){
        let r = i * Math.PI / 180;
        // ラジアンからサインとコサインを求める
        let s = Math.sin(r);
        let c = Math.cos(r);
        // 求めたサイン、コサインでショットを放つ
        this.fire(c, s, 3.0);
    }
}
// X座標はサイン波で、Y座標は一定量で変化する
this.position.x += Math.sin((this.frame + 90) / 50) * 2.0;
this.position.y += 1.0;
// 画面外（画面下端）へ移動していたらライフを0（非生存の状態）に設定する
if(this.position.y - this.height > this.ctx.canvas.height){
    this.life = 0;
}
```

　ここでもやはり、**'wave'** タイプの場合と同じように、ショットを生成するための前半部分と、敵キャラクター自身の座標を移動させる後半部分に処理が分かれています。

　後半の、敵キャラクターの座標を更新する部分は **'wave'** タイプ同様にサインを活用して実現する、左右に波打つような動きです。

　一方で、前半のショットを生成するための処理では、50フレームに一度、ショットが生成されるようになっています。実際のショットの生成処理では**for**文を利用した繰り返し処理が記述されて

おり、一度に複数のショットを生成しています。

　ここでは、度数法で45度あたりに1つずつ、ショットを生成していることがわかります。ループが一度実行されるたびに変数**i**の値が45ずつ加算され、それをラジアンに変換してサインとコサインを求めたうえで、ショットの進行方向として**Enemy.fire**メソッドを呼び出しショットを生成します。この一連の処理は図解すると**図7.23**のようになります。

**図7.23**　　45度ずつ全方位に向かってショットを放つイメージ

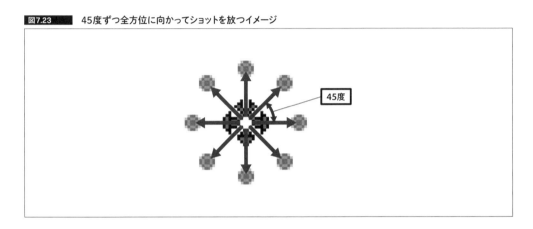

　ここまでの変更で、**stg/020**では従来の**'default'**タイプ以外に、**'wave'**タイプと**'large'**タイプの合計3種類の敵キャラクターの挙動が実装できました。

　ここからは一気に、その他の変更点について確認していきます。まず**stg/020/script/character.js**では、**Shot**クラスに対しても若干の変更を加えています。これは、**'large'**タイプの敵キャラクターなどに顕著ですが、ショットが上方向に対しても撃ち出される可能性があり、従来どおりの「画面の下端より向こう側に出たときにショットのライフを0にする」という処理だけでは、画面外に消えてしまったショットを正しく消滅させることができなくなったためです。該当する箇所は、ショットの更新処理を行う**Shot.update**メソッド内部で、**リスト7.51**に抜粋した部分です。

**リスト7.51**　　Shot.updateメソッド内の該当箇所（抜粋）

```
// もしショットが画面外へ移動していたらライフを0（非生存の状態）に設定する
if(
    this.position.x + this.width < 0 ||
    this.position.x - this.width > this.ctx.canvas.width ||
    this.position.y + this.height < 0 ||
    this.position.y - this.height > this.ctx.canvas.height
){
    this.life = 0;
}
```

　このように、Canvas要素の上下左右の各辺より、ショットが外側にいるかどうかを確認することで、どのような方向に撃ち出されたショットであっても確実に消滅させることができます。

　また、**'large'** タイプの敵キャラクターについては、攻撃して撃破することが若干難しくなるので、スコアも多く計上されるようにしてみましょう。これも、やはり **Shot.update** メソッド内部で行われている処理で、**リスト7.52** に抜粋したスコアが加算される箇所を修正します。

**リスト7.52** Shot.updateメソッド内の該当箇所

```
// もし対象が敵キャラクターの場合はスコアを加算する
if(v instanceof Enemy === true){
    // 敵キャラクターのタイプによってスコアが変化するようにする
    let score = 100;
    if(v.type === 'large'){
        score = 1000;
    }
    // スコアシステムにもよるが、仮でここでは最大スコアを制限
    gameScore = Math.min(gameScore + score, 99999);
}
```

■⋯⋯⋯⋯ **シーン管理の見直し**　よりゲームらしく

　stg/020/script/character.js で、敵キャラクターの挙動に関して加えた変更を踏まえ、stg/020/script/script.js のメインプログラムにも修正を加えていきます。やや修正箇所が多くなりますが、一つ一つ設定していきます。

　冒頭で、新しく変数を宣言している部分から見ていきましょう。**リスト7.53** のように、複数の敵キャラクターを設定できるように変数を追加で定義します。

**リスト7.53** script.js内の変数宣言箇所

```
/**
 * 敵キャラクター（小）のインスタンス数
 * @type {number}
 */
const ENEMY_SMALL_MAX_COUNT = 20;
/**
 * 敵キャラクター（大）のインスタンス数
 * @type {number}
 */
const ENEMY_LARGE_MAX_COUNT = 5;
```

　敵キャラクターのタイプ **'large'** を別の変数で管理できるように、変数を追加した形です。変数が追加されたということは、初期化処理を行う **initialize** 関数での、初期化を行う処理も変更になります。**リスト7.54** に示したように、大小それぞれの敵キャラクターを初期化していきます。

　敵キャラクターが利用するショットのインスタンスや、敵キャラクターが攻撃対象とする自機キャラクターのインスタンスは、いずれの場合も同じになります。

　続いては、シーンを管理する **sceneSetting** 関数に対する変更点です。ここが最も変更点が多くなっており、ゲームのスタートから小型機の登場、大型機の登場まで、順番に定義を行っています。まずはそのおおよその流れを掴むために、**リスト7.55** を見てみましょう。

**リスト7.54** initialize関数内の該当箇所

```
// 敵キャラクター（小）を初期化する
for(i = 0; i < ENEMY_SMALL_MAX_COUNT; ++i){
    enemyArray[i] = new Enemy(ctx, 0, 0, 48, 48, './image/enemy_small.png');
    // 敵キャラクターはすべて同じショットを共有するのでここで与えておく
    enemyArray[i].setShotArray(enemyShotArray);
    // 敵キャラクターは常に自機キャラクターを攻撃対象とする
    enemyArray[i].setAttackTarget(viper);
}

// 敵キャラクター（大）を初期化する
for(i = 0; i < ENEMY_LARGE_MAX_COUNT; ++i){
    enemyArray[ENEMY_SMALL_MAX_COUNT + i] = new Enemy(ctx, 0, 0, 64, 64, './image/enemy_large.png');
    // 敵キャラクターはすべて同じショットを共有するのでここで与えておく
    enemyArray[ENEMY_SMALL_MAX_COUNT + i].setShotArray(enemyShotArray);
    // 敵キャラクターは常に自機キャラクターを攻撃対象とする
    enemyArray[ENEMY_SMALL_MAX_COUNT + i].setAttackTarget(viper);
}
```

**リスト7.55** sceneSetting関数

```
function sceneSetting(){
    // イントロシーン
    scene.add('intro', (time) => {
        // 3秒経過したらシーンをinvade_default_typeに変更する
        if(time > 3.0){
            scene.use('invade_default_type');
        }
    });
    // invadeシーン（default typeの敵キャラクターを生成）
    scene.add('invade_default_type', (time) => {
        ＜中略＞
        // シーンのフレーム数が270になったとき次のシーンへ
        if(scene.frame === 270){
            scene.use('blank');
        }
        // 自機キャラクターが被弾してライフが0になっていたらゲームオーバー
        if(viper.life <= 0){
            scene.use('gameover');
        }
    });
    // 間隔調整のための空白のシーン
    scene.add('blank', (time) => {
        // シーンのフレーム数が150になったとき次のシーンへ
        if(scene.frame === 150){
            scene.use('invade_wave_move_type');
        }
        // 自機キャラクターが被弾してライフが0になっていたらゲームオーバー
        if(viper.life <= 0){
            scene.use('gameover');
        }
    });
    // invadeシーン（wave move typeの敵キャラクターを生成）
    scene.add('invade_wave_move_type', (time) => {
```

```
    <中略>
    // シーンのフレーム数が450になったとき次のシーンへ
    if(scene.frame === 450){
        scene.use('invade_large_type');
    }
    // 自機キャラクターが被弾してライフが0になっていたらゲームオーバー
    if(viper.life <= 0){
        scene.use('gameover');
    }
});
// invadeシーン（large typeの敵キャラクターを生成）
scene.add('invade_large_type', (time) => {
    <中略>
    // シーンのフレーム数が500になったときintroへ
    if(scene.frame === 500){
        scene.use('intro');
    }
    // 自機キャラクターが被弾してライフが0になっていたらゲームオーバー
    if(viper.life <= 0){
        scene.use('gameover');
    }
});
// ゲームオーバーシーン（ここでは画面にゲームオーバーの文字が流れ続けるようにする）
scene.add('gameover', (time) => {
<以下略>
```

　ここでのポイントは、ゲーム開始以降のフレーム数を条件に次々とシーンが切り替わっていくように、複数のシーンが設定されているということです。

　ゲームの開始直後は`'intro'`シーンです。このシーンは時間の経過によって次のシーンへと切り替わる特殊なシーンで、一番最初に自機キャラクターが登場してくる演出の間、むやみに敵キャラクターが登場しないようにするための空白の時間の役割を果たしています。

　続いての`'invade_default_type'`では、敵キャラクターの`'default'`タイプが登場します。このシーンは、シーン開始後のフレーム数が270に達したとき、次のシーンに移行します。

　続く`'blank'`シーンは、単に隙間を調整するためのシーンで、敵キャラクターは登場しません。さらにここから、`'invade_wave_move_type'`と`'invade_large_type'`が続きます。これらがそれぞれ、対応するタイプの敵キャラクターが登場するシーンであることは、シーン名を見ればわかりやすいでしょう。

　まず`'invade_default_type'`シーンの詳細から確認していきます。**リスト7.56**が、対象シーンの処理を行っている、シーン更新用の関数です。

　`'default'`タイプの敵キャラクターは、シーン開始後のフレーム数が30で割り切れる場合だけ登場する可能性があります。さらに、シーン開始後のフレーム数が60で割り切れる場合と、そうでない場合で、敵キャラクターが左右どちらから登場するのかを分岐しています。

　また、ここでは度数法の度数から、ラジアンを求めるための関数**degreesToRadians**が使われていますが、これは**リスト7.57**のように定義されています。内容としては、単純に度数法の度数を変換してラジアンにしてから返しているだけです。

**リスト7.56**　invade_default_typeシーンの記述

```
// シーンのフレーム数が30で割り切れるときは敵キャラクターを配置する
if(scene.frame % 30 === 0){
    // ライフが0の状態の敵キャラクター（小）が見つかったら配置する
    for(let i = 0; i < ENEMY_SMALL_MAX_COUNT; ++i){
        if(enemyArray[i].life <= 0){
            let e = enemyArray[i];
            // ここからさらに2パターンに分ける
            // frameを60で割り切れるかどうかで分岐する
            if(scene.frame % 60 === 0){
                // 左側面から出てくる
                e.set(-e.width, 30, 2, 'default');
                // 進行方向は30度の方向
                e.setVectorFromAngle(degreesToRadians(30));
            }else{
                // 右側面から出てくる
                e.set(CANVAS_WIDTH + e.width, 30, 2, 'default');
                // 進行方向は150度の方向
                e.setVectorFromAngle(degreesToRadians(150));
            }
            break;
        }
    }
}
// シーンのフレーム数が270になったとき次のシーンへ
if(scene.frame === 270){
    scene.use('blank');
}
// 自機キャラクターが被弾してライフが0になっていたらゲームオーバー
if(viper.life <= 0){
    scene.use('gameover');
}
```

**リスト7.57**　degreesToRadians関数

```
/**
 * 度数法の角度からラジアンを生成する
 * @param {number} degrees - 度数法の度数
 */
function degreesToRadians(degrees){
    return degrees * Math.PI / 180;
}
```

　**'invade_default_type'** シーンでは、左右から交互に **'default'** タイプの敵キャラクターが登場し、画面を横切っていくような動きになります。

　このシーンが終了すると、余白時間の調整のための **'blank'** シーンへと状態が変化した後、**'invade_wave_move_type'** へとシーンが移ります。**'invade_wave_move_type'** では、左右に揺れるように動きながら、自機キャラクターに向かって自機狙い弾を放ってくる敵キャラクターを登場させます。該当するコードは**リスト7.58**のようになります。

**リスト7.58** invade_wave_move_typeシーンの記述

```
// シーンのフレーム数が50で割り切れるときは敵キャラクターを配置する
if(scene.frame % 50 === 0){
    // ライフが0の状態の敵キャラクター（小）が見つかったら配置する
    for(let i = 0; i < ENEMY_SMALL_MAX_COUNT; ++i){
        if(enemyArray[i].life <= 0){
            let e = enemyArray[i];
            // ここから、さらに2パターンに分ける
            // frameが200以下かどうかで分ける
            if(scene.frame <= 200){
                // 左側を進む
                e.set(CANVAS_WIDTH * 0.2, -e.height, 2, 'wave');
            }else{
                // 右側を進む
                e.set(CANVAS_WIDTH * 0.8, -e.height, 2, 'wave');
            }
            break;
        }
    }
}
// シーンのフレーム数が450になったとき次のシーンへ
if(scene.frame === 450){
    scene.use('invade_large_type');
}
// 自機キャラクターが被弾してライフが0になっていたらゲームオーバー
if(viper.life <= 0){
    scene.use('gameover');
}
```

　こちらはシーン開始後のフレーム数が50で割り切れる場合だけ、敵キャラクターを配置します。ただし、フレーム数が200以下であるかどうかでさらに分岐が起こるようになっていて、最初の200フレームめまでは画面の左側に敵キャラクターが配置されます。201フレームめ以降は、右側です。

　そして、この**'wave'**タイプの敵キャラクターを配置するシーンが終わると、いよいよ大型機の登場する**'invade_large_type'**シーンへと状態が移ります（**リスト7.59**）。

　大型機の敵キャラクターは、常に画面の上のほうから、真ん中をゆっくりと蛇行しながら進んできます。また、ライフが50に設定されており、やや破壊するのに時間が掛かるように調整されています。この**'invade_large_type'**シーンが開始されてから、ちょうど500フレームめに到達すると、シーンは再度**'intro'**に戻るようになっています（**図7.24**）。

　stg/020で大型の敵キャラクターが登場するようになり、シューティングゲームとしての最低限のロジックはほぼ出揃った形になりました。

**リスト7.59** invade_large_typeシーンの記述

```
// シーンのフレーム数が100になった際に敵キャラクター（大）を配置する
if(scene.frame === 100){
    // ライフが0の状態の敵キャラクター（大）が見つかったら配置する
    let i = ENEMY_SMALL_MAX_COUNT + ENEMY_LARGE_MAX_COUNT;
    for(let j = ENEMY_SMALL_MAX_COUNT; j < i; ++j){
        if(enemyArray[j].life <= 0){
            let e = enemyArray[j];
            // 画面中央あたりから出現しライフが多い
            e.set(CANVAS_WIDTH / 2, -e.height, 50, 'large');
            break;
        }
    }
}
// シーンのフレーム数が500になったときintroへ
if(scene.frame === 500){
    scene.use('intro');
}
// 自機キャラクターが被弾してライフが0になっていたらゲームオーバー
if(viper.life <= 0){
    scene.use('gameover');
}
```

**図7.24** stg/020の実行結果

## 背景を追加する ゲームの舞台を表現する演出

　ここからは、ゲームの演出面についても考えてみましょう。たとえば**stg/020**までは、背景は単色で塗りつぶしただけの簡易的なものです。ここに「ゲームの舞台を表現した背景」を追加することによって、そのゲームの世界観が一気に具体性を帯びて、より本格的な印象になります。**stg/021**では、**図7.25**に示したように、宇宙空間を連想させるような「黒い背景と流れる星々」を背景として実装しています。

**図7.25** stg/021の実行結果

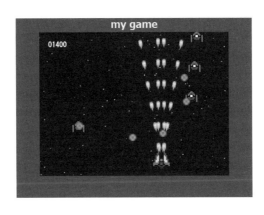

　ここで登場した「黒い背景」は、これは単にシーンをリセットする際の塗りつぶしの色を、これまでとは異なる暗い色に設定することで比較的簡単に実現できます。該当する箇所は、stg/021/script/script.jsに定義されている**render**関数の冒頭にあります。**リスト7.60**にあるように、背景をリセットする際の色を暗い紺色（ネイビー）に変更しています。

**リスト7.60** render関数内の該当箇所

```
// 描画前に画面全体を暗いネイビーで塗りつぶす
util.drawRect(0, 0, canvas.width, canvas.height, '#111122');
```

　背景が暗くなっただけでも、見た目の第一印象が大きく変わります。これに加えて、さらに宇宙空間を無数の星々が流れていくように演出を加えることで、より高い質感を得られます。

　星々は、白いドット模様をたくさん背景上に散りばめることで実現します。stg/021では、この星の　つ　つがキャラクターの一種として生成/更新が行えるように設計されており、敵キャラクターやショットなどと同じフローで扱えるようになっています。該当する箇所を抜粋したものが**リスト7.61**です。stg/021/script/character.jsの末尾に、背景の星を管理するためのクラスとして**BackgroundStar**クラスを追加しています。

　この背景用の星オブジェクトは、コンストラクタから自分自身のサイズや流れるスピード、そして色などを受け取ります。ほかのクラスと同じように操作できるよう、座標を設定する**set**メソッドや、更新を行うための**update**メソッドなどを備えています。

　**BackgroundStar**クラスの最も特徴的な部分が**update**メソッドのなかに記述されている「画面外に出てしまった場合の処理」です。この背景用の星クラスは、**set**メソッドによって一度配置されると、自動的に画面下の方向に移動し続けるようになっています。そして、もしその位置が画面の下端よりも外側に出てしまっていた場合は、強制的に画面の上端へと戻されるようになっています。

**リスト7.61**　BackgroundStarクラス

```
/**
 * 背景を流れる星クラス
 */
class BackgroundStar {
    /**
     * @constructor
     * @param {CanvasRenderingContext2D} ctx - 描画などに利用する2Dコンテキスト
     * @param {number} size - 星の大きさ（幅、高さ）
     * @param {number} speed - 星の移動速度
     * @param {string} [color='#ffffff'] - 星の色
     */
    constructor(ctx, size, speed, color = '#ffffff'){
        /**
         * @type {CanvasRenderingContext2D}
         */
        this.ctx = ctx;
        /**
         * 星の大きさ（幅、高さ）
         * @type {number}
         */
        this.size = size;
        /**
         * 星の移動速度
         * @type {number}
         */
        this.speed = speed;
        /**
         * 星をfillする際の色
         * @type {string}
         */
        this.color = color;
        /**
         * 自身の座標
         * @type {Position}
         */
        this.position = null;
    }

    /**
     * 星を設定する
     * @param {number} x - 星を発生させるX座標
     * @param {number} y - 星を発生させるY座標
     */
    set(x, y){
        // 引数を元に位置を決める
        this.position = new Position(x, y);
    }

    /**
     * 星を更新する
     */
    update(){
        // 星の色を設定する
        this.ctx.fillStyle = this.color;
```

```
        // 星の現在位置を速度に応じて動かす
        this.position.y += this.speed;
        // 星の矩形を描画する
        this.ctx.fillRect(
            this.position.x - this.size / 2,
            this.position.y - this.size / 2,
            this.size,
            this.size
        );
        // もし画面下端よりも外に出てしまっていたら上端側に戻す
        if(this.position.y + this.size > this.ctx.canvas.height){
            this.position.y = -this.size;
        }
    }
}
```

該当する箇所だけを抜粋したものが**リスト7.62**です。

**リスト7.62** BackgroundStar.updateメソッド内の該当箇所

```
// もし画面下端よりも外に出てしまっていたら上端側に戻す
if(this.position.y + this.size > this.ctx.canvas.height){
    this.position.y = -this.size;
}
```

自身の位置を示す**this.position.y**が、画面の下端より外側にあるかどうかを判定し、はみ出していた場合に限り画面上部へと移動するようになっています。

このような処理を**update**メソッドの内部で行うことにより、一度配置された星は常に上から下へ向かって流れるように動き続けます。**this.position.x**が変化することはないのでまっすぐに下へ移動し続けるだけの単純な動作ですが、これだけでも十分に自然な仕上がりの宇宙空間として演出できます。

この**BackgroundStar**クラスのインスタンス化を行っている場所も、念のために確認しましょう。該当箇所は**stg/021/script/script.js**にあります。最初に**BackgroundStar**クラスを扱うために、いくつかの定数と、インスタンスを格納するための配列変数を宣言します。また、その変数に実際にインスタンスを生成して格納しているのは**initialize**関数の内部になります。これらの処理を抜粋したものが**リスト7.63**です。

背景用の星の個数や、その最大サイズ、また最大でどの程度のスピードになるのかは、すべて定数によって定義されています。これらの定数をうまく活用しながら、**initialize**関数内では乱数を用いて大きさや速度がランダムに決まるようにしています。

ここでのポイントは**Math.random**に最大サイズや最大速度を乗算する処理の部分です。**Math.random**は、0.0以上1.0未満の範囲で、ランダムな値を生成します。これにそのまま最大サイズなどを乗算してしまうと、ごく稀にサイズや速度が0.0か、0.0に極めて近い数値になる可能性が考えられます。ここでもしサイズやスピードが0.0になってしまうと、画面に映らない星ができてしまったり、まったく移動しない星ができてしまうことになります。そこで、乱数によって求めた値が、必ず1に加算されてから代入されるようにすることでこの問題に対応しています。

**リスト7.63** script.js内の該当箇所

```
/**
 * 背景を流れる星の個数
 * @type {number}
 */
const BACKGROUND_STAR_MAX_COUNT = 100;
/**
 * 背景を流れる星の最大サイズ
 * @type {number}
 */
const BACKGROUND_STAR_MAX_SIZE = 3;
/**
 * 背景を流れる星の最大速度
 * @type {number}
 */
const BACKGROUND_STAR_MAX_SPEED = 4;

<中略>

/**
 * 流れる星のインスタンスを格納する配列
 * @type {Array<BackgroundStar>}
 */
let backgroundStarArray = [];

<中略>

function initialize(){
    <中略>

    // 流れる星を初期化する
    for(i = 0; i < BACKGROUND_STAR_MAX_COUNT; ++i){
        // 星の速度と大きさはランダムと最大値によって決まるようにする
        let size  = 1 + Math.random() * (BACKGROUND_STAR_MAX_SIZE - 1);
        let speed = 1 + Math.random() * (BACKGROUND_STAR_MAX_SPEED - 1);
        // 星のインスタンスを生成する
        backgroundStarArray[i] = new BackgroundStar(ctx, size, speed);
        // 星の初期位置もランダムに決まるようにする
        let x = Math.random() * CANVAS_WIDTH;
        let y = Math.random() * CANVAS_HEIGHT;
        backgroundStarArray[i].set(x, y);
    }

    <以下略>
```

これら**BackgroundStar**の概念を図式化したものが**図7.26**です。

なお、**BackgroundStar**クラスのインスタンスは、その他のキャラクターやショットなどと同様に、ゲームの描画処理を担っている**render**関数の内部で更新処理を行っています（**リスト7.64**）。背景用の星についてもキャラクターの一種として扱うことで、他のクラスと同じようなフローで状態の更新を行えるようにしています。

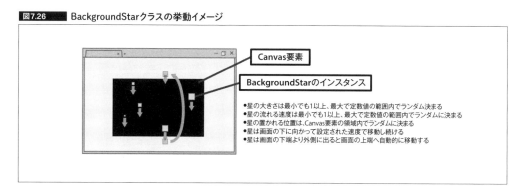

図7.26　BackgroundStarクラスの挙動イメージ

リスト7.64　render関数内の該当箇所

```
// 流れる星の状態を更新する
backgroundStarArray.map((v) => {
    v.update();
});
```

## 効果音を再生する　シーンの雰囲気を底上げする演出

　効果音やBGM（*Background Music*）など「音」に関連した要素は、ゲームの演出上とても大きな影響力を持っています。緊迫したムードを演出するBGMや、迫力ある爆発の効果音など、音に関する演出を取り入れることによってシーンの雰囲気を一気に底上げすることができます。

　Webブラウザ上でサウンド再生を行う方法には大きく2種類あり、一つはAudio要素（`<audio>`タグ）を利用してサウンドの再生を行う方法です。このAudio要素を利用した方法は、BGMの再生など「単体のサウンドデータを再生するだけの用途」であれば十分なのですが、同じサウンドデータを多重再生したりすることができず、効果音を再生する用途には向いていません。このことから、Audio要素を利用したサウンド再生は、あまりゲーム用の音声機能として利用するのに適切ではないと言えます。

　一方で、Webブラウザ上でサウンド処理を行うもう一つの選択肢に、WebAudio APIを利用する方法があります。WebAudio APIを利用すると、あらゆる音声処理を行うことが可能になります。音声の多重再生のほか、音声にフィルターを適用して動的に音の質感を変化させるなど、多彩な機能を利用できるようになります。WebAudio APIを用いれば本格的なシーケンサーアプリケーションを実装することさえ不可能ではありません。

　反面、WebAudio APIを用いる方法の場合、コンピューター上でサウンド処理を行うための専門性の高い知識と技術が必要になります。本格的なオーディオアプリケーションを作ろうと思えば、それだけ必要となる学習コストも大きくなってしまうのです。

　本書では、グラフィックスプログラミングを主題にしていますので、WebAudio APIの使い方については概要を示すに留めます。`stg/022`のサンプルで実際にサウンド処理を行っている箇所がありますが、ここは必要最低限のサウンド再生処理だけを実装した形になっています。

■‥‥‥‥‥**ユーザーの操作を受けてから初期化処理を行う**

　WebAudio APIを利用する際や、Audio要素を用いてサウンド再生を行う場合、「ユーザーの意図していない音声データの再生」が起こらないようにしなくてはならない、という考え方があります。PCやスマートフォンでWebページを閲覧している際に、突然何かしらの音声が再生されてしまうことは、大抵の場合ユーザーにとって好ましくない動作となるためです。本書原稿執筆時点で、多くのWebブラウザでは、これらのことを考慮して「ユーザーがクリックなどの操作を意図的に行った」ということが検出できないと、音声データを再生できないようになっています。

　`stg/022`では、このような音声データの再生に関する制限に対応するため、HTML上にスタートボタンを配置し、このボタンがクリックされた際にはじめてゲームがスタートするように設計を変更します。**リスト7.65**は`stg/022/index.html`の一部を抜粋したものです。新しく、スタートボタンの役割を担う**`<input type="button">`**要素を追加しています。

**リスト7.65** stg/022のindex.htmlの記述

```
<body>
    <h1>my game</h1>
    <!-- ID属性を持つcanvasエレメント -->
    <canvas id="main_canvas"></canvas>
    <div>
        <input id="start_button" type="button" value="START">
    </div>
</body>
```

　この新しく追加されたスタートボタンには、id属性として**id="start_button"**を割り当てています。`stg/022/script/script.js`内部で行われる初期化処理では、このid属性を使って、ボタンが押された際に行う処理を**addEventListener**で登録します。一連の処理を行っている部分を`stg/022/script/script.js`より抜粋したものが**リスト7.66**です。

　`stg/021`までは、Webページのロードが完了すると同時に**initialize**関数を呼び出して初期化処理を行っていました。しかし、`stg/022`ではスタートボタンに設定された「ボタンがクリックされた際に実行されるコールバック関数」の内部で、最初にサウンド関連の初期化処理を行い、それが完了してから**initialize**関数が実行されるようになっています。

　スタートボタンは、一度クリックされたら連続して複数回クリックされることがないように**disabled**プロパティに**true**を設定します。何度もスタートボタンを押すことができてしまうと、複数回の初期化処理が実行されてしまい、ゲームの進行を妨げる恐れがあるためです。

　また、**sound = new Sound()**と書かれた部分は、後述するサウンド処理のための自作クラスのインスタンス化を行っている部分です。この自作クラス（**Sound**クラス）では、音声データを読み込むための**Sound.load**メソッドを実装しており、データの読み込みと初期化が完了した後、コールバック関数が呼び出されるように実装されています。コールバック関数が呼び出された際にゲームの初期化処理を行うことで、ゲームが開始された際には確実に音声が再生可能な状態になっているようにしています。

**リスト7.66** script.js内の該当箇所

```
// スタートボタンへの参照を取得
let button = document.body.querySelector('#start_button');
// スタートボタンが押されたときに初期化が実行されるようにする
button.addEventListener('click', () => {
    // ボタンを複数回押せないようにdisabled属性を付与する
    button.disabled = true;
    // ユーザーがクリック操作を行った際にはじめてオーディオ関連の処理を開始する
    sound = new Sound();
    // 音声データを読み込み、準備完了してから初期化処理を行う
    sound.load('./sound/explosion.mp3', (error) => {
        // もしエラーが発生した場合はアラートを表示して終了する
        if(error != null){
            alert('ファイルの読み込みエラーです');
            return;
        }
        initialize();  // 初期化処理を行う
        loadCheck();   // インスタンスの状態を確認する
    });
}, false);
```

■⋯⋯⋯⋯ **音声データを扱う自作クラスを実装する**　Soundクラス

　それでは、サウンド処理を行うための自作クラスである**Sound**クラスが、実際にどのように実装されているのかを見てみます。`stg/022/script/sound.js`に**Sound**クラスの定義が記述されています。**リスト7.67**のとおり、それほどクラス自体のコードの記述量は多くありません。**Sound**クラスは、自身のコンストラクタと**load**メソッド、**play**メソッドを持ったシンプルなクラスです。

**リスト7.67** Soundクラス

```
/**
 * 効果音を再生するための簡易的なクラス
 */
class Sound {
    /**
     * @constructor
     */
    constructor(){
        /**
         * オーディオコンテキスト
         * @type {AudioContext}
         */
        this.ctx = new AudioContext();
        /**
         * デコードしたオーディオデータ
         * @type {AudioBuffer}
         */
        this.source = null;
    }
    /**
     * オーディオファイルをロードする
     * @param {string} audioPath - オーディオファイルのパス
     * @param {function} callback - ファイルのロード完了時に呼ばれるコールバック関数
```

```
    */
    load(audioPath, callback){
        // fetchを利用してオーディオファイルをロードする
        fetch(audioPath)
        .then((response) => {
            // ロード完了したレスポンスからAudioBuffer生成のためのデータを取り出す
            return response.arrayBuffer();
        })
        .then((buffer) => {
            // 取り出したデータからAudioBufferを生成する
            return this.ctx.decodeAudioData(buffer);
        })
        .then((decodeAudio) => {
            // 再利用できるようにするためにAudioBufferをプロパティに確保しておく
            this.source = decodeAudio;
            // 準備完了したのでコールバック関数を呼び出す
            callback();
        })
        .catch(() => {
            // 何かしらのエラーが発生した場合
            callback('error!');
        });
    }
    /**
     * AudioBufferからAudioBufferSourceNodeを生成し再生する
     */
    play(){
        // ノードを生成する
        let node = new AudioBufferSourceNode(this.ctx, {buffer: this.source});
        // ノードを接続する
        node.connect(this.ctx.destination);
        // ノードの再生が完了した後の解放処理を設定しておく
        node.addEventListener('ended', () => {
            // 念のためstopを実行
            node.stop();
            // ノードの接続を解除する
            node.disconnect();
            // ノードをガベージコレクタが解放するようにnullでリセットしておく
            node = null;
        }, false);
        // ノードの再生を開始する
        node.start();
    }
}
```

　コンストラクタの内部では、**Sound**クラスのインスタンスが生成されると同時に、WebAudio API
の本体となる**AudioContext**オブジェクトを生成しています。Canvas2D APIと同様に、ここで生成
したコンテキストオブジェクトがAPIの各種機能を提供します。

　なお、ユーザーがクリックなどの操作を行う前の段階で**AudioContext**オブジェクトを生成しよう
とすると、Webブラウザの種類によっては正しくコンテキストオブジェクトを生成できない場合があ

ります。これは先述のとおり、ユーザーが操作を行う前にJavaScriptで自動的に音声の再生が行われないよう、WebブラウザがAPIの利用を制限しているためです。そこで、`stg/022`ではユーザーがボタンをクリックしたことを契機として**Sound**クラスのインスタンスを生成するようにしています。

　コンストラクタの次に記述されている**Sound.load**メソッドは、第1引数に「読み込むオーディオファイルのパス」を文字列で指定します。また、第2引数には、データの読み込みが完了した後で呼び出されるコールバック関数を指定します。**Sound.load**メソッドの記述例を示したのが**リスト7.68**です。

**リスト7.68** Sound.loadメソッド

```
let sound = new Sound();

sound.load(' 読み込むオーディオファイルのパス ', () => {
    // ロード完了後に行う処理
});
```

　画像ファイルなどと同様に、Webブラウザがファイルを読み込むためにはいくらかの時間が掛かります。ファイルの容量やネットワークの状態によって、読み込みに掛かる時間は変化するため、処理が完了した時点でコールバック関数が呼び出されるような仕組みになっています。また、オーディオファイルの読み込みに使われている**fetch**関数をはじめとする一連の処理には、本書でははじめての登場となる**Promise**が使われています。

■ ············ Promiseと非同期処理

　**Promise**は、ES2015で採用された非同期処理を行うための仕組みです。第2章で「非同期処理とコールバック関数」というコラムに記載したとおり、非同期処理とは「コードの記述順序のとおりに処理が進んでいくとは限らない処理」の総称です。たとえばファイルを開く処理や、ネットワークの通信を伴う処理などが、非同期処理に該当します。**Promise**を用いると、このような非同期処理をより効率良く記述できるようになります。ここでは簡単に、**Promise**の概要と使い方を解説します。

　**Promise**を用いた非同期処理のコードの記述では、「非同期処理が成功した場合」と「非同期処理が失敗した場合」を契機に、順番に処理が進んでいくようコードを記述できます。たとえば**リスト7.69**のような書き方になることが多いでしょう。

**リスト7.69** Promiseを利用❶

```
let myPromise = new Promise((resolve, reject) => {
    // 何かしらの処理

    if( 何かしらの処理の結果 === true ){
        // 非同期処理が成功した場合、resolveを呼び出す
        resolve();
    }else{
        // 非同期処理が失敗した場合、rejectを呼び出す
        reject();
    }
});
```

　リスト7.69にあるように`new Promise`で新しい`Promise`のインスタンスを生成できます。このとき、コンストラクタ関数の引数には「`Promise`が実行すべき何かしらの処理」を定義した「関数」を渡します。簡潔に書くのであれば`new Promise(関数)`というように、インスタンスを生成する際に関数を引数に指定するということです。

　`Promise`は、このコンストラクタ関数に渡された「`Promise`が実行すべき処理を含む関数」を実際に実行する段階で、この関数に`resolve`と`reject`という2つの関数型の引数を与えて実行します。「`Promise`が実行すべき処理」が成功した場合は`resolve`を、失敗した場合は`reject`を呼び出すように記述しておきます。

　`Promise`は、自身に設定された「実行すべき処理が成功」して`resolve`が呼び出されるか、もしくは「実行すべき処理が失敗」して`reject`が呼び出されると、そのことを`Promise`自身が検出して内部的に保持している「`Promise`自身の状態」を変化させます。別の言い方をすると、この`Promise`の状態変化を外部から知ることができれば、処理が成功したのか失敗したのかを察知できる、ということになります。

　`Promise`のインスタンスには「実行すべき処理が成功した場合（つまり`resolve`）」を検出する方法として`then`というメソッドが用意されています。同様に「実行すべき処理が失敗した場合（つまり`reject`）」を検出するには`catch`が利用できます。

　以上のことを踏まえて、再度`Promise`を利用した非同期処理の記述例を**リスト7.70**に示します。

**リスト7.70** Promiseを利用❷

```
let myPromise = new Promise((resolve, reject) => {
    // 何かしらの処理

    if( 何かしらの処理の結果 === true ){
        // 非同期処理が成功した場合、resolveを呼び出す
        resolve('成功！');
    }else{
        // 非同期処理が失敗した場合、rejectを呼び出す
        reject('失敗！');
    }
});

myPromise.then((message) => {
    // 成功した場合（resolveが呼び出された場合）
    console.log(message);  // ➡成功！
})
.catch((message) => {
    // 失敗した場合（rejectが呼び出された場合）
    console.log(message);  // ➡失敗！
});
```

　`new Promise`で生成された`Promise`のインスタンス（リスト7.70では変数**myPromise**）に続けて、**then**や**catch**などが、.（ピリオド）でつなげられたように記述されているのがわかります。このように、**Promise**を利用すると「処理が成功した場合は**then**」へ、「処理が失敗した場合は**catch**」へと、自動的に処理フローを振り分けられるのです。

それでは、**Promise**の概要が掴めたところで**Sound**クラスの**load**メソッドをもう一度見てみましょう（**リスト7.71**）。**Sound.load**メソッドでは、引数から受け取ったオーディオファイルのパス文字列を、**fetch**という名前の関数に引数として渡しています。**fetch**関数は、引数に「読み込むファイルのパス」を受け取り、戻り値として**Promise**を返す関数です。

**リスト7.71** Sound.loadメソッド

```
/**
 * オーディオファイルをロードする
 * @param {string} audioPath - オーディオファイルのパス
 * @param {function} callback - ファイルのロード完了時に呼ばれるコールバック関数
 */
load(audioPath, callback){
    // fetchを利用してオーディオファイルをロードする
    fetch(audioPath)
    .then((response) => {
        // ロード完了したレスポンスからAudioBuffer生成のためのデータを取り出す
        return response.arrayBuffer();
    })
    .then((buffer) => {
        return this.ctx.decodeAudioData(buffer);  // 取り出したデータからAudioBufferを生成する
    })
    .then((decodeAudio) => {
        // 再利用できるようにするためにAudioBufferをプロパティに確保しておく
        this.source = decodeAudio;
        callback();  // 準備完了したのでコールバック関数を呼び出す
    })
    .catch(() => {
        callback('error!');  // 何かしらのエラーが発生した場合
    });
}
```

ここでの最大のポイントは、**fetch**関数が戻り値として**Promise**を返すということです。つまり、**fetch**関数の内部でファイルを読み込むという非同期処理が行われた結果、それがうまくいったのならば**then**節が、うまくいかなかったのなら**catch**節が実行されることになります。

**fetch**関数の返す**Promise**の**then**節には、読み込んだファイルの情報を格納した**Response**オブジェクトが引数として渡されてきます。このオブジェクトから音声データ（バイナリ）を取り出すための**arrayBuffer**メソッドもまた、**Promise**を返します。**then**節のなかで再び**Promise**が**return**されると、その結果は次の**then**節や**catch**節に引き継がれて次々とつながっていきます。**Response.arrayBuffer**メソッドが**Promise**を返すメソッドであるからこそ、このように**then**節でつないでいくような記述が可能になります。

WebAudio APIの実体である**AudioContext**オブジェクトの、**AudioContext.decodeAudioData**メソッドも、やはり**Promise**を返します。このメソッドは引数に与えられた**ArrayBuffer**をデコードして**AudioBuffer**を生成します。正しくデコードが行えれば次の**then**節に処理が移りますし、もしデコードに失敗すれば**catch**節へと処理が移ります。

このように、**Promise**を活用した非同期処理の記述では、成功した場合を**then**節で、失敗した場

合を**catch**節で振り分けながら、次々と順番に処理を実行していくことができます。**Promise**ははじめてその概念に触れた際には非常に紛らわしいもののように感じられる場合が多く、使いこなすには慣れを必要とします。しかし、要点を絞って理解していけば、実は極めてシンプルな仕組みであることが徐々に理解できてくるはずです。最初は難しく感じられるかもしれませんが、以下に挙げた点に気をつけながら、どのようなフローで処理が行われるのかを読み解いてみると良いでしょう。

- **new Promise(関数)**のようにインスタンス化して利用する
- インスタンス化する際に、実行すべき処理を関数として引数に与える
- 「実行すべき処理を記述した関数」が呼び出される際**resolve**と**reject**の2つの関数が渡されてくる
- 「実行すべき処理」が成功した場合は**resolve**を呼び出す
- 「実行すべき処理」が失敗した場合は**reject**を呼び出す
- **Promise.then**によって、成功した場合の事後処理を行える
- **Promise.catch**によって、失敗した場合の事後処理を行える
- **then**節のなかで再度**Promise**を返すことで、処理を次々とつなげていくことができる

■·········· **AudioContext**による音声データの再生

**Sound**クラスの持つ**load**メソッドで、音声データを含むファイルを開いて読み込めたら、次にこれを実際に効果音として再生する**Sound.play**メソッドの中身も見てみます。

先述のとおり、WebAudio APIは専門的な知識を必要とするAPIで、やや扱うのが難しい分野です。しかし、読み込んだ音声データを単に「効果音として再生したい」という場合には、**リスト7.72**に示したように**AudioBufferSourceNode**を利用することで、比較的簡単にサウンドの再生が行えます。

**リスト7.72**　Sound.playメソッド

```
/**
 * AudioBuffer から AudioBufferSourceNode を生成し再生する
 */
play(){
    // ノードを生成する
    let node = new AudioBufferSourceNode(this.ctx, {buffer: this.source});
    // ノードを接続する
    node.connect(this.ctx.destination);
    // ノードの再生が完了した後の解放処理を設定しておく
    node.addEventListener('ended', () => {
        // 念のためstopを実行
        node.stop();
        // ノードの接続を解除する
        node.disconnect();
        // ノードをガベージコレクタが解放するようにnullでリセットしておく
        node = null;
    }, false);
    // ノードの再生を開始する
    node.start();
}
```

**Column**

## コールバック関数とPromise

　JavaScriptには、多数の非同期処理が登場します。たとえばWebブラウザ上でJavaScriptが動作しているのであれば、ネットワークを通じて、外部のサーバーと通信を行うような場面が多く登場します。ソーシャルネットワークを活用したWebアプリケーションなどの場合、ユーザーの情報を取得したり、第3者からのメッセージを受信したりと、通信を行うことでよりユーザーフレンドリーで便利な機能を提供できるからです。

　このような「非同期処理」に対処する方法として、古くから多く用いられてきたのが「コールバック関数」という仕組みです。本書のサンプルでも、コールバック関数を用いて処理を行っているところがいくつかあります。これは、非同期の処理が完了したその瞬間に、あらかじめ登録されていたコールバック関数を呼び出すことによって、非同期処理の完了を検出することができる仕組みです。

　コールバック関数の仕組みは、非同期処理を行う上で大変便利なものですが、コールバック関数が複数組み合わさるような場面ではコードの記述にちょっとした問題が起こります。具体例として、以下のようなケースを考えてみましょう。

**画像ファイルを読み込むloadImageFunction関数**
```javascript
function loadImageFunction(url, callback){
    // Imageインスタンスを生成
    let img = new Image();
    // Imageの読み込みが完了した際の処理を先に登録する
    img.addEventListener('load', () => {
        // 読み込み完了したらコールバックを呼び出す
        callback();
    });
    // Imageに読み込み対象の画像のURLを設定する
    img.src = url;
}

loadImageFunction('https://example.com/image.jpg', () => {
    console.log('読み込み完了！');
});
```

　ここでは例として、画像ファイルを読み込むための関数 **loadImageFunction** がある場合を考えます。この関数は、指定されたURLから画像を読み込み、それが完了した時点でコールバック関数を呼び出すような構造をしています。

　一見、リクエストを行い、それが完了したらコールバック関数が呼び出されているだけなので、何も問題がないようにも見えます。しかし、たとえば画像を順番に、複数読み込みしなければならない場合を考えてみると、以下のようにコードを記述することになります。

**複数の画像ファイルを次々と読み込んでいく場合**
```javascript
loadImageFunction('https://example.com/image1.jpg', () => {
    loadImageFunction('https://example.com/image2.jpg', () => {
        loadImageFunction('https://example.com/image3.jpg', () => {
            loadImageFunction('https://example.com/image4.jpg', () => {
                loadImageFunction('https://example.com/image5.jpg', () => {
                    console.log('5つの画像の読み込みを完了！');
```

```
                });
            });
        });
    });
});
```

**image1.jpg** から順番に **image5.jpg** までを読み込むためのコードですが、関数呼び出しのたびにインデントの数が増えて、ネストが深くなってしまっていることがわかります。今回の例では画像ファイルが5つ程度なので、コードを読み解くことはそれほど難しくないかもしれません。しかし、このような非同期処理の複雑な組み合わせを「コールバック関数による記述」で行おうとすると、多くの場合、可読性が著しく損なわれてしまいます。

一応補足すると、このようなコードでも「JavaScriptの実行そのもの」は問題ありません。仕様上や、仕組みとしては、間違っていないのです。しかしJavaScriptには多くの非同期処理が登場するため、このような記述スタイルでコードを書いていくと、とてもわかりにくく、メンテナンスを行うことが難しいコードがそこかしこに登場することになってしまいます。

このような非同期処理の可読性の問題は、**Promise** を用いることでスッキリと解消できます。**Promise** は、処理の結果を **then** と **catch** で受け取りながら、次々と処理をつなげていくような記述を行えます。たとえば先ほどの **loadImageFunction** を、**Promise** を使った記述に置き換えた以下の例を見てみると、その違いがわかりやすいでしょう。

```
▌Promiseを利用して順番にファイルを読み込む
function loadImageFunction(url){
    return new Promise((resolve) => {
        // Imageインスタンスを生成
        let img = new Image();
        // Imageの読み込みが完了した際の処理を先に登録する
        img.addEventListener('load', () => {
            resolve();  // 読み込み完了したらresolveを呼び出す
        });
        img.src = url;  // Imageに読み込み対象の画像のURLを設定する
    });
}

loadImageFunction('https://example.com/image1.jpg')
.then(() => {
    return loadImageFunction('https://example.com/image2.jpg');
})
.then(() => {
    return loadImageFunction('https://example.com/image3.jpg');
})
.then(() => {
    return loadImageFunction('https://example.com/image4.jpg');
})
.then(() => {
    return loadImageFunction('https://example.com/image5.jpg');
})
.then(() => {
    console.log('読み込み完了！');
})
```

> Promise.thenに渡される関数の内部でPromiseのインスタンスを返すようにすることで、このような「ネストが深くなり過ぎないような非同期処理」を記述できます。このようなPromiseを利用したコードの記述が、従来からあるコールバック関数を用いた記述スタイルと比較して「読みやすい」「わかりやすい」という感覚は、もしかしたら人それぞれに感じ方が違うかもしれません。
>
> しかし一般的には、**if**文や**for**文のような制御構文を記述する場合と同様に、非同期処理によるネストができる限り深くならないよう努めることが、多くの人にとって好ましいことだと言えるでしょう。また、**Promise**には、配列に格納された状態の**Promise**をまとめて実行する**Promise.all**など、非同期処理を行う上で便利な機能が用意されています。最初はやや難しく感じられる部分があるかもしれませんが、コールバック関数を必要とするような処理を記述する際には、それを**Promise**に置き換えられないか、検討してみると良いでしょう。

　**AudioContext**のインスタンスには**destination**というプロパティがあります。これは正確には**Audio DestinationNode**というオブジェクトで、音声の最終出力先として利用される**ノード**の一種です。

　WebAudio APIでは、ノードを組み合わせることで音声を合成したり、変換したりと、さまざまな加工を行えます。各種ノードは、そのノードが持つ何かしらの効果を音声データに対して与えられ、ノードとノードをつないでいく（コネクトする）ことによって、効果の異なる作用を組み合わせつつ、出力すべき音声データを自由に加工できる仕組みになっています。**AudioDestinationNode**は、最終的な出力となる音声データを受け取るためのノードであり、このノードへと接続された音声データが実際にユーザーの耳に届くサウンドに相当します。

　「ノード」には、用途に応じたさまざまな種類があります。そのなかの一つ**AudioBufferSourceNode**は、メモリー上にあるバッファから音声データを生成できるノードで、**Sound.load**メソッドで読み込みした音声ファイルのデータ（をメモリー上に展開したバッファ）から、再生できる状態の音声データを生成します。また、**AudioBufferSourceNode**は、その再生が終了すると**ended**イベントを発火します。これを**addEventListener**を利用して検出することで、音声データの再生が終了したと同時にノードの接続を解除するような処理を行えます。

　**AudioBufferSourceNode**は原則として「使い捨てのノード」であり、一度再生を行うと、それを再利用することはできません。つまり**Sound.play**メソッドが実行されるたびに、新しい**AudioBuffer SourceNode**を生成して再生を行う必要があります。

　この仕組みを活用すれば、一度だけ音声ファイルを読み込んでメモリー上に展開しておけば、それを何度でも、また何重にも多重再生させられます。これらの概念を踏まえつつ、**Sound.play**メソッドの内部を詳細に追いかけてみましょう。

　最初に、**AudioBufferSourceNode**のインスタンスを生成しますが、このとき**Sound.load**メソッドを使って読み込んでメモリー上に確保してあった**this.source**を**{buffer: this.source}**のようにオブジェクトに包んで引数に与えます。次に、生成した**AudioBufferSourceNode**のインスタンスの**connect**メソッドを利用して、**AudioContext.destination**にこれを接続します。

　接続が完了したら、再生を開始する前に、まず先に「再生が終了した際の処理」を**addEventListener**

を利用して設定しておきます。該当する部分を抜粋したものが**リスト7.73**です。

**リスト7.73** サウンド再生が終了したことを検出するendedイベントの記述

```javascript
// ノードの再生が完了した後の解放処理を設定しておく
node.addEventListener('ended', () => {
    node.stop();  // 念のためstopを実行
    node.disconnect();  // ノードの接続を解除する
    node = null;  // ノードをガベージコレクタが解放するようにnullでリセットしておく
}, false);
```

**Column**

## JavaScriptとガベージコレクタ

　JavaScriptは、変数を利用する際などに「明示的にメモリーを確保する」という処理を（わざわざコードを記述して）行う必要はありません。それらはすべて自動的に行われます。しかしその反面、「明示的にメモリーを解放する」という処理を行う方法も、JavaScriptには存在しません。JavaScriptではメモリーの確保も、その解放処理も、原則として自動的に行われるようになっています。

　このような仕組みは一般に**ガベージコレクション**（*garbage collection*）と呼ばれます。また、ガベージコレクションを実現するための「利用していないメモリー領域を解放する仕組み」のことを**ガベージコレクタ**（*garbage collector*）と呼びます。

　ガベージコレクションを搭載した言語では、メモリーを確保するための（時には煩雑な）コードを記述する手間を省くことができます。ただし注意しなければならないのは、自動的にメモリーが解放される仕組みがあるからといって、メモリーの解放処理に「気を配らなくても良いということではない」ということです。むしろ、どちらかと言えば「メモリーを明示的に解放できない」わけですから、メモリーが解放されずに残り続けてしまう**メモリーリーク**（*memory leak*）などの不具合が起こらないように、実装者はより注意してコードを書くようにすることが好ましいと言えます。

　本章で紹介したWebAudio APIで利用できる**AudioBufferSourceNode**の場合、これは基本的に一度音声を再生したらその役目を終える「使い捨てのオブジェクト」です。しかし、**AudioBufferSourceNode**を含むWebAudio APIの各種ノードオブジェクトは「他のノードに接続されている状態」だと、ガベージコレクションの対象になりません。つまり、ノードの生成に利用されたメモリーが解放されることなく放置されてしまうことになります。

　本章で登場した**Sound**クラスの**play**メソッドでは、ノードオブジェクトの接続を解除し、明示的に**null**が代入されるようなコードを記述していますが、これはノードオブジェクトがすでに利用済みであることを明確にし「確実にガベージコレクタによって解放されるようにするため」です。

　JavaScriptでは、ここで紹介したWebAudio APIのノードオブジェクトのように、利用したメモリーが解放されるよう、明示的に**null**を代入するなどしてリセットしたほうが良いケースや場面が比較的よく登場します。必ずしもすべての変数やオブジェクトを**null**でリセットする必要はありませんが、バックグラウンド（Webブラウザの内部で行われる処理）ではメモリーの確保と解放が自動的に行われていることを理解しつつ、ユーザーの不利益となるような不具合が起こらないよう気を配ることが大切になります。

　**AudioBufferSourceNode** の再生が終了すると、自動的に **ended** イベントが発生することを利用して、再生の終了と同時にノードを解放するための処理を実行します。ここでは、念のためにノードの再生を確実に停止する **AudioBufferSourceNode.stop** を実行し、次いで **AudioBufferSourceNode.disconnect** でノードの接続を解除します。このようにノードの接続を確実に解除しておくことで、メモリーが Web ブラウザ上で蓄積してしまい、メモリー不足に陥るリスクを避けられます。

　さらに念を押す意味で、使用済みのノードには **null** を代入してリセットしておきます。これにより、ノードの生成に利用されたメモリーが確実に解放されるようにしています。

　音声データの再生が終了した後の処理を正しく設定できたら、最後にいよいよ音声データを再生するための **AudioBufferSourceNode.start** を呼び出します。ここまで処理が行われると、Web ブラウザ上で実際に音声データが再生されます。あらかじめ再生終了時の処理を登録しておく必要があり、コードの記述順序と実際の実行順序が異なりますので注意しましょう。

## ［いよいよ最終仕上げへ］ボスキャラクターやホーミングショットの実装に挑戦！

　背景やサウンドに関する処理が追加されたことで、演出としての表現力が向上し、ゲームの完成度をより高めることができました。

　シューティングゲームの完成に向けた最後の仕上げとして、ボスキャラクターの実装に挑戦してみましょう。ボスキャラクターは、多くの場合、外見的なサイズが大きめにデザインされていたり、攻撃パターンが避けにくいものであったり、高い耐久力を持っているなど、通常の敵キャラクターと比較すると特異な性質を持っている場合がほとんどです。

　しかし実際には、これらのボスキャラクターが持っている特徴の多くが、本書のゲーム作成の過程ですでに取り組んだものや、その応用 / 延長線上の技術によって成り立っています。ここでは、ボスキャラクターが実際に登場する **stg/023** の内容を、ポイントを絞っていくつか解説します（**図7.27**）。

**図7.27** stg/023の実行結果

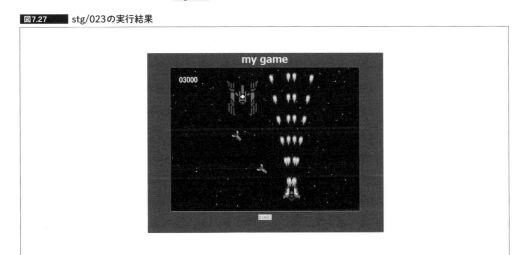

■‥‥‥‥‥**ボスキャラクター本体の実装** キャラクター自身が「モード」を持つ

ボスキャラクターは、その実態としては先に実装した「大型の敵キャラクター」と似通った部分が多くあります。しかし、後述するある理由により、ボスキャラクターについては「敵キャラクターの一形態」として実装するのではなく、まったく別のクラスを利用して独自に実装を行います。

`stg/023/script/character.js`に、ボスキャラクターを管理するためのクラスである**Boss**クラスが定義されています。そのコンストラクタ部分までを抜粋したものが**リスト7.74**です。

ここで注目したいのは、コンストラクタの内部で定義されている`this.mode`の項目です。このように、キャラクター自身が**モード**(*mode*)という概念を持っていることが、ボスキャラクターとその他の敵キャラクターでは最も大きく異なる点です。しかし、どうしてボスキャラクターにはモードという概念を持たせる必要があるのでしょうか。

これには、本書で作成しているシューティングゲームの構成(仕様)が関係しています。本書のシューティングゲームは、自機キャラクターが攻撃を受けて破壊されても、 Enter キーを押下すると、再度はじめからゲームを再開できるよう設計されています。これは、ボスキャラクター以外の、一般の敵キャラクターが「画面に登場しても時間の経過とともに自然と画面外へ退避していく」ことを前提にした設計だと言えます(**図7.28**)。

**図7.28** 敵キャラクターの挙動イメージ

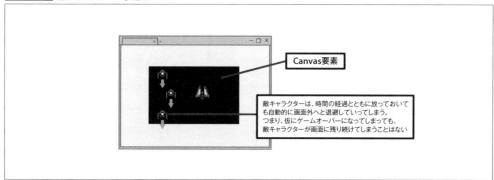

Canvas要素

敵キャラクターは、時間の経過とともに放っておいても自動的に画面外へと退避していってしまう。つまり、仮にゲームオーバーになってしまっても、敵キャラクターが画面に残り続けてしまうことはない

ボスキャラクターを実装するにあたっては、ボスキャラクターによって自機キャラクターが破壊された場合のことを考慮し、ゲームシステムが破綻しないように設計しなくてはなりません。これには、ボスキャラクターが「自機キャラクターが破壊されたことを契機に退避モードになる」ようにすることで対処します。

そして、このような仕組みを実現するために用いられているのが、**Boss**クラスが持っている「モード」という概念です。これは他の敵キャラクターには見られない、ボスキャラクター特有の実装になります。実際に、この`this.mode`を設定したり、あるいはそれを参照して挙動を変化させている部分の処理が、**Boss**クラスに記述されている**リスト7.75**にあるようなコードです。

**リスト7.74** Bossクラスのコンストラクタ

```
/**
 * ボスキャラクタークラス
 */
class Boss extends Character {
    /**
     * @constructor
     * @param {CanvasRenderingContext2D} ctx - 描画などに利用する2Dコンテキスト
     * @param {number} x - X座標
     * @param {number} y - Y座標
     * @param {number} w - 幅
     * @param {number} h - 高さ
     * @param {Image} image - キャラクター用の画像のパス
     */
    constructor(ctx, x, y, w, h, imagePath){
        // 継承元の初期化
        super(ctx, x, y, w, h, 0, imagePath);

        /**
         * 自身のモード
         * @type {string}
         */
        this.mode = '';
        /**
         * 自身が出現してからのフレーム数
         * @type {number}
         */
        this.frame = 0;
        /**
         * 自身の移動スピード（update1回あたりの移動量）
         * @type {number}
         */
        this.speed = 3;
        /**
         * 自身が持つショットインスタンスの配列
         * @type {Array<Shot>}
         */
        this.shotArray = null;
        /**
         * 自身が持つホーミングショットインスタンスの配列
         * @type {Array<Homing>}
         */
        this.homingArray = null;
        /**
         * 自身が攻撃の対象とするCharacter由来のインスタンス
         * @type {Character}
         */
        this.attackTarget = null;
    }

    <以下略>
```

**リスト7.75** Bossクラス内の該当箇所

```
/**
 * モードを設定する
 * @param {string} mode - 自身に設定するモード
 */
setMode(mode){
    this.mode = mode;  // 自身のプロパティに設定する
}


/**
 * キャラクターの状態を更新し描画を行う
 */
update(){
    if(this.life <= 0){return;}  // もしボスキャラクターのライフが0以下の場合は何もしない

    // モードに応じて挙動を変える
    switch(this.mode){
        // 出現演出時
        case 'invade':
            this.position.y += this.speed;
            if(this.position.y > 100){
                this.position.y = 100;
                this.mode = 'floating';
                this.frame = 0;
            }
            break;
        // 退避する演出時
        case 'escape':
            this.position.y -= this.speed;
            if(this.position.y < -this.height){
                this.life = 0;
            }
            break;
        case 'floating':
            // 配置後のフレーム数を1000で割ったとき、余りが500未満となる場合と、
            // そうではない場合で、ショットに関する挙動を変化させる
            if(this.frame % 1000 < 500){
                // 配置後のフレーム数を200で割った余りが140より大きく、かつ、
                // 10で割り切れる場合に、自機キャラクター狙いショットを放つ
                if(this.frame % 200 > 140 && this.frame % 10 === 0){
                    // 攻撃対象となる自機キャラクターに向かうベクトル
                    let tx = this.attackTarget.position.x - this.position.x;
                    let ty = this.attackTarget.position.y - this.position.y;
                    // ベクトルを単位化する
                    let tv = Position.calcNormal(tx, ty);
                    // 自機キャラクターにややゆっくりめのショットを放つ
                    this.fire(tv.x, tv.y, 3.0);
                }
            }else{
                // ホーミングショットを放つ
                if(this.frame % 50 === 0){
                    this.homingFire(0, 1, 3.5);
                }
            }
            // X座標はサイン波で左右に揺れるように動かす
```

```
            this.position.x += Math.cos(this.frame / 100) * 2.0;
            break;
        default:
            break;
    }

    this.draw();   // 描画を行う（いまのところ、回転は必要としていないのでそのまま描画）
    ++this.frame;  // 自身のフレームをインクリメントする
}
```

　ボスキャラクターにモードを設定するための**Boss.setMode**メソッドは、引数から受け取ったモードを表す文字列を、そのまま自身のモードとして設定します。また、ボスキャラクターの状態を更新する**Boss.update**メソッドの中身を見ると、設定されたモードに応じて振る舞いを変化させるための**switch**構文による分岐処理が記述されていることがわかります。

　**invade**モードは、画面外から所定の位置へと、ボスキャラクターが登場してくる場面を表現するためのモードです。画面上から**position.y**が100より大きくなる位置まで移動した後、自身のモードを**floating**に変更するようなロジックになっています。

　**escape**モードは、自機キャラクターが破壊され、ゲームが中断した場合に外部から設定されることを想定したモードです。このモードでは、ボスキャラクターがまっすぐ画面上方向へ移動するようになっており、完全にその姿が画面から消えた後に、ボスキャラクターのライフを0に設定することで、ボスキャラクターが登場していないときの状態へとリセットします。

　**floating**モードは、ボスキャラクターが実際に画面上を浮遊しながら、自機キャラクターを攻撃してくるモードです。こちらは、やや複雑な実装が組まれていますが、ショットを放ったりするロジック自体は、ほかの敵キャラクターと同様の仕組みを応用したものに過ぎません。ただし、ボスキャラクターは、他の敵キャラクターにはない独自の挙動として「自機キャラクターを追従するホーミングショット」を放つことができるようになっています。

■·············**ホーミングショットの実装**　内積&外積の知識をフル活用

　キャラクターの位置を常に追跡するようなショットを実装するには、第3章で扱ったベクトルの内積や外積を駆使しなくてはなりません。ホーミングショットには、そのショットが「今現在どちらに向かって進んでいるのか」という進行方向を表すベクトルを持たせます。同時に、ショットが攻撃しようとしている「攻撃対象の座標」を利用して、ショットの挙動が変わるように実装を行います（**図7.29 ❶**）。

　ホーミングショットの進行方向は、ショット自身の現在の進行方向と、攻撃対象がどこにいるのかによって決まります。ショットの進行方向Vと、ショットと攻撃対象を結んだベクトルWという2つのベクトルがあるとき、これらを単位化してから内積を計算すると「現在のショットの進行方向と攻撃対象の位置の関係」がわかります。

　これを図解すると図7.29 ❷のようになります。単位化したベクトル同士の内積は$\cos\theta$に等しいため、もし内積の結果が0であれば、攻撃対象はショットの進行方向に対して直交する線上（つまり垂直な位置）にいることが計算によって求められます。

**図7.29** ホーミングショットの挙動イメージ

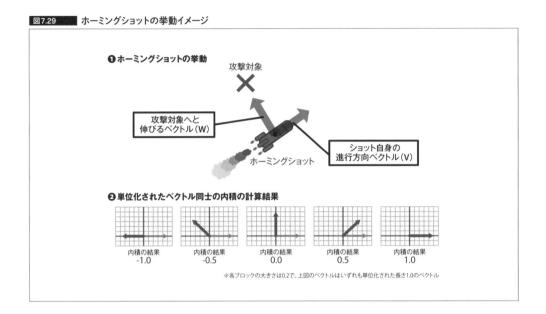

❶ホーミングショットの挙動

攻撃対象

攻撃対象へと
伸びるベクトル（W）

ショット自身の
進行方向ベクトル（V）

ホーミングショット

❷単位化されたベクトル同士の内積の計算結果

| 内積の結果 -1.0 | 内積の結果 -0.5 | 内積の結果 0.0 | 内積の結果 0.5 | 内積の結果 1.0 |

※各ブロックの大きさは0.2で、上図のベクトルはいずれも単位化された長さ1.0のベクトル

　もし内積の結果が正の値なら、ショットの進行方向に対して鋭角となる範囲のどこかに攻撃対象が存在しています。逆に内積の結果が負の値なら、ショットの進行方向に対して鈍角となる範囲のどこかに攻撃対象がいるわけです。これは少し違った言い方をすると「内積を用いることでショットがあとどれくらい回転すれば（曲がれば）攻撃対象に正対するか」がわかる、つまり「回転量」が求められるということです。しかし、内積の結果は$\cos\theta$に等しいため、内積だけを利用しても「ショットが左右どちらの方向に曲がれば良いのか」がわかりません。**図7.30**のように、内積で「回転量」は求まるものの、左右どちらに回転すれば良いのかは内積の結果だけでは決められないのです。

　ここで登場するのが外積です。単位化したベクトル同士の外積は、$\sin\theta$に等しくなります。つまり、ショットの進行方向Vとショットと攻撃対象を結んでできるベクトルWを、それぞれ単位化して外積を計算した結果の符号を見ると、ショットに対して攻撃対象が左側にいるのか右側にいるのかが即座にわかります。これも**図7.31**を見ながら考えるとわかりやすいでしょう。

　もし外積の結果が正の値であれば、攻撃対象は自身の進行方向に対して左側に、負の値であれば右側にいるということになります。

　このように、内積を用いて求めた「回転すべき量」と、外積を用いて判定できる「回転する方向」を用いれば、ホーミングショットをプログラムで実装できます。ただし、回転すべき量については「ショットの曲がることのできる最大量」で制限を設けないと、絶対に攻撃対象を逃さない完全な追従になってしまい、ショットらしい動きにならないこともあるので注意しましょう。

　ここまでの一連の内容をまとめると、ホーミングショットを実装するために必要な概念は以下のようにまとめることができます。

- ショット自身の進行方向ベクトル
- ショットと攻撃対象を結んでできるベクトル
- 単位化したベクトル同士の内積は$\cos\theta$に等しい
- 単位化したベクトル同士の外積は$\sin\theta$に等しい
- つまり内積を計算すると回転量が求まる
- 同様に外積を計算すると回転すべき方向が求まる
- ショットらしく動かすには回転量を制限するとよい

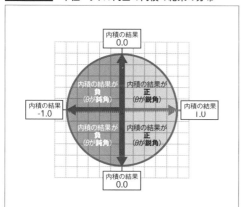

**図7.30** 単位ベクトル同士の内積の結果の分布

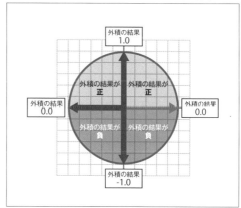

**図7.31** 単位ベクトル同士の外積の結果の分布

---

**Column**

## プログラミングと数学や物理

　グラフィックスプログラミングには、たとえば写実性を重視したり物理的に正しいことを重視する分野があります。代表的なものには、レイトレーシングや流体シミュレーションなどがあります。これらの分野においては、現実の物理現象を正確に再現するために、多くの数学や物理が登場します。

　一方で、ゲームのプログラミングやインフォグラフィックスやタイポグラフィを描くプログラミングなどの場合、必ずしも現実世界の物理に則している必要がない場面も多くあります。本書のシューティングゲームも、現実の物理現象を再現している、あるいはしようとしているというわけではありません。

　大切なことは、最初に「表現したい色や形、動き」があり、それを実現するための手段として「数学や物理」があるという考え方です。数学がすべてのグラフィックスプログラミングに絶対に必須であるということではなく、グラフィックスプログラミングにおいて数学を用いることで便利な場面がたくさんあるからこそ、それを学んでおく意味や価値があるのです。

　本書では取り組みやすいテーマとしてシューティングゲームを題材にしましたが、一見難しそうに見える数学や物理でも、基本から少しずつ理解し、それを実際にプログラミングに取り入れていくなかで、それらの取り組みがレベルアップにつながっていきます。少しずつでも慣れ親しんでいきましょう。

それでは、これらのことを踏まえて stg/023 のホーミングショットの実装を見てみます。該当する処理は、stg/023/script/character.js に記載されています。**リスト 7.76** は、ホーミングショットを管理するためのクラスである **Homing** クラスの記述のうち、コンストラクタまでの部分を抜粋したものです。

**Homing** クラスは **Shot** クラスを **extends** で継承しています。また、ホーミングショットは、ほかのショットにはない独自の機構として **this.frame** というプロパティを持っています。これは、ホーミングショットが「永遠に攻撃対象を追従し続ける」ようにしてしまうと、絶対に回避できない仕組みになってしまう恐れがあるため、フレーム数をカウントしておき「一定のカウント数に至ったら追尾をやめる」ような挙動を実現するためです。

そして、ホーミングショットの状態を更新する **Homing.update** メソッドでは、実際にショットが攻撃対象を追尾するための演算処理が記述されています。関係する部分だけを抜粋すると、**リスト 7.77** のようになります。

最初に、自身のフレーム数が100よりも小さな値であるかどうかを確認しています。この条件分岐によって、フレームのカウント数が100以上となる場合は、ホーミング（追従）の挙動は行わずにその時点で設定されている方向へまっすぐ飛び去っていくような挙動を実現しています。

フレームのカウント数が100未満である場合は、ベクトルの単位化や、単位ベクトル同士の外積の計算を行った後、外積の結果を元に「ホーミングショットが左右どちらに曲がれば良いのか」を判断します。

このとき、ホーミングショットが曲がることのできる量を無制限にしてしまうと、そのホーミングショットは直線的に攻撃対象の方へと向かっていくことになってしまいます。これではそのホーミングショットは絶対に避けることのできない攻撃になってしまいます。stg/023 では、度数法の1度相当のラジアンをホーミングショットの曲がる量として設定することで、避けられないホーミ

**リスト7.76** Homingクラスのコンストラクタ

```
/**
 * homing shotクラス
 */
class Homing extends Shot {
    /**
     * @constructor
     * @param {CanvasRenderingContext2D} ctx - 描画などに利用する2Dコンテキスト
     * @param {number} x - X座標
     * @param {number} y - Y座標
     * @param {number} w - 幅
     * @param {number} h - 高さ
     * @param {Image} image - キャラクター用の画像のパス
     */
    constructor(ctx, x, y, w, h, imagePath){
        // 継承元 (Shot) の初期化
        super(ctx, x, y, w, h, imagePath);

        // 永遠に曲がり続けないようにするためにフレーム数を持たせる
        this.frame = 0;
    }

    <以下略>
```

ングショットになってしまうことがないように調整しています。

　また、勘の良い方は気がついたかもしれませんが、stg/023 では本書で長らく利用してきた「座標を管理するための **Position** クラス」を拡張して、ベクトルの単位化や外積の計算を行えるようにしています。こちらも該当箇所を抜粋すると**リスト7.78**のようになります。

　ベクトルの外積を計算する **Position.cross** メソッドのほか、自身に設定されている値をベクトルとみなして単位化する **Position.normalize** や、自身を回転させる **Position.rotate** などが追加されています。

　三角関数とベクトルの関係が正しく理解できていると、内積や外積を駆使したさまざまな計算や、それらの計算結果の有効活用ができるようになります。ホーミングショットは、あくまでもその一例に過ぎません。そしてゲームのプログラミングだけでなく、グラフィックスプログラミング全般においても、より自然な演出を行うための補間関数や乱数の活用はもちろん、三角関数やベクトルを用いた角度の計算、進行方向の制御など、やはり数学は強力な武器になります。しっかりと基本を身につけておきましょう。

**リスト7.77**　Homing.update内の該当箇所

```
// ショットをホーミングさせながら移動させる
// ※ホーミングで狙う対象は、this.targetArray[0]のみに限定する
let target = this.targetArray[0];
// 自身のフレーム数が100より小さい場合はホーミングする
if(this.frame < 100){
    // ターゲットとホーミングショットの相対位置からベクトルを生成する
    let vector = new Position(
        target.position.x - this.position.x,
        target.position.y - this.position.y
    );
    // 生成したベクトルを単位化する
    let normalizedVector = vector.normalize();
    // 自分自身の進行方向ベクトルも、念のため単位化しておく
    this.vector = this.vector.normalize();
    // 2つの単位化済みベクトルから外積を計算する
    let cross = this.vector.cross(normalizedVector);
    // 外積の結果は、スクリーン空間では以下のように説明できる
    // 結果が0.0➡真正面か真後ろの方角にいる
    // 結果がプラス➡右半分の方向にいる
    // 結果がマイナス➡左半分の方向にいる
    // 1フレームで回転できる量は度数法で約1度程度に設定する
    let rad = Math.PI / 180.0;
    if(cross > 0.0){
        // 右側にターゲットいるので時計回りに回転させる
        this.vector.rotate(rad);
    }else if(cross < 0.0){
        // 左側にターゲットいるので反時計回りに回転させる
        this.vector.rotate(-rad);
    }
    // ※真正面や真後ろにいる場合は何もしない
}
// 進行方向ベクトルを元に移動させる
this.position.x += this.vector.x * this.speed;
this.position.y += this.vector.y * this.speed;
```

**リスト7.78** Positionクラス内の該当箇所

```
/**
 * 対象の Position クラスのインスタンスとの外積を計算する
 * @param {Position} target - 外積の計算を行う対象
 */
cross(target){
    return this.x * target.y - this.y * target.x;
}

/**
 * 自身を単位化したベクトルを計算して返す
 */
normalize(){
    // ベクトルの大きさを計算する
    let l = Math.sqrt(this.x * this.x + this.y * this.y);
    // 大きさが0の場合はXYも0なのでそのまま返す
    if(l === 0){
        return new Position(0, 0);
    }
    // 自身のXY要素を大きさで割る
    let x = this.x / l;
    let y = this.y / l;
    // 単位化されたベクトルを返す
    return new Position(x, y);
}

/**
 * 指定されたラジアン分だけ自身を回転させる
 * @param {number} radian - 回転量
 */
rotate(radian){
    // 指定されたラジアンからサインとコサインを求める
    let s = Math.sin(radian);
    let c = Math.cos(radian);
    // 2×2の回転行列と乗算し回転させる
    this.x = this.x * c + this.y * -s;
    this.y = this.x * s + this.y * c;
}
```

# 7.4
## 本章のまとめ

　第5章から第7章まで、シューティングゲームを題材に取り組んできました。ゲームを作るというテーマは、その目的がわかりやすく、また見た目にもおもしろいものができあがる場合が多いため、とても親しみやすいプログラミングのジャンルだと言えます。

　しかし、これにはちょっとしたデメリットもあり、目的がわかりやすくイメージしやすいものだからこそ、最初から「あまりにも壮大な構想」を練ってしまい、いつまでもプログラムが完成しない……なんてこともゲームのプログラミングでは起こりやすくなります。

　グラフィックスプログラミングに限りませんが、プログラミングの学習や実装を行う場合、まずは「小さく実現可能な目標」を設定し、それを「一つ一つ確実にクリア」していくことが大切です。

　本書の内容を振り返ってみても、最初に「汎用的な機能はクラスにまとめて使い回せるようにする」など、小さなことから少しずつ基礎を固めていくような工夫を行いました。このような基礎がしっかり実装されているプログラムの優位性は、後々プログラムが複雑になったときにこそ顕著になります。同時に、汎用的に設計されたクラスはほかのプロジェクトへ流用することも比較的容易であるため、長く利用できることも大きなメリットの一つと言えるでしょう。

# 第**8**章
## ピクセルと色のプログラミング
### ピクセルを塗る操作と感覚

　ディスプレイやモニターに表示されるグラフィックスを構成する最も小さな単位が「ピクセル」です。巨大なスクリーンでも、手のひらサイズのスマートフォンであっても、大きさこそ様々ですがいずれもピクセルの集合であるという点については同じです。

　少々極端な言い方ではありますが、グラフィックスプログラミングとはある意味「ピクセルを塗る作業である」とも言えます。本書ではこれまで図形や画像を描画する方法について扱ってきましたが、「ピクセルの一つ一つについて、どのように処理するのか」という粒度では物事を考えてきませんでした。しかし、Canvas2Dコンテキストには、ピクセルレベルで細かく処理を制御するための方法もきちんと用意されていて、それらを活用することではじめて行える実装も多くあります。ここからは、小さなピクセルの一つ一つに注目し、グラフィックスプログラミングにおけるピクセル操作について見ていきましょう。

## 8.1
### ［再入門］グラフィックスを構成するピクセル
#### ピクセルと画像処理

　何らかのプログラムによってグラフィックスが描画されるとき、大抵の場合その出力先は何かしらのディスプレイです。近年では、液晶ディスプレイや有機ELディスプレイを搭載した多くのデバイスが一般に流通するようになっており、それらの製品が備えるディスプレイの解像度も、より高精細なものが登場してきています。

　本章ではまず、高解像度化が進むディスプレイとグラフィックスプログラミングの関係から見ていくことにしましょう。

## そもそもピクセルとは何か？　グラフィックスを構成する最小の単位

　Web開発やグラフィックスプログラミングでは、「ピクセル」というキーワードをよく目にします。HTMLとともに利用されるCSSにおいても、単位の一つとして **px** がしばしば用いられますが、これもピクセルを表す単位です。

　ピクセルは、グラフィックスを構成する最小の単位のことを言います。似たような言葉に「ドット」がありますが、これは単に「1つの点」を表す言葉であり、ピクセルと言った場合にはそこに「色」の要素が加わり、グラフィックスを構成する「色のついた最小単位」という意味になります。

　例を挙げると、画像ファイルのサイズをピクセルを用いて「256×128」のように表現する場合、この画像は「横方向に256個、縦方向に128個の、合計32,768ピクセル」で構成されていることを表しています。

　一方で、この画像をHTMLの **<img>** タグで読み込んだ際、その画像は必ずしも256×128の大きさで表示されるとは限りません。場合によっては、CSSなどでサイズを補正されて、たとえば2倍の大きさで表示されるかもしれないのです。そのような場合、実際にディスプレイ上で画像を表示するために使われる物理的なドットの数は、ピクセルの合計数よりも多くなるでしょう。つまりピクセルとは、**図8.1** に示したように「色を伴った最も小さな単位」のことを言います。

**図8.1**　ピクセルとは色を伴う最小単位

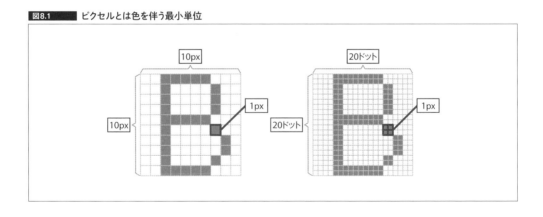

　Canvas要素の場合も、この例における画像と同じように、CSSの影響を受ける可能性が考えられます。また近年では、特殊な高解像度ディスプレイにおいては、従来のディスプレイでの1ピクセルを2ドット四方の合計4ドットで表示することによって、より高精細で美しい映像として表示できる機能を持つものもあります（p.95のコラムを参照）。ここで重要なことは「1ピクセルは必ずしも1ドットとイコールではない」ということです。

## ピクセルを操作する画像処理 ある意味ではグラフィックスプログラミングの本質

　ピクセルの定義が理解できたところで、続いてはピクセル単位でグラフィックスを操作することによって、どのようなことが実現できるのかを考えてみましょう。先述のとおり、ピクセルとは必ずそこに色の情報を伴います。ですから「ピクセル単位でグラフィックスを操作する」ということは、言い換えると「ピクセルに紐付いた色を操作する」ということでもあります。

　たとえば画像を構成するすべてのピクセルに対して、一律に無条件で黒を割り当てれば、当然ながら画像ファイルは真っ黒な見た目の画像ファイルになります。しかし、ピクセルごとの「色の明るさ」を調べてやり、一定より明るければ白、逆に一定より暗ければ黒というように塗り分けると「画像の2値化」を行えます。**2値化**とは文字どおり、画像やグラフィックスを「2つの色のみを用いて表現した状態」にすることです。実際に、2値化を行うと**図8.2**の例のようになります。

　この2値化の例のように、画像やグラフィックスを構成するすべてのピクセル（あるいは特定の領域に含まれるピクセル）に対して、何かしらのアルゴリズムを漏れなく適用することを一般に「画像処理」と呼びます。

　画像処理の目的は、画像に対して変換処理を行うことによって「風合いの異なるグラフィックスを得るため」であったり、「特定の情報だけを顕在化させ分析/評価するため」であったりと様々です。必ずしも、絵作りのためだけに画像処理が利用されるというわけではなく、その応用範囲は多岐にわたります。たとえば、画像や映像から特徴点を抜き出し、人の顔や特定のマークなどを認識する技術も、広い意味では画像処理の一つだと言えます。その他にも、**図8.3**に示したようなグリーンバックの背景で撮影した映像に対して、背景部分だけを透過させ、異なる風景/CGと合成する**クロマキー合成**（*chroma key compositing*）と呼ばれる技術も、やはり広い意味では画像処理の一つです。

　このように、画像処理のプログラミングは、グラフィックスプログラミングを根底から支える汎用的な概念の一つだと言えます。JavaScriptを「Webサイト上で演出を行うために使う」という用途に絞って考えた場合、ピクセルレベルで色を操作する画像処理の技術が求められる場面はそれほど多くありません。しかし、本章で解説するような画像処理の基本を身につけておくことは、よりハ

---

**図8.2** カラー画像とその2値化画像との比較

❶元画像　　　　　　　　　　❷2値化処理後

イレベルなグラフィックスプログラミングの高みを目指す上では避けて通れないテーマの一つです[*1]。

　本章では、ある意味ではグラフィックスプログラミングの本質とも言える、ピクセルレベルでの
「画像処理プログラミングの基本」に取り組んでみることにしましょう。

........................................................

　**＊1**　たとえばOpenGLやWebGL、DirectXのような本格的なグラフィックスAPIで利用するシェーダー（*shader*）では、ピクセルレベ
　　　ルで色を操作するような処理を記述する場面が多く登場します。

**図8.3**　　クロマキー合成を行うためのグリーンバックの撮影風景

本来の映像では
単色（緑色等）を背景に撮影

背景の単色部分を
他の映像やCGに置き換える

---

**Column**

## ペイントソフトは画像処理の宝庫

　一般にペイントソフト、フォトレタッチソフトなどと呼ばれるアプリケーションには、画像処理技術
を用いた「フィルター」（*filter*）と呼ばれる一連の機能が備わっている場合があります。

　無償で利用できるフォトレタッチソフトの「GIMP」を例に取ると、ブラー（*blur*、ぼかし）を掛ける、画
像を歪ませる、エンボス加工、シャープネスやアンシャープマスクなど多彩なフィルター機能を持って
います。なかには画像を油絵のように変換するものなど、少し変わったフィルターもあります。

　Adobeの製品であるPhotoshopや、ここで紹介したGIMPなど、高機能なフォトレタッチソフトを用
いるとグラフィックスを画像処理で簡単に編集でき、とても便利です。しかしグラフィックスプログラ
ミングの観点からは、これらの機能をまた違った目線から見ることもできます。つまり、フィルター処
理のお手本や見本として、参考にするという使い方です。画像をフォトレタッチソフトのフィルター機
能で変換した結果をよく観察し、同様のフィルターを実装するには、いったいどのような処理を記述す
れば良いのか考えてみる——これは勉強法としては良いアプローチだと言えます。

　すぐには実装方法が思い浮かばないケースももちろんあるでしょう。しかし、フィルターの名称をキー
ワードにインターネットで検索してみると、そのフィルターの実装方法について解説されているページ
や資料が見つかることも少なくありません。それらを参考に実装を行い続けていると、自分だけのオリ
ジナルのフィルターのアイデアが浮かんでくるということも、あるかもしれません。

　画像処理技術やフィルターのアルゴリズムは奥が深いジャンルです。本書で紹介している比較的簡単
な内容の画像処理からスタートし、少しずつ複雑なアルゴリズムにも挑戦してみると良いでしょう。

## 8.2
## Canvas APIでピクセルを直接操作する
ピクセル操作の窓口「ImageData」

　Canvas APIでピクセルを直接操作するためには、これまでに本書で扱ってきたサンプルと、やや異なる準備が必要になります。

　ここで必要となる準備作業は、おもにWebブラウザの持つセキュリティ上の制限に関係するものですが、正しく事前に手順を踏んでおきさえすれば問題なくサンプルを実行できます。また、これによって開発に利用する環境が、何かセキュリティ上の脅威にさらされるといったことも一切ありませんので、安心してまずは準備を整えましょう。

### [基礎知識]同一生成元ポリシー　ローカル環境とWebブラウザのセキュリティ

　Webブラウザに関係するセキュリティと言われると、真っ先に思い浮かぶのは、ウイルスなどの有害なプログラムがWebブラウザによって実行されてしまったり、Webブラウザを経由してインストールされてしまうことではないでしょうか。

　そのような比較的単純な「悪意のあるプログラム」だけでなく、Webやネットワークに関するさまざまな危険や不正行為からユーザーを守るために、Webブラウザにはたくさんのセキュリティに関する機能が搭載されています。そのなかには、セキュリティ保護という観点から、特定の条件下ではあえて一部の機能を制限するような仕組みなども存在し、Webブラウザを開発しているベンダー各社によって日夜改善が続けられています。

　Canvasでピクセル操作を行う際にも、実はこれらのセキュリティに関する制限が関係してくる場合があります。より具体的には、「同一生成元ポリシー」に抵触してしまうと、想定どおりにプログラムが実行できない場合が出てきます。**同一生成元ポリシー**とは、**オリジン**（*origin*）と呼ばれる「範囲の定義」を作り、同じオリジンに含まれるかどうかを基準にアクセスを制限するものです。ここで言う範囲は**スキーム**（*scheme*）、**ホスト**（*host*）、**ポート**（*port*）の3つの要素によって決まり、これらのうち一つでも異なるものがある場合、それは異なるオリジンに属しているとみなされます。これらは**表8.1**のように表すことができます。

　ローカル環境にあるファイルを直接Webブラウザで開いている場合に、この同一生成元ポリシーが問題になります。同一生成元ポリシーでは、オリジンの異なるアクセスを遮断したり、その取り扱いに制限を設けることで、おもにプライバシーなどのユーザーの情報が不正に取得／改ざんされることを防ぎます。そして、ローカル環境にあるファイルを開いている場合に「ローカル環境全体が同じオリジンに属している」とみなしてしまうと、ローカル環境すべてに自由にアクセスできることになってしまい、結果として情報漏えいなどのセキュリティ上のリスクが高くなってしまいます。

　これらの観点から、Chromeでは「ローカル環境から取得したリソースを改変することはできな

い」という制約が働くようになっています。つまり、Canvas要素上に描画した結果が「画像など、何らかのファイルに由来するもの」である場合は、それを後からプログラムによって改変できないようになっています。

　誤解のないように付け加えると、利便性などの観点から「画像を読み込み、それを一度Canvas上に描画するところまで」は制限は掛かりません。ですから本書のこれまでのサンプルでも、画像を読み込み、それをキャラクターとしてCanvas要素上に描画することに問題はありませんでした。しかし、読み込んだ画像をCanvas上に描画し、そのピクセルを操作しようとした場合、同一生成元ポリシーによってそれが制限されます。

　この同一生成元ポリシーによって引き起こされる制限を回避するために、Webブラウザが「同じオリジンに属するファイルを利用している」と判断するよう、環境を整えましょう。

## ローカルサーバーを起動してファイルをプレビューする

　Webブラウザはインターネット越しにファイルやデータを取得し、それを整理/整形して表示することができます。このとき、Webブラウザは「どこからファイルやデータを取得すれば良いのか」を、与えられたURLを頼りに決定しアクセスを試みます。

　通常、多くの場合はここで「インターネットなどのネットワーク越し」に、ファイルなどにアクセスしようとすることが多いはずです。つまり、ネットワークを経由し、世界のどこかにあるサーバーにアクセスして、ファイルやデータの提供を受ける形です。

　しかし、ここで登場した**サーバー**は、実はローカル環境でも起動させることができます。世界のどこかで起動している第三者の所有するサーバーではなく、今自分自身が操作している、そのマシン自体にサーバーの役割を同時に実行させるのです。これを**ローカルサーバー**（*local server*）と呼びます。外部に置かれたサーバーとローカルサーバーの違いは、**図8.4**を見るとわかりやすいでしょう。

　ローカルサーバーを起動した状態なら、インターネット越しにサーバーを参照するのとほとんど同じように、そのローカルサーバーが提供するファイルやデータをWebブラウザから開くことができます。またこのとき、Webブラウザはサーバーが提供するファイルやデータを「同じオリジン」とみなしてくれるので、同一生成元ポリシーの制約が発生することもありません。

**表8.1** **オリジンを構成する要素**※

| URL | 意味 |
| --- | --- |
| `https://doxas.org/` | 基準となるURL |
| `http://doxas.org/` | スキームが異なるため別オリジンとみなす |
| `https://h-doxas.org/` | ホストが異なるため別オリジンとみなす |
| `https://doxas.org:8080/` | ポートが異なるため別オリジンとみなす |

※ 詳しくはHTMLの仕様にあるOriginの項目を参照。 **URL** https://html.spec.whatwg.org/multipage/origin.html#origin

図8.4 オンラインサーバーとローカルサーバーのイメージ

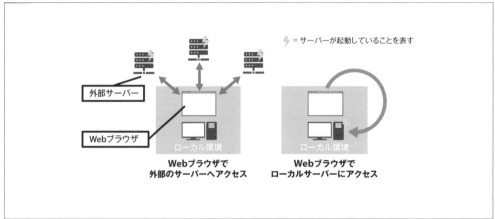

ローカルサーバーを起動する方法はいろいろありますが、ここでは比較的手順の簡単な例として
Chromeの拡張機能を利用した方法を紹介します。

## Chromeの拡張機能を利用したローカルサーバーの起動　Web Server for Chrome

Chromeには、Webブラウザに「拡張機能」としてアプリケーションを追加できる機能が備わって
います。拡張機能にはさまざまな種類があり、これらは「Chromeウェブストア」で世界中に配布さ
れています。そのなかの一つ「Web Server for Chrome」を用いると、拡張機能からローカルサーバー
を起動できます。

Googleの検索ページや、Chromeのオムニバー（*omnibox*、URLの表示されるアドレスバー）に「Web
Server for Chrome」と入力して検索すると、該当するストアページが検索結果としてヒットします
ので、ストアページにアクセスしてChromeに拡張機能をインストールします。もし正しくインス
トールが完了していれば、Chromeで「`chrome://apps/`」にアクセスすることで表示されるアプリケー
ションの一覧に「Web Server」が追加されているはずです。

アプリケーションを起動すると、**図8.5**のようなウィンドウが表示されます。［CHOOSE FOLDER］
と書かれたボタンをクリックすると、どのディレクトリをルートにしてローカルサーバーを起動す
るのかを選択できます。既定の状態では、ポート番号が**8887**に設定されていますので、Chromeで
「`http://127.0.0.1:8887/`」にアクセスすることで、ローカルサーバーを経由した形でファイルをプ
レビューすることができます。

同一生成元ポリシーが関連するような、ローカルサーバーの起動が必要となるJavaScriptの実装
を動作させる場合、このような拡張機能を利用することで、比較的簡単にローカルサーバー経由で
のHTMLファイルの閲覧が可能になります。

---

**Column**

## （比較的簡単な）その他のローカルサーバー起動方法

　Chrome以外のWebブラウザを利用している場合など、Chromeウェブストアを利用できない場合には、Node.jsやPython、PHPなどを利用してローカルサーバーを起動する方法もあります。これらは共通してコマンドラインでの操作が必要となりますが、すでにそれらのアプリケーションがインストールされている端末であれば、比較的簡単にローカルサーバーを起動させることができます。

　Node.jsを利用する方法の場合、npm（*Node Package Manager*）と呼ばれるNode.jsと一緒にインストールされるパッケージマネージャを利用して、まずは「http-server」をインストールします。以下のようにコマンドを入力します。

```
NPMを利用しhttp-serverのインストールを行う
> npm install -g http-server
```

　Node.jsがインストールされている環境であれば、上記のコマンドによって「http-server」がインストールされ、コマンドライン上で「**http-server**」と入力して Enter するだけで、カレントディレクトリをルートにしたローカルサーバーの起動が行えます。Webブラウザで「**http://localhost:8080**」にアクセスすれば、ローカルサーバーを参照できます。

　Pythonを利用する場合は、あらかじめPythonのいずれかのバージョンをインストールした上で以下のようにコマンドを入力します。コマンドの最後の引数に与えられている**8080**はポート番号で、任意の番号を指定できます。

```
Pythonを利用してローカルサーバーを起動する
> python -m SimpleHTTPServer 8080    ←Python 2系の場合

> python -m http.server 8080  ←Python 3系の場合
```

　PHPを用いる場合は、v5.4.0以上のバージョンである必要があります。Node.jsやPythonを用いる場合と同様に、以下のようなコマンドを入力することで任意のディレクトリをルートに、ローカルサーバーを起動できます。ここでもやはり、**8080**はポート番号を表す数値です。

```
PHPを利用してローカルサーバーを起動する
> php -S localhost:8080
```

　コマンドラインでは、一般にアプリケーションを停止するためのショートカットキーとして Ctrl + C が使われます。ローカルサーバーを停止する場合も、同様のショートカットキーが利用できます。その他にも、OS等の環境によって様々ですが、ローカルサーバーを起動することができるアプリケーションやテキストエディタの機能など、さまざまな方法でローカルサーバーを起動できます。インターネット上にも情報が豊富にありますので、自身の環境に合わせて準備をしてみるのが良いでしょう。

## ImageDataオブジェクト　Canvas要素のピクセルを操作する窓口

　ローカルサーバーの起動と、それを利用したHTMLファイルのプレビュー方法が理解できたら、いよいよCanvasをピクセルレベルで操作する方法について見ていきます。

　Canvas要素は、言うまでもなくピクセルの集合です。たとえば100px四方のCanvas要素には100×100＝10000で、合計10,000個ものピクセルが含まれます。

　このピクセルの一つ一つをプログラムによって処理するためには**ImageData**と呼ばれるオブジェクトを利用します。**ImageData**オブジェクトは、それ単体で`new ImageData(width, height)`のようにインスタンス化することも可能ですが、通常はCanvasのAPIとセットで使います。

　Canvasの2Dコンテキストには**ImageData**を新規に生成するメソッドや、その時点でのCanvas要素の状態をそのまま**ImageData**オブジェクトの形で抜き出すことができるメソッドなどが用意されており、これらのメソッドを用いることでCanvas要素を構成している各ピクセルが「どのような色をしているのか」をプログラムを用いて調べられます。また、**ImageData**オブジェクトを活用すると、単に色の情報を読み出して参照するという使い方だけでなく、その**ImageData**オブジェクトの中身を上書きするなどして**色に関する情報を更新**した後、Canvas要素に対して書き戻すこともできます。これらの概念を図解したものが**図8.6**です。

　ここで重要な点は、**ImageData**オブジェクトが「Canvas要素のピクセルを扱うためのインターフェース（窓口）の役割を果たしている」ということです。

　これまでの本書のサンプルでは、Canvas要素を単なる矩形として捉え、そこに図形や文字、画像などを直接メソッドを呼び出すことで描画してきました。これに対して**ImageData**を用いる方法で

| | |
|---|---|
| **図8.5** Web Server for Chromeの起動時に表示されるウィンドウ | **図8.6** CanvasとImageDataの関係 |

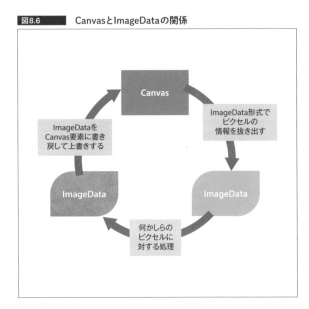

は、Canvasから**ImageData**オブジェクトという窓口を通して色の情報を抜き出します。同時に、何かしらの色をCanvasに対して設定するときも、やはり**ImageData**オブジェクトが中継役になることによって、はじめてピクセルレベルでの色の制御が可能となるのです。言うなれば、**ImageData**オブジェクトとはピクセル（画素）の情報を格納できる入れ物のようなものなのです。

## TypedArray　数値を効率良く扱える型付き配列

**ImageData**オブジェクトは、Canvas要素上のピクセルの情報を扱うことができる特殊なオブジェクトですが、その構造はどのようになっているのでしょうか。ここでは**ImageData**オブジェクトがどのような構造になっているのかを確かめるために、**リスト8.1**のようなコードを実行してみます（**図8.7**）。

これを見ると**ImageData**オブジェクトは少なくとも3つのプロパティ**data**、**height**、**width**を持っていることがわかります。幅と高さはわかりやすいですが、**data**と名前の付けられたメンバーには**Uint8ClampedArray**という見慣れないオブジェクトの名前が書かれています。

ここで登場した**Uint8ClampedArray**は「TypedArray」と呼ばれる一連のオブジェクト群のうちの一つです。TypedArrayは日本語では「型付き配列」と呼ばれます。その名前が示すとおり、配列の各要素が厳格な型の概念を持っている、特殊な配列です。たとえば、**Uint8Array**なら「配列の要素1つあたりに8ビットの符号なし整数が1つ入る」ことを表します。同様に**Uint16Array**ならば「配列の要素1つあたりに16ビットの符号なし整数が1つ入る」という具合です。

**リスト8.1**　ImageDataオブジェクトをコンソールに出力する

```
// 2px四方の小さなImageDataオブジェクトを作る
let width = 2;
let height = 2;
let image = new ImageData(width, height);

// コンソールに出力
console.log(image);  // ➡以下のキャプチャ画像を参照
```

**図8.7**　ImageDataオブジェクトをコンソールへ出力した結果

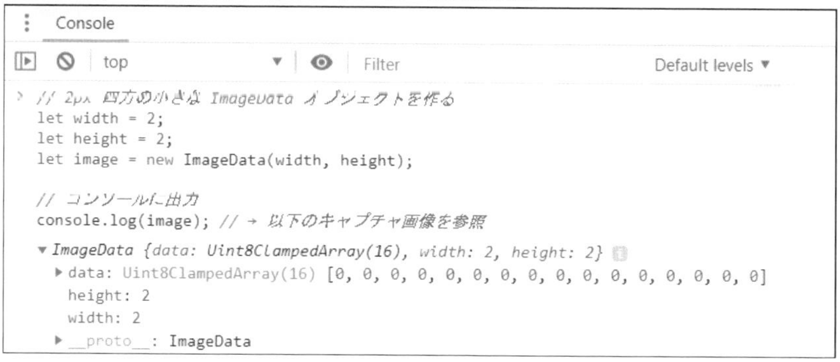

TypedArrayには全部で**表8.2**に表したような種類があり、それぞれに扱うことのできるビット数や、符号の有無などが異なります。

TypedArrayを用いると、配列の要素の一つ一つが「数値データを表すためにビットをいくつ消費するか」を厳密に定義できます。一般に、このように「利用するメモリーの量が厳密に決まっているTypedArray」のほうが、「通常の配列（**Array**オブジェクト）に数値を格納したもの」よりも効率良く処理されパフォーマンスが良くなります。

Canvasのような「色に関する情報を大量に扱う必要があるオブジェクト」や「バイナリデータを直接扱わなくてはならない場面」などでは、数値をより効率良く扱うことのできるTypedArrayが使われます。**ImageData**オブジェクトはピクセルの情報を扱うためのオブジェクトなので、最初からデータがTypedArrayによって管理されるようになっているのです。

■……………**Uint8ClampedArray形式**　値がクランプされる特殊な形式

**ImageData**オブジェクトで利用されている**Uint8ClampedArray**は、値がクランプされる特殊な形式です。このクランプ処理について理解するために、簡単な例を示します。**Uint8ClampedArray**と同じように「8bitで整数データ」を扱うための**Uint8Array**を用いて、それぞれに値を代入した場合の結果の違いを見てみましょう。**リスト8.2**では、2つの型付き配列を用意し、そこに値を代入しています。

**Uint8Array**は「符号なしの8bit整数」なので、0〜255の範囲の値を表現できます。この範囲に収まらない値を代入しようとすると、表現可能なビットの範囲だけが格納される形となるため、257を代入した場合は結果として1という数値が格納されている状態になります。これは10進数では1の位が9のとき、そこに1を加算すると1の位が0に戻ってしまう現象と似ています。

一方で**Uint8ClampedArray**の場合は、値がクランプされることによって、必ず0〜255の範囲に収まるように自動的に変換されます。ですから257を代入しようとする

**表8.2**　TypedArrayの種類とそれぞれの意味

| 名前 | 意味 |
|------|------|
| Int8Array | 8bit符号あり整数 |
| Uint8Array | 8bit符号なし整数 |
| Uint8ClampedArray | 8bit符号なし整数（クランプあり） |
| Int16Array | 16bit符号あり整数 |
| Uint16Array | 16bit符号なし整数 |
| Int32Array | 32bit符号あり整数 |
| Uint32Array | 32bit符号なし整数 |
| Float32Array | 32bit浮動小数点数 |
| Float64Array | 64bit浮動小数点数 |

**リスト8.2**　Uint8ArrayとUint8ClampedArrayの挙動の違いを検証する

```
let u8 = new Uint8Array(1);
u8[0] = 257;
console.log(u8[0]);  // ➡1

let uc8 = new Uint8ClampedArray(1);
uc8[0] = 257;
console.log(uc8[0]);  // ➡255
```

と、表現可能な数値の最大値である255が格納された状態になるのです。

　これらの動作は、最大値だけでなく最小値でも同様に起こります。**リスト8.3**に示したように、負の数値を代入しようとすると、その結果はそれぞれで異なるものになります。

　**ImageData**オブジェクトはその名前からもわかるとおり、画像などの画素の情報を扱うためのオブジェクトです。色が負の数値や、極端に大きなRGBで表現できないような値に設定されることを防ぐ意味でも、**Uint8ClampedArray**形式になっていることで安全性の高い設計になっていると言えるでしょう。

**リスト8.3** 負の数値を代入した場合の挙動の違いを検証する

```
let u8 = new Uint8Array(1);
u8[0] = -1;
console.log(u8[0]);  // ➡255

let uc8 = new Uint8ClampedArray(1);
uc8[0] = -1;
console.log(uc8[0]);  // ➡0
```

**Column**

## JavaScriptとバイナリデータ　TypedArray

　かつて、JavaScriptが「Webブラウザ上で動作する『簡易な』スクリプト言語」という位置付けであった時代、バイナリデータやビットレベルでのデータの操作はJavaScriptでは行えませんでした。しかし現在では、JavaScriptはWebに欠かせない存在となり、JavaScriptが扱えるデータの範囲や、行うことのできる処理/操作の範囲は、とても広い分野に及ぶようになりました。JavaScriptに求められる要求が高いものになるにつれ、JavaScriptでバイナリデータなどの低レイヤーな領域を扱えないということが、たびたび問題になるようになりました。

　そこで登場してきた新しい概念のうちの一つが、ここで扱った「TypedArray」です。正確には、最初に**ArrayBuffer**というクラスがあり、この**ArrayBuffer**クラスによって確保されているバイナリデータを、特定の形で整形して利用するための「ビュー」の役割を果たすのが「TypedArray」です。

　**ArrayBuffer**クラスは、バイト単位でそのサイズを指定でき、確保した領域に対してバイナリデータを格納できます。このバイナリデータをどのような形で読み出し、加工するのかは、TypedArrayなどのビューの役割を持つ機能群の使い方によって決まるという仕組みです。

　本書で扱っているような大量の画素（ピクセル）の色情報や音声データ、動画のデータなどの場合、それらは一般に「データが隙間なく効率的に並べられたバイナリデータ」であることが多くなっています。実際には、その他にも文字列のデータや、統計情報などを集めたデータなど、あらゆるものがバイナリデータになり得ます。

　これらのバイナリデータをJavaScriptで正しく、また高速に扱うためには、TypedArrayや**ArrayBuffer**クラスを活用することが不可欠です。グラフィックスプログラミングにおいても、利用する情報がバイナリデータの形になっているケースは少なくありません。まずはCanvas2Dコンテキストと**ImageData**オブジェクトを利用しつつ、バイナリデータの扱いに慣れておくことで、将来的にもっと複雑なデータを扱う際にもその経験が役に立つでしょう。

## ピクセルの並び順とデータ構造　ImageDataを利用したピクセル情報の抜き出し

　それでは、Canvas要素から**ImageData**オブジェクトを利用してピクセルの情報を抜き出す処理を
見ていきます。ピクセルレベルでCanvasを操作する画像処理のサンプルは sample/pixel/ 以下に含
まれます。また、これらのサンプルファイルは、これまで本書で登場したCanvas2Dコンテキスト
やシューティングゲームのサンプルと同様に、初期化処理を行う**initialize**関数や描画処理を行う
**render**関数などを備えています。ファイル構成やJavaScriptの記述には共通する部分が多く含まれ
ますので、これまでと同様の感覚でコードを読むことができるはずです。

　最初のサンプルプログラムとなる pixel/001 では、Canvas要素に**context.drawImage**メソッドで
画像を描画した後、その時点でのCanvasのピクセルの情報を**ImageData**オブジェクトとして取り出
す一連の処理が記述されています。pixel/001/script/script.js の、描画処理を行う**render**関数を
抜粋したものが**リスト8.4**です。

**リスト8.4**　render関数

```javascript
function render(){
    // まず画像をそのまま描画する
    ctx.drawImage(image, 0, 0);
    // CanvasからImageDataを抽出する
    let imageData = ctx.getImageData(0, 0, CANVAS_SIZE, CANVAS_SIZE);
    // コンソールにそのまま出力する
    console.log(imageData);
}
```

　Canvas2Dコンテキストの持つ**getImageData**メソッドを用いると、Canvas要素からピクセルの
情報を**ImageData**オブジェクトの形式で取り出せます。

　**ImageData**形式で取り出す範囲は、引数の指定によって任意に変更でき、必ずしもCanvas要素全
体でなくてもかまいません（**図8.8**）。

　抽出した**ImageData**の**data**プロパティには、Canvas要素のピクセルに塗られている色の情報が
**Uint8ClampedArray**の形で格納されています。色情報が格納されている順序は、抽出した範囲の左
上の角を起点に、アルファベットのZのように「右方向へ向かい、右端まで到達したら一段下がる」
という順番になります。

　このとき注意しなければならないのは、色の情報が「1次元の配列」になって格納されているとい
う点です。つまり、ピクセル1つあたりRGBAで4つの情報が必要となるため、**ImageData.data**の
要素の数は**ImageData.width * ImageData.height * 4**のようにピクセルの合計数の4倍になります
（**図8.9**）。

　Canvas要素から**ImageData**の形式で取り出した情報は、任意に書き換えて上書き処理できます。
このとき、**ImageData**の中身を書き換えた段階では、即座にそれがCanvas要素上に反映されるわけ
ではありません。

　Canvas要素上に**ImageData**の状態を反映させるためには、別途Canvas2Dコンテキストの

`putImageData`メソッドを利用してCanvas要素上のピクセルを置き換えます。

`context.putImageData`メソッドはやや引数が多いですが、いくつかの引数については省略することもできます。**リスト8.5**に、`context.putImageData`の引数やその意味についてまとめました。

併せて**図8.10**も見ながら考えるとわかりやすいでしょう。一部の引数は省略でき、省略された場合は`ImageData`全体が上書き処理の対象になります。

`pixel/001`のサンプルでは、`ImageData`オブジェクトを抽出するところまでしか行っておらず、Canvas要素上に`ImageData`を書き戻す処理は記述されていません。`pixel/002`からは、実際にピクセル単位で色を操作し、それをCanvas要素に書き戻す処理を記述していきます。

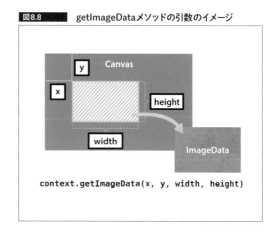

**図8.8** getImageDataメソッドの引数のイメージ

`context.getImageData(x, y, width, height)`

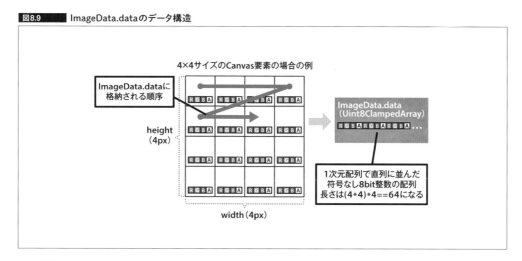

**図8.9** ImageData.dataのデータ構造

4×4サイズのCanvas要素の場合の例

ImageData.dataに格納される順序

height（4px）

width（4px）

ImageData.data（Uint8ClampedArray）

1次元配列で直列に並んだ符号なし8bit整数の配列　長さは(4*4)*4==64になる

**リスト8.5** putImageDataメソッドの引数とその意味

```
/**
 * @param {ImageData} imageData - 各ピクセルに設定する ImageData
 * @param {number} x - Canvas 要素上の、上書きする矩形の左上角のX座標
 * @param {number} y - Canvas 要素上の、上書きする矩形の左上角のY座標
 * @param {number} [dx] - ImageData 上の、転送する矩形の左上角のX座標
 * @param {number} [dy] - ImageData 上の、転送する矩形の左上角のY座標
 * @param {number} [dirtyWidth] - ImageData 上の、転送する矩形の横幅
 * @param {number} [dirtyHeight] - ImageData 上の、転送する矩形の縦幅
 */
context.putImageData(imageData, x, y, dx, dy, dirtyWidth, dirtyHeight);
```

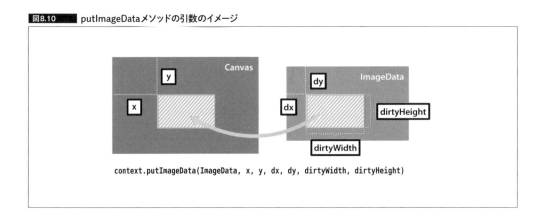

図8.10　putImageDataメソッドの引数のイメージ

## 8.3
## 画像処理プログラミングの基本テクニック
ネガポジ反転、グレースケール、2値化、エッジ検出、ノイズ除去、モザイク

　Canavs要素上に描画されたグラフィックスを、ピクセル単位で操作するためにはImageDataオブジェクトが窓口になってくれることがわかりました。

　続いては実際に、ピクセルを「何かしらのルールで変換する」ことにより、どのような効果が得られるのかを具体的に紐解いていきます。ここではおもに、グラフィックスとして外見的にもおもしろい効果を及ぼすものを中心に、いくつかの画像処理のプログラムを紹介します。

### ネガポジ反転

　pixel/002ではネガポジ反転処理を行っています。ネガポジ反転は、数値の正負などを表すポジティブ（*positive*）とネガティブ（*negative*）という言葉に由来した名前で、あえて日本語に訳すとすれば「正負の反転」を行う画像処理の一種です。ただし、実際には「負の値を持つ色」というのは存在しないので、意味合いとしては「明暗の反転」と考えると良いでしょう。

　Canvas要素上に描画された結果を**ImageData**オブジェクトとして取得した後、各ピクセルの色（RGB）を反転させる処理を行います。まずpixel/002/script/script.jsの、描画処理を行う**render**関数の中身を見てみます。該当する部分が**リスト8.6**です。

　これを見ると、一度Canvas要素上にそのまま画像を描画し、描画が終わった後で**ImageData**を取得しています。さらに、その**ImageData**を引数に与えて**invertFilter**という関数が呼び出されています。

　ここで登場した**invertFilter**関数は、Canvas APIではなく、サンプル中に別途記述されたユーザー定義の関数です。その定義は**リスト8.7**のようになっています。

　まず重要な点は、この関数は**ImageData**オブジェクトを引数として受け取り、**ImageData**オブジェクトを戻り値として返します。つまり、関数の呼び出し時に渡した**ImageData**オブジェクトを元にして、それを変換した結果を**ImageData**オブジェクトとして返却する形になっています。

　実際にこの関数の内部で行っている処理を見ていくと、冒頭で**ImageData**オブジェクトの幅、高さ、その中身の情報を変数に格納した後、**context.createImageData**を使って「引数から受け取った**ImageData**オブジェクトと同じ大きさ」の**ImageData**オブジェクトを作っています。これは、引数として渡された**ImageData**オブジェクトを、この関数内で勝手に上書きしないようにするためです。

**リスト8.6**　render関数

```
function render(){
    // まず画像をそのまま描画する
    ctx.drawImage(image, 0, 0);
    // CanvasからImageDataを抽出する
    let imageData = ctx.getImageData(0, 0, CANVAS_SIZE, CANVAS_SIZE);
    // フィルター処理を実行する
    let outputData = invertFilter(imageData);
    // Canvasに対してImageDataを書き戻す
    ctx.putImageData(outputData, 0, 0);
}
```

**リスト8.7**　invertFilter関数

```
/**
 * ネガポジ反転フィルターを行う
 * @param {ImageData} imageData - 対象となるImageData
 * @return {ImageData} フィルター処理を行った結果のImageData
 */
function invertFilter(imageData){
    let width = imageData.width;     // 幅
    let height = imageData.height;   // 高さ
    let data = imageData.data;       // ピクセルデータ
    // 出力用にImageDataオブジェクトを生成しておく
    let out = ctx.createImageData(width, height);
    // 縦方向に進んでいくためのループ
    for(let i = 0; i < height; ++i){
        // 横方向に進んでいくためのループ
        for(let j = 0; j < width; ++j){
            // ループカウンターから該当するインデックスを求める
            // RGBA の各要素から成ることを考慮して4を乗算する
            let index = (i * width + j) * 4;
            // インデックスを元にRGBAの各要素にアクセスする
            // 255から減算することで色を反転させる
            out.data[index]     = 255 - data[index];
            out.data[index + 1] = 255 - data[index + 1];
            out.data[index + 2] = 255 - data[index + 2];
            out.data[index + 3] = data[index + 3];
        }
    }
    return out;
}
```

　次に、2つの**for**文がネストした、多重ループの構造が記述されています。これはコメントにもあるとおり、縦方向と、横方向に、すべてのピクセルを順番に全走査していくためのループ処理です。変数**i**は、高さに対してカウントするための変数です。同様に、変数**j**は、横幅に対してカウントするための変数となります。この2つの変数の値を見れば、その瞬間にどのピクセルに対して処理を行おうとしているのかが明確になります。この「どのピクセルを処理しているのか」を求めている部分だけを抜粋したものが**リスト8.8**です。

**リスト8.8**　処理対象のピクセルのインデックスを算出する記述

```
// ループカウンターから該当するインデックスを求める
// RGBAの各要素から成ることを考慮して4を乗算する
let index = (i * width + j) * 4;
```

　変数**i**は、高さ方向に由来するカウンターなので「上から数えて何行めを処理しているのか」を表しています。もし変数**i**が0であれば、最上段を処理している最中であり、もし変数**i**が9なのであれば、上から数えて10行めを処理しているということになります。リスト8.8で変数**i**に変数**width**をかけ合わせているのはそのためです。

　さらに、そこに変数**j**の値を加算すると、これで「左上角から数えて何番めのピクセルが処理対象となっているか」が求まります。先述のとおり、**ImageData.data**にはRGBAの値が1次元配列で直列に格納されているので、そこに4を乗算したものが最終的なインデックス（添字）になります。これは単純な計算ですが、**図8.11**も参考にしつつ、シンプルな例を元に考えてみるとわかりやすいでしょう。

**図8.11**　インデックスを算出する処理のイメージ

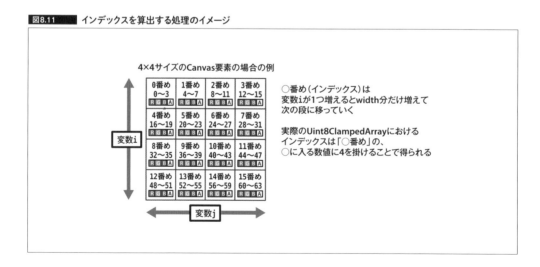

　参照するべきインデックスが求まったら、**ImageData**オブジェクトから色の情報を抜き出し、加工します。

　ネガポジ反転の処理では、明るい色は暗く、暗い色は明るくなるように、色を表す値を反転させ

ます。**ImageData.data**は**Uint8ClampedArray**形式のTypedArrayなので、0が最も小さな値、255が最も大きな値となります。アルファ値以外のRGBの各値に、**Uint8ClampedArray**の最大値である255から元々の色の値を減算したものを求めると、これで明暗の反転が行えます。

　すべてのピクセルに対する反転処理が終わったら、変数**out**を戻り値として返却します。この**invertFilter**関数を呼び出した**render**関数側で、返却した**ImageData**オブジェクトがCanvas要素に対して書き戻されるため、結果的に描画結果は明暗の反転した、ネガポジ反転処理を施した結果が画面上には現れます(**図8.12**)。

　本書の画像処理のサンプルプログラムは、これ以降のすべてのサンプルにおいても、ここで見てきたような手順で画像に対して何かしらのアルゴリズムを適用します。つまり、最初に**context.drawImage**メソッドを使って画像をCanvas上に描画し、そこから**ImageData**オブジェクトの形式でピクセルの情報を抽出します。続いて**ImageData.data**プロパティを参照しながら、ピクセルの一つ一つに処理を行い、最後に**context.putImageData**を使って結果を書き戻します。

　**ImageData**オブジェクトはCanvas要素と常に一体というわけではなく、あくまでも、ピクセルの情報の出し入れに使われるインターフェースの役割を果たしています。**context.getImageData**でピクセルの情報を抜き出して加工を加えても、それが**context.putImageData**で書き戻されるまではCanvas要素の外見に変化は現れません。

　これらのことを念頭に置きつつ、その他の画像処理プログラミングの手法について見ていきましょう。

**図8.12** pixel/002の実行結果

## グレースケール　色の鮮やかさと引き換えに。白〜灰色〜黒の明暗を得る

　続いて、もう少し汎用性の高い画像処理の一つ、**グレースケール**（*grayscale*）を取り上げます。Canvas
要素上のすべてのピクセルはRGBAという4つのチャンネルを持っており、それぞれに8bitで表現
した色の情報を含みます。これは先述のとおり**Uint8ClampedArray**形式になっており、0〜255まで
の範囲を取ります。この色を表す値が0に近いほど、色の明るさとしては暗い色になります。反対
に255に近い値であるほど明るい色であると言えます。

　グレースケール化を行うためには、この「RGBの各チャンネルが持つ色の明るさ」を活用します。
通常、フルカラーの画像やグラフィックスは、RGBの各チャンネルの値が複雑に組み合わさること
で、色味やその明暗がさまざまな風合いに変化します。RGBのうちRの値だけが極端に大きい数値
になる場合、その色は赤味がかったものに見えます。同様にGの値だけが極端に大きければ、全体
の印象として緑色が強く現れます。Bの要素のみが突出していれば、青が強く現れた状態になりま
す。

　しかし、RGBの各チャンネルの値がすべて同じような数値になる場合、色の鮮やかさが失われ、
白や灰色、黒に見える状態になります。グレースケール化とはまさにこのような状態を意図的に作
る処理です。RGBの各チャンネルの色の大小をすべて均等化し、まったく同じ値で揃えることで、
白〜灰〜黒の「色の明暗」のみで構成された状態を作ることができます（**図8.13**）。図8.13では、縦棒
の長さがRGBそれぞれの値の大小を表しています。「黒」「灰」「白」では、いずれも縦棒の長さがぴっ
たり同じ長さに揃っていることがわかります。つまり、RGBの各チャンネルの値が均一な状態です。

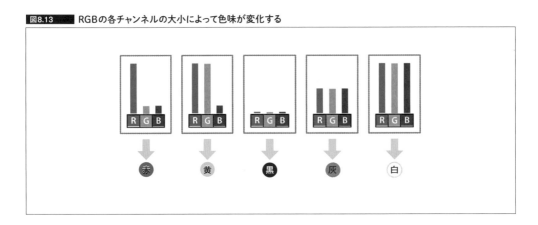

**図8.13**　RGBの各チャンネルの大小によって色味が変化する

　実際の`pixel/003/script/script.js`では、まさにここで図解したような、色を均等化する処理が
行われています。該当する箇所を抜粋したものが**リスト8.9**です。
　この**grayscaleFilter**関数は`pixel/002`で登場した**invertFilter**と同じように、関数の内部ですべ
てのピクセルを全走査するための多重ループが組まれています。すべてのピクセルに対して一様
に同じアルゴリズムで処理を適用することになるので、この多重ループの構造は今後もたびたび登

**リスト8.9** grayscaleFilter関数

```
/**
 * グレースケールフィルターを行う
 * @param {ImageData} imageData - 対象となるImageData
 * @return {ImageData} フィルター処理を行った結果のImageData
 */
function grayscaleFilter(imageData){
    let width = imageData.width;   // 幅
    let height = imageData.height; // 高さ
    let data = imageData.data;     // ピクセルデータ
    // 出力用にImageDataオブジェクトを生成しておく
    let out = ctx.createImageData(width, height);
    // 縦方向に進んでいくためのループ
    for(let i = 0; i < height; ++i){
        // 横方向に進んでいくためのループ
        for(let j = 0; j < width; ++j){
            // ループカウンターから該当するインデックスを求める
            // RGBAの各要素から成ることを考慮して4を乗算する
            let index = (i * width + j) * 4;
            // インデックスを元にRGBAの各要素にアクセスする
            let r = data[index];
            let g = data[index + 1];
            let b = data[index + 2];
            // RGBの各値を合算して均等化する
            let luminance = (r + g + b) / 3;
            // 均等化した値をRGBに書き出す
            out.data[index]     = luminance;
            out.data[index + 1] = luminance;
            out.data[index + 2] = luminance;
            out.data[index + 3] = data[index + 3];
        }
    }
    return out;
}
```

場します。ループ構造の内部では、幅や高さから該当するピクセルのインデックスを求めています
が、これも pixel/002 とまったく同じです。

　該当のインデックスが求められたら、ここではそのRGBの各チャンネルの値を一度すべて合算し
た後、3で除算することで平均値を求めています。もし、RGBの各チャンネルがすべて0であれば、
結果はやはり0になります。逆にRGBの各チャンネルがすべて255であれば、平均値は255です。

　最終的には、求めた平均値を「RGBの各チャンネルすべて」に対して代入します。この結果をCanvas
要素に書き戻すと、RGBの各チャンネルが全体的に明るめの色をしていた部分は白に近い色に、RGB
の各チャンネルが全体的に暗い色をしていた部分は黒に近い色になります。

## 2値化  白か黒か。色が二択

　続いて、先ほど画像処理の一つの例として掲載した2値化を行ってみます。グレースケールは、RGBの各チャンネルの値を均等化することで、実質的にチャンネル数が1つしか存在しないのと同じような状態を作りました。

　2値化の場合は、さらに情報量が少なくなり、チャンネル数が1つどころか色を表す値が単純な二択になります。すべてのピクセルを全走査する多重ループ構造や、そのループ構文のカウンターからインデックスを求める処理は、やはりここでも同じです。

　グレースケールの場合と同じようにRGBの各チャンネルの値をすべて合算して均等化し、これを輝度とみなします。求めた輝度が一定のしきい値よりも大きいか小さいかで条件分岐を行い、最終的に白と黒のいずれの色を割り当てるのかを各ピクセルごとに決めていきます。実際の`pixel/004/script/script.js`に記述された該当する関数が**リスト8.10**で、実行結果は**図8.14**のようになります。

**リスト8.10** binarizationFilter関数

```
/**
 * 2値化フィルターを行う
 * @param {ImageData} imageData - 対象となるImageData
 * @return {ImageData} フィルター処理を行った結果のImageData
 */
function binarizationFilter(imageData){
    let width = imageData.width;    // 幅
    let height = imageData.height;  // 高さ
    let data = imageData.data;      // ピクセルデータ
    // 出力用にImageDataオブジェクトを生成しておく
    let out = ctx.createImageData(width, height);
    // 縦方向に進んでいくためのループ
    for(let i = 0; i < height; ++i){
        // 横方向に進んでいくためのループ
        for(let j = 0; j < width; ++j){
            // ループカウンターから該当するインデックスを求める
            // RGBAの各要素から成ることを考慮して4を乗算する
            let index = (i * width + j) * 4;
            // インデックスを元にRGBAの各要素にアクセスする
            let r = data[index];
            let g = data[index + 1];
            let b = data[index + 2];
            // RGBの各値を合算して均等化する
            let luminance = (r + g + b) / 3;
            // 均等化した値がしきい値以上かどうかを判定
            let value = luminance >= 128 ? 255 : 0;
            out.data[index]     = value;
            out.data[index + 1] = value;
            out.data[index + 2] = value;
            out.data[index + 3] = data[index + 3];
        }
    }
    return out;
}
```

**Column**

# 意外にも奥が深い(!?)グレースケールの世界

グレースケール化を行うと、RGBの3つのチャンネルに共通の値が設定された状態になります。これは言い換えると「3次元だった情報が1次元になっている」ということでもあり、わざわざRGBの3つのチャンネルを使わなくても、極端な話としてRGBのいずれか1つのチャンネルだけが存在すれば、グレースケールは表現できることになります。

このように、必要なデータの次元が減ったことなどを見ても、グレースケールはRGBカラーよりもシンプルな構造をしていることがわかります。しかしグレースケールは意外にも奥が深く、実は本書で紹介した方法では、人間の視覚に近い形でのグレースケール化がなされていません。どういうことなのか、簡単な例で考えてみます。

たとえば本書で紹介したグレースケールの方法は、RGBの各チャンネルの値をすべて加算した後、それを3で割ることによって平均化しています。この方法では、RGBが仮に **(255, 0, 0)** であっても **(0, 0, 255)** であっても、結果はまったく同じになります。こうなると、**図8.a**に表したような画像は、本書で紹介した方法でグレースケール化すると、タイル模様が見えなくなってしまうことがわかります。

ここでの例のように、人間の視覚は必ずしも「機械的な計算結果と一致しない」場合があります。これは人間の目には(個人差がありますが)青い色のほうがより暗く感じられるという性質があるためです。このような人間の目の性質を考慮してグレースケール化を行う方法の一つに「NTSC系加重平均法」があります。

**NTSC加重平均法**は、人間の視覚が持つ特性を考慮して、赤緑青の各チャンネルの値に対して係数を掛けることで、チャンネルごとの影響力を補正します。この「チャンネルごとの係数」は、国際電気通信連合の規格に規定されている数値に基づいた、あらかじめ決められた定数になっています。それを各チャンネルに対して乗算した後、すべてを合算することでグレースケール化を行った際の輝度を求めることができます。以下はその実装例のコードです。

```
あらかじめ決められた定数をRGBそれぞれに乗算する
let r = data[index]     * 0.298912;
let g = data[index + 1] * 0.586611;
let b = data[index + 2] * 0.114478;
let luminance = r + g + b;
```

乗算されている係数を見ると、人間の目は一般に緑を最も明るく感じ、青を暗く感じるということがわかります。NTSC系加重平均法を用いると、より人の感覚に近い色として、グレースケール化を行えます。実際に、かつてテレビ放送がまだモノクロのグレースケールであった時代、このNTSC系加重平均法によって色をモノクロに変換し、放映が行われていたそうです。

**図8.a** ■ 正しくグレースケールが行われない状態のイメージ

赤 青 赤 青
青 赤 青 赤
赤 青 赤 青
青 赤 青 赤

(255, 0, 0) と (0, 0, 255)
とを区別できなくなる

図8.14　pixel/004の実行結果

リスト8.10の**binarizationFilter**は、グレースケール変換を行っている**grayscaleFilter**と非常に似た構造になっています。

異なる部分は変数**value**に値を代入している**let value = luminance >= 128 ? 255 : 0;**の部分です。ここでは条件演算子を用いて、求めた輝度が128以上になっているかどうかで変数**value**に格納される値が変化するようにしています。この**128**という数値が「2値化の境界となるしきい値」の役割を果たしており、ここでは単に中間の値を利用しています。

しきい値を大きな数値にすると、それだけ「しきい値以上となる範囲」は狭くなります。結果的に、やや黒い部分の割合の多い結果が得られます。逆に、しきい値に小さな値を設定すると「しきい値以上となる範囲」が広がることになるので、全体的に白い部分の割合が増えることになります。

## エッジ検出　色差分を可視化するラプラシアンフィルター

色のネガポジ反転やグレースケール化など、これまで見てきた画像処理のアルゴリズムは、各ピクセルの色の状態を決定する際「処理対象となるピクセルは常に1つだけ」でした。注目する1つのピクセルの色の情報を元に何かしらの加工を行い、それをそのまま該当するピクセル（同じ位置）に書き戻すという方式です。

しかし画像処理のなかには、該当するピクセル1つだけではなく、その周辺のピクセルなど、複数のピクセルを活用することではじめて実現できるものもあります。そのような複数のピクセルを利用する画像処理の例として、ここでは「ラプラシアンフィルターによるエッジ検出」を行ってみましょう。

　**ラプラシアンフィルター**（*Laplacian filter*）では、ある注目するピクセルと、その周辺にあるピクセルとの「差分」を求めます。差分の大小をそのままグラフィックスとして出力すれば、色の変化が大きな場所、すなわち大きな差分を持つ部分だけが浮かび上がります。これによって結果的にエッジ（端）となる部分が可視化されることから、このような処理をエッジ検出と呼ぶこともあります。

　`pixel/005/script/script.js`に定義された**laplacianFilter**関数を見ながら、実際にどのように差分を求めているのか見ていきます。全ピクセルを走査するためのループ構造などはまったく同じなので、注目するピクセルのインデックスが確定した部分以降の、該当する箇所だけを抜き出したものが**リスト8.11**です。実行例は**図8.15**のようになります。`pixel/004`までとは異なり、ここでは**topIndex**や**bottomIndex**などの、複数のインデックスを求める処理を行っています。

　これまでは注目する処理対象のピクセルについて、そのインデックスだけが求まれば十分でした。しかし、ラプラシアンフィルターの実装では、その注目するピクセルに対して上下左右に隣接するピクセルの情報も併せて必要になります（**図8.16❶**）。

　ラプラシアンフィルターでは、注目するピクセルの周辺のピクセルの色を使って「色の差分」を求めます。差分の計算方法は、上下左右に隣接する色をすべて加算した後、注目するピクセルの色を4倍したものを減算します。

**リスト8.11**　laplacianFilter関数内の該当箇所

```
// ループカウンターから該当するインデックスを求める。RGBAの各要素から成ることを考慮して4を乗算する
let index       = (i * width + j) * 4;
// 上下左右の各ピクセルのインデックスを求める
let topIndex    = (Math.max(i - 1, 0) * width + j) * 4;
let bottomIndex = (Math.min(i + 1, height - 1) * width + j) * 4;
let leftIndex   = (i * width + Math.max(j - 1, 0)) * 4;
let rightIndex  = (i * width + Math.min(j + 1, width - 1)) * 4;
// 上下左右の色は加算、中心の色は-4を乗算してから加算する
let r = data[topIndex] +
        data[bottomIndex] +
        data[leftIndex] +
        data[rightIndex] +
        data[index] * -4;
let g = data[topIndex + 1] +
        data[bottomIndex + 1] +
        data[leftIndex + 1] +
        data[rightIndex + 1] +
        data[index + 1] * -4;
let b = data[topIndex + 2] +
        data[bottomIndex + 2] +
        data[leftIndex + 2] +
        data[rightIndex + 2] +
        data[index + 2] * -4;
// 絶対値の合計を均等化してRGBに書き出す
let value = (Math.abs(r) + Math.abs(g) + Math.abs(b)) / 3;
out.data[index]     = value;
out.data[index + 1] = value;
out.data[index + 2] = value;
out.data[index + 3] = data[index + 3];
```

**図8.15** pixel/005の実行結果

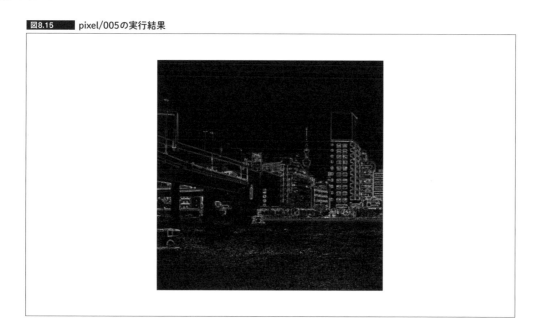

**図8.16** 処理対象のピクセルと周辺ピクセル

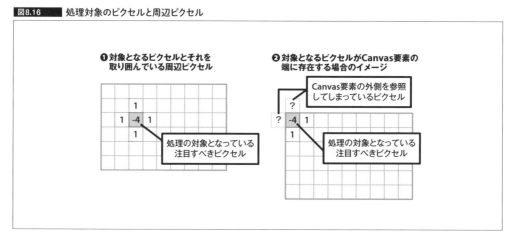

もし仮に、注目するピクセルと、隣接する上下左右のピクセルとが、まったく同じ色をしていた場合は差分は0になります。4つのピクセルの合計から、4倍した注目ピクセルの値を減算して、プラスマイナスゼロとなるからです。逆に隣接するピクセルと注目ピクセルの色が大きくかけ離れた色である場合、同様の計算を行った結果はより大きな値になります。

最終的にCanvas要素に対して**context.putImageData**メソッドで書き戻されるのは、この差分の値です。差分が大きく出た部分ほど、明るい色として塗られるピクセルとなります。

ややわかりにくいのは、隣接するピクセルのインデックスを求めている箇所かもしれません。こ

こでは、Canvas要素の上下左右の辺、つまり端のピクセルを処理する際に、存在しないインデックスを参照してしまうことのないように、チェックを行いながら対象となるインデックスを求めています。たとえば、対象のピクセルがCanvas要素の最上段のピクセル（上の端）である場合、そのさらに上のピクセルを参照するということはできません。このことは図8.16❷を見ながら考えてみるとわかりやすいでしょう。

この場合、インデックスの値がはみ出さないように修正してやらなくてはなりません。ここでは`(Math.max(i - 1, 0) * width + j)`のように`Math.min`や`Math.max`を活用してインデックス値を補正する仕組みになっています。これらのコードはたとえば`if`文によって分岐処理することでも同様のことが実現できますが、`Math.min`や`Math.max`は汎用性が高く活用できるシーンの多い便利なメソッドですので、使い方を覚えておいて損はありません。`(Math.max(i - 1, 0) * width + j)`のような記述は、一見するとやや複雑な式に感じられるかもしれませんが、`Math.min`は与えられた引数のうち最も小さなものを返す関数、そして`Math.max`は反対に与えられた引数のうち最も大きなものを返す関数であることを念頭に置きつつ、落ち着いて読み解きましょう。

また、同じ`Math`オブジェクトの静的メソッドである`Math.abs`では、数値を「絶対値」に変換できます。絶対値とは、数値と0とを比較して、どの程度の差があるかを表した値です。もう少し砕けた言い方をすると「符号を無視した数値」と考えるとわかりやすいでしょう。つまり`Math.abs(2)`と`Math.abs(-2)`はまったく同じ結果となります。

`pixel/005`では、注目するピクセルの値（の4倍の値）で減算するような計算を行うので、場合によっては得られた結果が負の数値になることも考えられます。ここで求めたいのはあくまでも「差分」なので、その差が負の数値になってしまうことのないように`Math.abs`を使って符号を無視するようにしています。

## ノイズ除去 メディアンフィルターで極端に色が異なるピクセルを除去する

ラプラシアンフィルターは、隣接するピクセル同士の「色の差分を可視化するフィルター」だと言えます。画像処理の手法のなかには、逆に差分を均一化したり、目立たせなくしたりするアルゴリズムも存在します。

そのなかの一つの例として、ここではメディアンフィルターを紹介します。**メディアンフィルター**（*median filter*）を用いると、画像のなかに現れるノイズのような、不正なピクセルを除去することができます。これは言葉で書くとやや意味がわかりにくいですが、たとえば**図8.17**に示したように、点々と現れる不正なピクセルを目立たなくする効果が得られます。

メディアンフィルターのコードを掲載する前に、まずどのような考え方で処理を行うかから見ていきます。このフィルターではラプラシアンフィルターの場合と同様に、注目するピクセルの周辺のピクセルの情報を利用します。このとき、上下左右の4つの隣接ピクセルだけでなく、斜めの方向の隣接ピクセルも含む合計8ピクセルと、注目するピクセルとを合わせたトータル9ピクセルの色を使って処理を行います。

**図8.17** ノイズのある画像とメディアンフィルターを適用した結果の比較

❶ノイズがある画像

❷メディアンフィルター

---

**Column**

## 上下左右だけでなく、斜め方向も加えたラプラシアンフィルター

　ここで紹介したラプラシアンフィルターは、注目するピクセルの周囲、上下左右を囲うような4つのピクセルを同時に参照しながら処理を行っています。このような「注目ピクセルと上下左右のピクセル」を参照する方法を「ラプラシアンフィルターの4近傍法」と呼ぶことがあります。

　これと同様に、ラプラシアンフィルターには8近傍法を用いるやり方もあります。この場合、上下左右のピクセルだけでなく、斜めの位置にあるピクセルも含む合計8ピクセルと、注目ピクセルとを用いてラプラシアンフィルターの処理を行います。参照するピクセルが増える分、注目ピクセルに対して適用する係数が**図8.b**に示したように変化します。

　参照／比較するピクセルが増えることにより、8近傍法のラプラシアンフィルターでは、より精細な変換結果が得られます。ただし参照するピクセルが増える分だけ、当然ながら処理負荷も増加することになりますので、用途と負荷とのバランスを考えて適切な方法を選択することが大切です。

**図8.b** ラプラシアンフィルターの8近傍法

対象の9ピクセルの色をすべて取得できたら、次にこれらの色情報を基準にソート処理を行います。ソートした結果の中央値を、メディアンフィルターの結果として利用します。この手順を図解したものが**図8.18**です。色を取得し、並び替え、ちょうど真ん中にきた値を最終的な結果として使います。

**図8.18** 色の情報を元にソートを行うイメージ

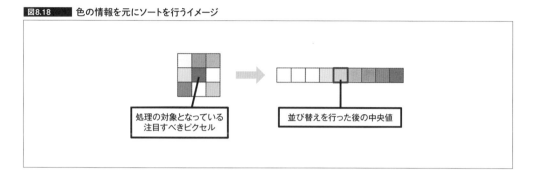

このような処理をすべてのピクセルに対して行うと、極端に色が異なる「ノイズのような色として捉えられるピクセル」が排除できます。これは、大抵のグラフィックスは「ある注目するピクセルの周辺には、似たような色のピクセルが隣接していることが多い」ためです。ノイズのように見えるピクセルは、それだけ周囲に馴染んでいない色をしているからこそ、目立ってノイズのように見えているとも言えるでしょう。

メディアンフィルターをプログラムで実装するには、周辺ピクセルへの参照や、収集した色の情報に基づくソート処理などが必要になります。ややコードの量が多くなりますが、**リスト8.12**を見ながらその実装方法を確認していきましょう。

メディアンフィルターの場合も俯瞰して全体を眺めてみると、やはり多重ループを持つこれまでの画像処理プログラムと同じ構造になっています。そして、ループ中に収められている処理をよく観察してみると、ラプラシアンフィルターのときに登場したような、隣接するピクセルのインデックスを求める処理が出てきています。ここでは斜めの方向にあるピクセルも参照しているので、インデックスを求める箇所がやや複雑になっていますが、Canvas要素の端からはみ出したインデックスを参照することがないように調整しています。

続いて、変数`luminanceArray`に、配列形式でたくさんのデータを代入している部分があります。ここではまず`getLuminance`という関数が呼び出されている点に注目します。この関数は同じファイル内に定義されているユーザー定義の関数で、内容は**リスト8.13**のようになっています。

ここではRGBの各チャンネルの色を全部合算し、3で除算し平均を求めていることがわかります。この輝度が、メディアンフィルターの鍵である「色のソート」に使われる基準値の役割を果たします。注目すべきピクセルと、その周辺のピクセル、合計9ピクセルの色を一度輝度に変換した後、輝度の値で並び替えを行います。

並び替えには、**Array**オブジェクトの持つ**sort**メソッドを利用します。**Array.sort**は配列の中身を並び替えられるメソッドで、並び替えのルールは引数の指定などにより自由に指定できます。

medianFilter関数

```javascript
/**
 * メディアンフィルターを行う
 * @param {ImageData} imageData - 対象となるImageData
 * @return {ImageData} フィルター処理を行った結果のImageData
 */
function medianFilter(imageData){
    let width = imageData.width;    // 幅
    let height = imageData.height;  // 高さ
    let data = imageData.data;      // ピクセルデータ
    // 出力用にImageDataオブジェクトを生成しておく
    let out = ctx.createImageData(width, height);
    // 縦方向に進んでいくためのループ
    for(let i = 0; i < height; ++i){
        // 横方向に進んでいくためのループ
        for(let j = 0; j < width; ++j){
            // ループカウンターから該当するインデックスを求める。RGBAの各要素から成ることを考慮し4を乗算
            let index       = (i * width + j) * 4;
            // 上下左右の各ピクセルのインデックスを求める
            let topIndex    = (Math.max(i - 1, 0) * width + j) * 4;
            let bottomIndex = (Math.min(i + 1, height - 1) * width + j) * 4;
            let leftIndex   = (i * width + Math.max(j - 1, 0)) * 4;
            let rightIndex  = (i * width + Math.min(j + 1, width - 1)) * 4;
            // 斜め方向（四隅）の各ピクセルのインデックスを求める
            let topLeftIndex     = (Math.max(i - 1, 0) * width + Math.max(j - 1, 0)) * 4;
            let bottomLeftIndex  = (Math.min(i + 1, height - 1) * width + Math.max(j - 1, 0)) * 4;
            let topRightIndex    = (Math.max(i - 1, 0) * width + Math.min(j + 1, width - 1)) * 4;
            let bottomRightIndex = (Math.min(i + 1, height - 1) * width + Math.min(j + 1, width - 1)) * 4;
            // すべてのピクセルの輝度を求めた上で、本来のインデックスとともに配列に格納
            let luminanceArray = [
                {index: index,            luminance: getLuminance(data, index)},
                {index: topIndex,         luminance: getLuminance(data, topIndex)},
                {index: bottomIndex,      luminance: getLuminance(data, bottomIndex)},
                {index: leftIndex,        luminance: getLuminance(data, leftIndex)},
                {index: rightIndex,       luminance: getLuminance(data, rightIndex)},
                {index: topLeftIndex,     luminance: getLuminance(data, topLeftIndex)},
                {index: bottomLeftIndex,  luminance: getLuminance(data, bottomLeftIndex)},
                {index: topRightIndex,    luminance: getLuminance(data, topRightIndex)},
                {index: bottomRightIndex, luminance: getLuminance(data, bottomRightIndex)}
            ];
            // 配列内の輝度値を基準にソートする
            luminanceArray.sort((a, b) => {
                // Array.sortでは0未満の値が返されると小さな値として並び替える
                return a.luminance - b.luminance;
            });
            let sorted = luminanceArray[4];  // 中央値となるインデックスが4の要素を取り出す
            // 対象のインデックスを持つピクセルの色を書き出す
            out.data[index]     = data[sorted.index];
            out.data[index + 1] = data[sorted.index + 1];
            out.data[index + 2] = data[sorted.index + 2];
            out.data[index + 3] = data[sorted.index + 3];
        }
    }
    return out;
}
```

　たとえば**リスト8.14**は、引数の指定を行わなかった場合です。このようなケースでは、配列に含まれる値を文字列に変換した上で比較が行われ、配列の要素が並び替えられます。

　`pixel/006`のメディアンフィルターの場合、輝度を元に並び替えを行いますが、並び替えが完了した後「中央値になったのがどのピクセルなのか」ということが特定できる必要があります。つまり、ここで単純に配列に「輝度値だけを格納」してソート処理を行うと、中央値となったピクセルがどのピクセルであったのかが、ソート済みの配列からはわからなくなってしまいます。

　そこで`Array.sort`メソッドに「比較関数」を引数として与えます。比較関数は、並び替えの際の「値の比較処理」を独自に定義した関数によって行うために使います。これも、簡単な使い方の例を示すと**リスト8.15**のように使用します。

**リスト8.13** getLuminance関数

```
/**
 * ImageData の要素から輝度を算出する
 * @param {Uint8ClampedArray} data - ImageData.data
 * @param {number} index - 対象のインデックス
 * @return {number} RGBを均等化した輝度値
 */
function getLuminance(data, index){
    let r = data[index];
    let g = data[index + 1];
    let b = data[index + 2];
    return (r + g + b) / 3;
}
```

**リスト8.14** 引数を指定しないArray.sort

```
let arr = ['a', 'B', 'シー', 1, 2, 3, 10, true];
arr.sort();
console.log(arr);  // ➡[1, 10, 2, 3, 'B', 'a', true, 'シー']
```

**リスト8.15** 比較関数を引数に指定した場合のArray.sort

```
let arr = [100, 50, 10, 1, 0, -1];
arr.sort((valueA, valueB) => {
    if(valueA < valueB){
        // 小さいとみなす（当該要素はより小さな添字になる）
        return -1;
    }else if(valueA > valueB){
        // 大きいとみなす（当該要素はより大きな添字になる）
        return 1;
    }else{
        // それ以外
        return 0;
    }
});

console.log(arr);  // ➡[-1, 0, 1, 10, 50, 100]
```

Array.sortメソッドでは、比較関数が「負の数値を返した場合」をより小さな値として扱います。ですから、リスト8.15では**valueA < valueB**のとき**-1**を返しています。反対に、比較関数が「正の数値を返した場合」は、より大きな値として並び替えが行われます。比較した値が同じ場合は0を返すことで、そのままの状態を維持します。

このように独自の比較関数を用いて**Array.sort**メソッドを利用する場合は、比較関数内部で何かしらのアルゴリズムを用いた計算などを行った後、戻り値の符号によって並び替えの順序を制御できるのです。

そのことを踏まえて、再度**pixel/006**でどのように並び替えが行われているのかを見ていきます。**リスト8.16**は、該当する並び替え処理の部分だけを抜粋したものです。

変数**luminanceArray**には、オブジェクト形式でデータが格納されています。つまり**luminanceArray[0].luminance**とすれば輝度が、**luminanceArray[0].index**とすれば対象となるピクセルを指し示すインデックスが得られるようになっています。

**Array.sort**メソッドに与える比較関数では、その内部で**luminance**の値を比較しています。ここで**a.luminance - b.luminance**を計算し、負の数値が返された要素は配列のなかで小さなインデックスに割り振られた状態になり、逆にもし計算結果が正の数値として返された要素は、配列のなかで大きなインデックスに割り振られた状態になります。

変数**luminanceArray**には合計で9つのピクセルに関する輝度とインデックスが含まれているので、並び替えを行った後**luminanceArray[4]**を参照すれば、ちょうど中央値となる輝度を持ったピクセルの情報が得られる仕組みです。ここまで来れば、あとは中央値となったピクセルのインデックスを、最終的に書き戻すピクセルの色として採用すれば、メディアンフィルターが実装できます。**図8.19**の描画結果を見ると、見事にノイズが消えているのがわかるはずです。

**リスト8.16** medianFilter関数内の該当箇所

```
// すべてのピクセルの輝度を求めた上で
// 本来のインデックスとともに配列に格納
let luminanceArray = [
    {index: index,             luminance: getLuminance(data, index)},
    {index: topIndex,          luminance: getLuminance(data, topIndex)},
    {index: bottomIndex,       luminance: getLuminance(data, bottomIndex)},
    {index: leftIndex,         luminance: getLuminance(data, leftIndex)},
    {index: rightIndex,        luminance: getLuminance(data, rightIndex)},
    {index: topLeftIndex,      luminance: getLuminance(data, topLeftIndex)},
    {index: bottomLeftIndex,   luminance: getLuminance(data, bottomLeftIndex)},
    {index: topRightIndex,     luminance: getLuminance(data, topRightIndex)},
    {index: bottomRightIndex,  luminance: getLuminance(data, bottomRightIndex)}
];
// 配列内の輝度値を基準にソートする
luminanceArray.sort((a, b) => {
    // Array.sortでは0未満の値が返されると小さな値として並び替える
    return a.luminance - b.luminance;
});
// 中央値となるインデックスが4の要素を取り出す
let sorted = luminanceArray[4];
```

図8.19　メディアンフィルターの適用前と、適用後（pixel/006の実行結果）

❶ノイズを含む画像

❷メディアンフィルターの適用後
　（pixel/006の実行結果）

Column

# メディアンフィルターを繰り返し実行する

　メディアンフィルターは、その特性上、何度も繰り返し適用することによって徐々にグラフィックスの外観が変化していきます。

　グレースケール等の場合は、一度変換処理を行うと、それ以上変換を行っても結果が変わることはありません。一方でメディアンフィルターの場合は、ノイズとなるピクセルが多く存在する場合などに、複数回にわたって何度もフィルターを適用すると、より多くのノイズを除去できるなどの効果が得られます。

　ただし、メディアンフィルターを適用すると必然的に色が均一化していきます。元々の画像が持っていた複雑な色の変化が均一化されていくことで、絵の具で塗りつぶしたような、やや平坦な印象のグラフィックスに変わっていきます。

　あえてそのような効果を狙う場合であれば、それはそれとしておもしろい効果の一つと言えるでしょう。しかし単純にノイズを除去することを目的にしている場合、あまり何度もメディアンフィルターを適用してしまうと、最初のグラフィックスの印象から大きくかけ離れたものに変化してしまうこともあるので、それらのことを踏まえた上で利用すると良いでしょう。

## モザイク ピクセルの大きさを変化させる

メディアンフィルターは画像やグラフィックスに含まれる不要なノイズを除去し、より見やすい形に変換できる画像処理手法です。しかし、画像処理には、逆に元々の状態を隠し見えにくくする手法もあります。代表的な例が「モザイク」です。

**モザイク**（*mosaic*）は、元々は陶磁器やガラスを利用した工芸品などに用いられた、装飾を行うための技法です。小さなガラス片などを無数に組み合わせることで、濃淡や形状を模様として表現します。一方、映像やグラフィックスの文脈でモザイクと言った場合、これは目隠しや、状態を曖昧に表現するために用いられることが多いと言えます。たとえばゲームなどでも、敵キャラクターと遭遇した際のシーン遷移などで、モザイクを利用したエフェクトが用いられることがあります。

`pixel/007/script/script.js`に記述された**mosaicFilter**関数内で、モザイクフィルターを利用した変換処理を行っています。まずは、該当する関数を抜粋した**リスト8.17**を見てみます。

**リスト8.17** mosaicFilter関数

```
/**
 * モザイクフィルターを行う
 * @param {ImageData} imageData – 対象となるImageData
 * @param {number} blockSize – モザイクのブロック1つあたりのサイズ
 * @return {ImageData} フィルター処理を行った結果のImageData
 */
function mosaicFilter(imageData, blockSize){
    let width = imageData.width;    // 幅
    let height = imageData.height;  // 高さ
    let data = imageData.data;      // ピクセルデータ
    // 出力用にImageDataオブジェクトを生成しておく
    let out = ctx.createImageData(width, height);
    // 縦方向に進んでいくためのループ
    for(let i = 0; i < height; ++i){
        // 横方向に進んでいくためのループ
        for(let j = 0; j < width; ++j){
            // 本来のインデックス
            let index = (i * width + j) * 4;
            // ループカウンターを元にblockSizeで切り捨てる
            let x = Math.floor(j / blockSize) * blockSize;
            let y = Math.floor(i / blockSize) * blockSize;
            // 切り捨てた値からインデックスを求める
            let floorIndex = (y * width + x) * 4;
            // インデックスを元にRGBAの各要素にアクセスする
            out.data[index]     = data[floorIndex];
            out.data[index + 1] = data[floorIndex + 1];
            out.data[index + 2] = data[floorIndex + 2];
            out.data[index + 3] = data[floorIndex + 3];
        }
    }
    return out;
}
```

モザイク模様のような変換を行うためのポイントとなるのが、この関数に引数として渡される**blockSize**です。この引数に指定された大きさでモザイク1つあたりの「ブロックの大きさ」が決まります。たとえばブロックの大きさが2に指定されたと仮定して考えてみると、**図8.20**に示したような状態を再現すれば良いことになります。

**図8.20** ブロックサイズが2の場合の変換後のイメージ

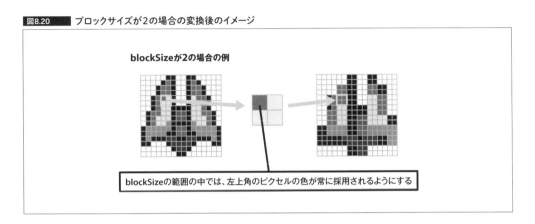

**blockSizeが2の場合の例**

blockSizeの範囲の中では、左上角のピクセルの色が常に採用されるようにする

図を見るとわかるように、モザイクフィルターとは実際には「ピクセルの大きさを変化させる処理」であることがわかります。ここでは引数**blockSize**がピクセル1つあたりの大きさを決める基準となり、この基準を元に考えたとき、同じピクセルに属することになる範囲には共通の色が書き戻されるようにしてやります。

これをプログラムで実現するには、除算（割り算）と、小数点以下の切り捨てを活用します。JavaScriptで小数点以下の数値を切り捨てる処理を行うには、**Math.floor**メソッドを利用します。それらのことを踏まえ、引数**blockSize**を利用している部分を再度**リスト8.18**に抜粋して見てみます。

**リスト8.18** Math.floorを利用している箇所

```
let x = Math.floor(j / blockSize) * blockSize;
let y = Math.floor(i / blockSize) * blockSize;
```

ここでは、注目ピクセルの縦横のインデックスとなる変数**i**と、変数**j**を、**blockSize**で割った値を求め、さらに**Math.floor**で小数点以下を切り捨てています。たとえば、仮に**blockSize = 4**である場合を考えてみると**Math.floor(i / blockSize)**の結果は、変数**i**が0〜3までの範囲は0に、変数**i**が4〜7までの範囲は1になることがわかります。これはつまり、小数点以下を切り捨てることによって「インデックスを**blockSize**で割った商（割り切れた数）」を求めていることになります。

このような計算を行うことで、**blockSize**で指定された数分だけインデックスが変化するまでの間、同じピクセルの色を参照するように処理できます。つまり、先ほどの例のように引数**blockSize**が仮に4であるとすると、変数**i**と変数**j**がいずれも0〜3に収まる範囲のすべてのピクセルは、変数**i**と変数**j**がいずれも0となるピクセルと、まったく同じ色のピクセルとしてCanvas要素に書き

戻されることになります。結果的に、結果が書き戻された後のCanvas要素上には、モザイクフィルターが掛かった低解像度な状態が現れます（**図8.21**）。

図8.21 pixel/007の実行結果

# 8.4
# 本章のまとめ

　画像処理をテーマに、ピクセルレベルで色を操作するさまざまな方法を見てきました。これらの技術はそれ単体で利用する場合でも十分に有用なものですが、そのアルゴリズムや現れる結果の特性を生かし、別のアルゴリズムと組み合わせることでさらなる相乗効果が得られる場合があります。

　たとえば、ラプラシアンフィルターによって色の差分が大きい箇所、すなわちエッジを検出できるので、エッジ部分をより強調した色に変換するさらなるアルゴリズムを適用すれば、グラフィックス全体がよりコントラストの強いシャープな印象のものへと変換されます。あるいはメディアンフィルターの均一化と、解像度を擬似的に下げられるモザイクフィルターの特性を組み合わせると、絵画調の質感を持った特殊なグラフィックスを生み出すこともできます。

　このように、画像処埋は応用や発展が行いやすい技術です。ピクセルの一つ一つを地道に処理していくので、処理負荷が高くなったりすることもあり、やや難しい印象を受ける場合が多いかもしれません。しかしその分だけ、使いこなせることによるメリットは大きなものになります。シンプルな画像処理手法を通じて、まずは「ピクセルレベルで色を操作する感覚」を掴んでおくことが大切です。

# 索引

●著者プロフィール

**杉本 雅広**　Sugimoto Masahiro

元々は趣味で開発を行うサンデープログラマーだったが、JavaScriptのAPIの1つであるWebGLに出会い、日本語での WebGL解説サイトの運営や勉強会の主催をスタート。現在ではWebGL実装を専門に扱う開発者として独立し、㈱はじっこを設立。WebGLやWebGLで利用するGLSL（*OpenGL Shading Language*）と呼ばれるシェーダ言語を扱うスクール（本書執筆時点で国内唯一）を運営するかたわら、WebGLの普及活動を行っている。

・WebGL開発支援サイト　**URL** https://wgld.org
・WebGL総本山　**URL** https://webgl.souhonzan.org

●装丁・本文デザイン············· 西岡 裕二
●カバードット絵··················· BAN-8KU
●図版······························· さいとう 歩美
●本文レイアウト··················· 高瀬 美恵子（技術評論社）

**WEB+DB PRESS plusシリーズ**

［ゲーム&モダンJavaScript文法で2倍楽しい］
# グラフィックスプログラミング入門
## ——リアルタイムに動く画面を描く。プログラマー直伝の基本

2020年 1 月31日　初版　第1刷発行
2020年11月19日　初版　第2刷発行

著者 ································· 杉本 雅広
発行者 ····························· 片岡 巌
発行所 ····························· 株式会社技術評論社
　　　　　　　　　　　　 東京都新宿区市谷左内町 21-13
　　　　　　　　　　　　 電話　03-3513-6150　販売促進部
　　　　　　　　　　　　　　　 03-3513-6165　広告企画部
　　　　　　　　　　　　　　　 03-3513-6175　雑誌編集部
印刷／製本 ························ 日経印刷株式会社

●お問い合わせについて

本書に関するご質問は記載内容についてのみとさせていただきます。本書の内容以外のご質問には一切応じられませんのであらかじめご了承ください。なお、お電話でのご質問は受け付けておりませんので、書面または小社Webサイトのお問い合わせフォームをご利用ください。

〒162-0846
東京都新宿区市谷左内町 21-13
株式会社技術評論社
『［ゲーム＆モダンJavaScript文法で2倍楽しい］グラフィックスプログラミング入門』係
**URL** https://gihyo.jp（技術評論社Webサイト）

ご質問の際に記載いただいた個人情報は回答以外の目的に使用することはありません。使用後は速やかに個人情報を廃棄します。